小杂粮生产性实验实训

王润梅　主编

大同大学"一院一品"教育教学改革项目

本书由"山西大同大学基金"资助

科学出版社

北　京

内 容 简 介

本书共分为三部分。第一部分是绪论，概括介绍了小杂粮生产在我国国民经济中的战略地位、小杂粮生产实践技术的研究进展、小杂粮产业的发展前景，以及小杂粮产业在山西的发展优势与潜力；第二部分是小杂粮生产实践技术，重点围绕12种小杂粮，从每种作物的分布、生长环境、植物学特征、营养与功能成分、育种技术、栽培技术、病虫害防治，以及产业发展现状、前景等方面进行论述，重点突出生物技术在小杂粮育种中的应用；第三部分是小杂粮实验实训，主要以小杂粮为实验材料，按生物性原料制备、工艺过程控制、产品的制备三个层次来设计，涉及生物类专业的部分实验课程和校内实习实践内容。

本书可作为综合性大学、师范院校、农林院校生命科学、农学等相关专业学生的实验实训教材，也可作为从事小杂粮生产、研究、产品开发等方面人员的参考用书。

图书在版编目（CIP）数据

小杂粮生产性实验实训/王润梅主编. —北京：科学出版社，2020.12
ISBN 978-7-03-066665-9

Ⅰ. ①小… Ⅱ. ①王… Ⅲ. ①杂粮－栽培技术　②杂粮－粮食加工
Ⅳ. ① S51 ② TS210.4

中国版本图书馆 CIP 数据核字（2020）第217233号

责任编辑：席　慧／责任校对：严　娜
责任印制：张　伟／封面设计：蓝正设计

科 学 出 版 社 出版
北京东黄城根北街16号
邮政编码：100717
http://www.sciencep.com

北京九州迅驰传媒文化有限公司 印刷
科学出版社发行　各地新华书店经销

＊

2020年12月第 一 版　开本：787×1092　1/16
2021年1月第二次印刷　印张：11 3/4
字数：278 000

定价：39.80元
（如有印装质量问题，我社负责调换）

《小杂粮生产性实验实训》编写委员会

主　编　王润梅

副主编　刘建霞　张弘弛　白志强

编　委（按姓氏笔画排序）

王　娟　王润梅　白　静　白志强　戎婷婷

刘　瑞　刘小翠　刘文英　刘建霞　米　智

安志鹏　李　朕　李　慧　杨　阳　杨俊霞

张　巽　张永芳　张弘弛　武　娟　殷丽丽

高　昆　高志慧　崔乃忠　甄莉娜

主 编 简 介

　　王润梅，女，1963 年 5 月出生，山西大同人，硕士，教授。现任山西大同大学生命科学学院院长，山西省胡麻产业技术创新战略联盟常务理事，大同市资深专家学者协会会员。研究方向为生物化学与应用微生物学。主要从事生物化学、生物化学实验等课程的教学工作。先后主持省级教研课题 3 项，主持省级科研课题 2 项、参与 5 项，获得省级教学成果奖 4 项，在国内外重要学术期刊发表论文 30 多篇，主编、参编教材 4 部。2018 年入选"三晋英才"支持计划拔尖骨干人才，2015 年获批山西省高校"131"领军人才，2014 年获得"山西省教学名师"称号，2013 年度获得山西大同大学"最受学生欢迎的教师"称号。

前　言

　　小杂粮是我国具有极大开发潜力的作物，也是未来农业可持续发展不可或缺的重要组成部分。作为综合性地方院校的山西大同大学坐落在山西省大同市，属于晋北高寒区，是山西小杂粮的主产区，周边县区种植有大量小杂粮特色作物，拥有多家小杂粮生产企业，名优产品较多。为了突出地方特色，紧密结合地方行业产业需求，山西大同大学生命科学学院在"一院一品"教育教学改革中，针对生物类相关专业实践教学存在的问题重新修订了人才培养方案，整合了专业课程，优化和重组了实践教学的内容与结构，科学地设置实践项目，把实验、实习、实训和毕业论文（设计）等有机地结合在一起，构建了由专业基础实践教学、专业综合实践教学、课外创新实践教学、应用拓展实践教学形成的四个层次的小杂粮等"生产性"实践教学体系；探索出了小杂粮等"生产性"实践项目，使学生从大一到大四能够接受系统的"生产性"实践训练，为他们将来毕业后就业提供了实践锻炼的机会和奠定了坚实的基础。

　　为此，山西大同大学生命科学学院相关专业教师，根据多年的教学经验和教学改革成果，共同编写了本教材。《小杂粮生产性实验实训》主要由上游和下游两部分内容组成。上游部分主要介绍小杂粮生产实践技术，重点围绕12种小杂粮（谷子、燕麦、荞麦、高粱、糜子、藜麦、绿豆、小豆、豌豆、蚕豆、黑豆、胡麻），从每种作物的分布、生长环境、植物学特征、营养与功能成分、育种技术、栽培技术、病虫害防治，以及产业发展现状、前景等方面进行论述，重点突出生物技术在小杂粮育种中的应用；下游部分主要是小杂粮实验实训，以小杂粮为实验材料，按生物性原料制备、工艺过程控制、产品的制备三个层次来设计，涉及生物类专业的部分实验课程和校内实习实践内容。这样编排使上游与下游、理论与实践相辅相成、融为一体，利于学习者学习和研究。所以，本教材适用于高校生物类等专业的师生使用，也可供从事小杂粮生产、研究、产品开发等方面的人员使用。

　　本教材由主编和副主编共同策划、构思，经编委多次讨论，根据各自的专长分工编写，再互审互改，最后由主编统稿。山西大同大学生命科学学院部分师生对教材内容的选择及实验实践均付出了自己的心血，非常感谢大家的付出和劳动。特别感谢山西大同大学姚丽英副校长、翟大彤副校长、教务处苏鹏处长、科技处康淑瑰处长等领导的关心和支持。

　　由于编者水平有限，在编写过程中疏忽在所难免，恳请读者批评指正，我们将不胜感激。

编　者

2020 年 5 月 8 日

目　　录

第一篇　生产实践篇

第二篇　实验实训篇

绪 论

农业是国家长治久安与稳定发展的基石，无农不稳，无粮不安，这一点从古至今一直未变。农业发展历程和发展道路历来关乎国家粮食安全。2016 年中央一号文件提出"推进农业供给侧结构性改革"，农业部印发《全国种植业结构调整规划（2016—2020 年）》，在"品种结构调整重点"指出："粮食。守住'谷物基本自给、口粮绝对安全'的底线，坚持有保有压，排出优先序，重点是保口粮、保谷物，口粮重点发展水稻和小麦生产，优化玉米结构，因地制宜发展食用大豆、薯类和杂粮杂豆"；针对"薯类杂粮"明确指出："扩大面积、优化结构。适当调减'镰刀弯'地区玉米面积，改种耐旱耐瘠薄的薯类、杂粮杂豆，满足市场需求，保护生态环境，到 2020 年，薯类杂粮种植面积达到 2.3 亿亩左右"。只有在确保农业生产稳定安全，粮食多样化和优质化的前提下沉着应对国际粮食市场变化，才能保障国家粮食安全。小杂粮是我国具有极大开发潜力的作物，也是未来农业可持续发展不可或缺的重要组成部分，可以为我国粮食安全提供必要的保障（王嘉莉，2019）。

0.1 小杂粮生产在国民经济中的战略地位

小杂粮是小宗粮豆（除小麦、水稻、玉米、大豆、薯类五大作物之外）作物的通称。泛指生育期短、种植面积小、种植区域分布、种植方法特殊、有特种用途的多种粮豆。包括谷子、高粱、燕麦、荞麦、糜子、藜麦、青稞、大麦、薏苡、籽粒苋、绿豆、小豆、蚕豆、豌豆、豇豆、小扁豆、黑豆、花生、胡麻等大种，几百个小种（林汝法等，2002；张传永和孙翔，2016）。

在我国栽培面积较大的小杂粮有谷子、高粱、荞麦、燕麦、大麦、糜子、绿豆、小豆、豌豆和蚕豆等。其中荞麦、糜子的面积和产量均居世界第 2 位，蚕豆占世界总产量的 1/2，绿豆、小豆占世界总产量的 1/3，同时我国是燕麦、豇豆、小扁豆的主产国，在世界上素有"杂粮王国"之称。按常年生产情况来评估，谷子种植面积和总产量均居世界第一位。荞麦出口量居世界第一位。芸豆、绿豆、小豆、豌豆、蚕豆、荞麦是我国重要的出口农产品，年出口量 $80 \times 10^4 \sim 90 \times 10^4$ t，占我国粮食出口量 10%，年创汇 3 亿～5 亿美元，占我国出口创汇总额的 20%～30%（李玉勤，2009）。因此，小杂粮生产在我国国民经济中具有重要的战略地位。

0.1.1 种植历史久远，是种植业结构调整的特色作物

小杂粮种植业历史悠久，始于原始农业的新石器时代。中华民族栽培和食用小杂粮是北方旱作农业的最初形态。在《孟子·滕文公·上》中就有"后稷教民稼穑，树艺五谷，五谷熟而民人育"，后人界定其五谷是指：稻、黍、稷、麦、菽。黍和稷是我国本土的物种，也因其生命力强、生育期短的特性，代表着中国原始农业的开端（王嘉莉，2019）。小杂粮耐瘠薄适应范围广，可种植于高海拔冷凉山地，也可与大宗作物间作套种；杂豆可以生物固氮，使耕地用养结合，培肥地力，是耕作制度不可缺少的好茬口。并且，小杂粮是灾年不可

替代的救灾作物，是种植业资源的合理配置中不可或缺的特色作物。

古人将小杂粮置于防灾保粮的位置之上，在《汉书·食货志》中记载："种谷必杂五种，以备灾害"，将粮食安全的风险分散在不同的农作物类型之上，一旦某一种农作物遇到灾害绝收，其他作物就可以分散该作物带来的灾害和风险，从而保障国家和人民的粮食安全（张雄等，2003）。农业供给侧改革，着力进行农业结构调整，在确保谷物基本自给、口粮绝对安全的前提下，基本形成与市场需求相适应、与资源禀赋相匹配的现代农业生产结构和区域布局，发展优质特色杂粮，促进农业持续发展，保证粮食生产能力，是国家新的粮食安全观（张传永和孙翔，2016）。

0.1.2　适应生态环境，是提高农田利用率的潜力作物

人口增长、耕地绝对减少与人均水资源持续减少、环境恶化是人类面临的三大难题。我国干旱、半干旱、半湿润地区占国土总面积的52.5%，旱作耕地占总耕地面积的34.0%，主要分布于北方15个省份（刘广义，2009）。这些省份山地、丘陵、瘠薄地占较大比重，种植大宗粮食作物产量低、效益差，而种植杂粮能获得相对较好的收成，效益也较显著。无论在世界还是在中国，小杂粮都是旱作农业的重要组成部分。在北方黄土高原干旱区，种植业是保持生态环境的主要基础。目前，小杂粮单产比较低，小杂粮的平均生产水平与大面积试验示范水平比较，荞麦相差 1.5t/hm²，莜麦相差 2.4t/hm²，绿豆相差 1.65t/hm²，小豆相差 1t/hm²，豌豆、蚕豆相差 1~1.2t/hm²。因此，改善生产条件，改良并推广优良品种和配套增产技术，是提高小杂粮单产，增加粮食总产的潜力产业（林汝法等，2002）。

小杂粮也可有效地减少水土流失。黄土高原丘陵沟壑区，年径流主要由7~9月份的几次大暴雨引起，正值小杂粮作物生长旺季，其对径流的拦蓄作用较强。调查显示，黑豆地的径流量最少，仅为裸地的43.6%，荞麦（夏播）地为裸地的78.1%，糜子地为裸地的77.9%；而冬小麦地由于生长期一般为10月份至翌年6月份，休闲期正逢暴雨期，径流量几乎与裸地的相同（张兴昌等，2000）。

0.1.3　营养成分丰富，是食品工业的绿色原料源

"2000—2022 年中国中长期食物发展战略"指出，在植物性食物中以谷物为主，注意"五谷杂粮"的搭配，充分发挥豆类食物的作用（中国农业科学院食物发展研究组，1993）。《医学源流论》中有这样的描述："五谷为养，五果为助，五畜为益，五菜为充"。谷物和豆类作为养育人体之主食。小杂粮医食同源，营养价值高，有助于改善国民的健康水平（杨月欣，2016），对于一些慢性病，如糖尿病、高血压等有很好的食疗和保健作用。谷子具有益肾和胃，除热补虚，安神保健的功效；燕麦能预防和治疗由高脂引发的心脑血管疾病；藜麦被称为丢失的远古"营养黄金"；荞麦具有增强机体自身解毒的能力，降低血液中胆固醇的含量；绿豆、小豆蛋白质含量高，富含多种微量元素，具有活血化瘀、消肿解毒的功效。同时，小杂粮多种植于无污染源、工业极不发达的地区，尤其是高海拔山区，不施用农药、化肥，无污染，是食品工业的绿色原料源。

0.1.4　品质高、价格优，是出口创汇的优势资源

我国小杂粮占粮食总产量约5%，出口量却占粮食出口量的20%以上。主要出口日

本、韩国、欧盟、东南亚等国家和地区。2005 年我国粮食出口总量为 1149.4 万 t，创汇总额 21 亿美元，其中，杂粮杂豆出口量 117.3 万 t，占粮食出口总量的 10.2%，创汇 3.6 亿美元，占粮食创汇总额的 17.1%。例如，荞麦出口日本 8 万～10 万 t，占我国荞麦出口总产量的 70%～80%，占日本进口额的 80%（雄奴塔巴，2005）。2018 年陕北地区粮食出口量为 734.12 万 t，其中小杂粮出口量为 225.47 万 t，占出口总量的 30.7%；粮食出口总额为 22.16 亿美元，其中小杂粮出口总额为 6.93 亿美元，占出口总额的 31.3%（燕星宇，2019）。当前，我国的粮食出现产量高、库存高、价格高，国产的进库房、进口的进超市的现象，大宗粮食作物在现有的生产规模和生产方式之下经济效益普遍较低，在国际农产品市场上缺乏核心的竞争力，而小杂粮在国际市场上出现供不应求的状况（柴岩和冯佰利，2001）。与大宗作物相比杂粮种植相对分散，机械化生产水平低，一些栽培环节只能人工栽培、劳动力成本较高，在发达国家难以实现大规模的机械化生产，在我国农业人口仍占较大比重的情况下，发展杂粮生产仍具有较高优势（张传永和孙翔，2016）。

0.1.5　特殊的生长环境，是助力精准扶贫的有效资源

小杂粮主要分布在我国东北、华北、西北和西南等干旱半干旱地区、高寒山区和少数民族聚集地区。小杂粮既是这些地区的高产作物和经济作物，也是这些地区贫困农民的重要食物源和经济源。例如，山西省太行、吕梁两大山脉，山陡沟深、气候干旱、土地贫瘠、广种薄收，实现脱贫任务十分艰巨。由于受地理环境和气候因素的制约，基本上是根据其生长习性和气候特点决定的规模生长带、生长区，没有人为调整的任何余地，如在无霜期短的地区只能种植生长期短的莜麦、荞麦，在干旱的地区只能种植耐旱的谷子、黍子，在土地肥力差的地区只能种植固氮能力强的豆类，山区农民种植小杂粮实际是能动适应环境、求得生存的客观需要。特别是贫困县区，小杂粮面积一般占到总耕地面积的 50% 以上，有的县高达 80%，甚至 90%，如保德、苛岚等县几乎就是小杂粮县（杨春等，2004），加强小杂粮的科学研究，大力发展小杂粮产业，是精准扶贫、增加农民收入的重要举措。

0.1.6　提供优质饲料，是畜牧业发展的潜力资源

畜牧业是食品工业的重要原料支柱，制约畜牧业发展的重要原因是优质牧草短缺。小杂粮是畜牧业的优质饲料来源，杂豆类秸秆都是优质的饲料。小杂粮作为饲料营养丰富、质地柔软，易于牛羊等食草牲畜消化，生长期短，生长速度快，是牧草所不能比拟的。小杂豆蛋白质、粗脂肪、纤维含量较高，茎叶易消化，比其他饲料作物更能接受该地区土地贫瘠气候寒冷干旱的条件。糜子、荞麦适应性强，短期内可获得较多的青草和干草，是旱区传统的优质饲草，藜麦茎秆可作为反刍动物的粗饲料（李星，2019）。

0.2　小杂粮生产实践技术的研究进展

中国在小杂粮产业发展过程中既获得了一定经验，取得了一定成果，也存在一些明显阻碍小杂粮产业生产实践发展的因素。一是长期以来小杂粮种植业用种杂，品种混杂退化严重，新品种推广速度慢，小杂粮种植业单产水平较低；二是小杂粮种植方式方法落后，种植技术水平低，田间管理粗放，生产的产品品质较差；三是小杂粮主要种植在旱地与山坡地，

分布范围广，种植零星分散，形不成主导产业格局；四是小杂粮科研和技术推广水平低。这种现状与中国小杂粮产业发展的要求不相称。

与大宗作物研究相比，小杂粮育种与栽培技术滞后，旱区保护性耕作技术、良种繁育推广技术、降水高效利用技术、绿色无公害生产技术、合理轮作倒茬技术、产后加工增值技术等都没有得到科技推广部门的重视或没有能力推广。

0.2.1　大宗作物生产实践技术研究进展

1. 育种　　国际农作物育种已经进入分子育种时代，以 DNA 重组技术和基因组编辑技术等为代表的现代生物技术已成为作物遗传改良的重要手段（王红梅等，2020）。根据分子手段参与形式的不同，分子育种可分为分子标记育种、转基因育种、分子设计育种。DNA 分子标记技术的研究始于 1980 年，广泛应用于遗传图谱构建、生物遗传育种、系统学研究、基因定位等方面。主要可分为基于 PCR 的 DNA 分子标记，如 DAF（DNA amplified fingerprint，DNA 扩增指纹）标记、SSR（simple sequence repeat，简单序列重复）标记、SCAR（sequence characterized amplified region，序列特征化扩增区域）标记等；以分子杂交为基础的分子标记，如 RFLP（restriction fragment length polymorphism，限制性片段长度多态性）、VNTP（variable number of tandem repeat，可变数目串联重复序列）；以基于 PCR 与限制性酶切技术结合的 DNA 标记技术，如 AFLP（amplified fragment length polymorphism，扩增片段长度多态性）、CAPS（cleaved amplified polymorphic sequence，酶切扩增多态性序列）、SNP（single nucleotide polymorphism，单核苷酸多态性）标记；其他几种新型分子标记，如 RGA（resistance gene analog，抗病基因同源序列）标记、RMAPD（random microsatellite amplify polymorphic DNA，随机微卫星扩增多态 DNA）标记、SRAP（sequence-related amplification polymorphism，序列相关扩增多态性）标记等。如今，完善的体系构建已成为分子育种的重要途径，规模化的分子育种已成为育种的发展方向，知识产权与分子育种的关系越来越密切。在人口持续增长、气候变化和缺水等背景下，作物遗传改良能够改进全球粮食和营养安全。2020 年 2 月 2 日，张启发院士等科学家在 *Current Opinion in Plant Biology* 提出了 5G 育种策略：基因组组装（genome assembly）、种质资源鉴定（germplasm characterization）、基因功能鉴定（gene function identification）、基因组育种方法（genomic breeding methodologies）和基因编辑（gene editing），以显著加速作物遗传改良。生物技术与常规育种技术的有机结合正孕育作物遗传育种的技术新突破。通过开展分子生物技术来迎接新的"农业革命"的高潮到来。

2. 栽培　　近 50 年来，我国农业生产的发展和作物产量的提高，主要依靠品种的更新和栽培技术的进步。其中栽培技术的改进是农业生产发展的重要因素，其重点是研究主要农作物生长发育规律、控制措施，以及高产、稳产、优质和高效率等方面。从培肥地力、合理密植、肥水管理、模式化栽培、作物生产信息采集与优化处理、专家智能系统、节水与抗旱栽培、防病治虫以及保护性耕作和机械化栽培耕作技术等各个方面进行研究，并借鉴和利用相关学科的新成果、新技术、新方法，优化组装配套适应不同生态条件下的各种作物的高产、稳产、优质栽培技术体系。形成了中国特色的作物栽培学理论体系；中低产地区大幅度增产的技术体系；模式化栽培技术；化学调控技术；农业机械化应用技术；信息化栽培研究进展明显。这些已经上升到理论高度的栽培技术体系，将在今后相当长的时期内发挥增产、增益的作用（李金荣，2005）。

0.2.2　小杂粮生产实践技术研究进展

1. 生产与分布　　小杂粮种类繁多，全世界 6 大洲、30 余个国家（表 0-1）都有种植。栽培面积较大的有谷子、高粱、燕麦、荞麦、糜子、青稞、绿豆、小豆、豌豆、蚕豆、豇豆、芸豆和小扁豆等。我国地处温带和亚热带地域，又是作物起源中心之一，小杂粮作物生产在世界具有重要地位，不但种类多，而且占有份额大（林汝法等，2002）。2018 年小杂粮种植面积约 602.23 万 hm²，产量约 1541.02 万 hm²，占全国粮食作物总产量的 5.15% 左右（张小允，2019）。我国小杂粮主要分布在黄土高原、内蒙古高原、云贵高原和青藏高原，生态条件比较差的干旱半干旱和高寒地区，包括内蒙古、河北、山西、陕西、甘肃、宁夏、云南、四川、贵州、重庆、西藏、黑龙江、吉林等。既是这些地区的高产作物和经济作物，也是这些地区的重要食物源和经济源。

表 0-1　世界主要小杂粮生产国及中国所处地位（引自李玉勤，2009）

作物	生产国	中国排名
谷子	中国、乌克兰、印度、俄罗斯	面积、产量均居第 1 位
燕麦	俄罗斯、中国、美国、澳大利亚、加拿大	主要生产国之一
糜黍	俄罗斯、中国、伊朗、乌克兰、印度	面积、产量均居第 2 位
荞麦	俄罗斯、中国、伊朗、乌克兰、加拿大	面积、产量均居第 2 位
绿豆	中国、缅甸、印度、巴基斯坦、泰国	占 30% 以上
小豆	中国、朝鲜、韩国、日本、印度、泰国	占 30% 以上
豌豆	法国、中国、澳大利亚、印度	占 9%

2. 国内外小杂粮科学研究进展　　国外小杂粮研究多从健康营养角度出发，侧重于开发小杂粮的营养保健功能。大部分小杂粮均是膳食纤维、维生素、矿质元素与各种植物营养素的重要来源，因此，国外研究表明，多食用小杂粮可以有效地预防和治疗诸如癌症、肥胖症和心血管等疾病。国内主要从粮食安全的视角出发，侧重于增加小杂粮产量，改善生产条件，提高机械化水平，加强育种研发等。通过提高小杂粮单产水平，进而提高品质，增加出口创汇（沙敏和武拉平，2015）。随着分子生物学和基因组学的发展，快速、准确、不受环境条件干扰的分子标记辅助选择（molecular marker assistant selection，MAS）和全基因组选择（genomic selection，GS）逐渐应用到植物育种上来。小杂粮研究方面也有一定的进展。例如，谷子和高粱具有相对简单的基因组，糜子虽为异源四倍体，但其基因组在众多禾谷类作物中相对简单，随着这些作物高质量参考基因组序列的公布，它们正在发展成为抗旱耐逆功能基因发掘的模式作物，尤其是谷子已经建立了高效的遗传转化技术体系，构建了关联群体和 EMS（甲基磺酸乙酯，ethyl methane sulfonate）突变体库，成为国内外关注的热点作物。近年来，两届国际谷子遗传学会议的召开，促进了谷子模式体系的成熟。谷子、高粱和糜子作为抗旱耐盐碱研究的模式作物，目前的研究重点是抗旱耐盐碱的功能基因解析和调控网络体系注释，特别是基于关联分析、连锁分析、比较遗传学等方法的抗旱耐盐碱功能基因发掘和利用。禾谷类小杂粮作物发掘的抗旱耐逆优异单倍型，不仅可以快速提高其本身的抗旱耐

逆，也可以通过转基因技术等直接或者间接为水稻、小麦、玉米等主要粮食作物服务，如利用高粱基因 *SbER2-1* 来提高玉米抗旱性的研究（刁现民，2019）。相信谷子、高粱和糜子的抗旱耐逆研究能有一个辉煌的未来（刁现民，2019）。绿豆分子标记在绿豆遗传连锁图谱构建和基因定位研究中得到了广泛的应用，绿豆基因克隆及表达分析等工作已经起步（叶卫军，2017）。RAPD（randomly amplified polymorphic DNA，随机扩增多态性 DNA）、SSR 和 SNP 等遗传标记常用于藜麦的种群结构、亲缘关系、遗传变异、多样性鉴定及基因组图谱绘制等的研究。2017 年发布了藜麦 2 个较好版本的参考基因组，为藜麦的深入研究奠定了基础。小豆 DNA 水平上的研究主要集中在利用分子标记技术对小豆的起源、传播、进化、种质资源的遗传多样性、不同地域栽培型、半野生型、野生型小豆的变异程度及其相互之间亲缘关系的远近等方面进行研究，而遗传图谱构建、基因克隆与转化等工作相对较少。小扁豆遗传图谱的构建与完善促进了通过分子标记技术来标记与定位小扁豆抗性基因的发展。

3. 育种与栽培 相对于大宗作物，小杂粮育种与栽培技术滞后。我国小杂粮种类繁多，种质资源丰富，但育种研究落后于生产发展，至今多数地区仍在使用地方性老品种，即使一些被审定的新品种也因长期无项目经费支撑而推广面积较小。近些年来，我国培育、引进小杂粮良种在小杂粮生产中起着重要的作用。但良种利用、防杂、保纯未能引起足够重视，各产区普遍存在品种混杂、退化现象，影响小杂粮产量、质量和商品性，不利于提高经济效益。老旧的小杂粮品种籽粒大小、皮色、粒型参差不齐，既影响产量提高也影响产品品质改善，严重阻碍了小杂粮产业发展。我国小杂粮作物单产水平普遍偏低，平均产量 $1000 \sim 1500 kg/hm^2$，不足大宗粮食作物产量的 40%，与其他管理水平较高的国家相比也相差 $1000 \sim 1500 kg/hm^3$。小杂粮栽培技术落后，田间管理粗放，基本上以传统自然种植方式为主，机械、地膜、优良品种等投资能力弱，尤其在规范化栽培、病虫害防治、有机产品生产标准化等方面缺乏必要的技术储备，难以适应生产发展需要，按照绿色、有机食品生产技术规范要求进行小杂粮生产的则更少，因而生产的产品品质较差，影响了商业价值的提高，进而也影响了农民的种植积极性。因此，借鉴大宗作物的现代育种与栽培技术，示范推广小杂粮优良品种，积极研究、集成小杂粮优质高产栽培技术，因地制宜调整产业布局，实现良种良法配套、农机农艺结合、生产与加工结合，对于提高我国小杂粮综合生产能力与国际竞争力，促进小杂粮产业化进程、实现可持续发展具有积极作用。

4. 进出口贸易 中国是小杂粮生产和消费大国，也是世界小杂粮进口大国，在世界小杂粮生产和消费中具有重要地位。我国小杂粮因种类多、品种全、价格优、质量佳在世界市场上越来越受到青睐。2012 年我国小杂粮出口额高达 10.85 亿美元。我国向国外出口的小杂粮中额度比较大的主要有荞麦、高粱、大麦、燕麦、谷子、绿豆、红小豆、芸豆等。例如 2010～2017 年，我国平均每年向日本出口绿豆约为 4.85 万 t，价值 0.9 亿美元；红小豆 1.3 万 t，价值 0.17 亿美元。根据联合国商品贸易统计数据库（UN Comtrade）数据显示，我国小杂粮的进出口额总体而言都处于不断上升的趋势，但小杂粮的出口额上升幅度不大，而进口额的上升幅度较大。从长期看，我国小杂粮的进口额大于出口额。我国进口的小杂粮主要有大麦、燕麦、高粱、豌豆等（刘慧和李宁辉，2013）。从世界范围来看，各国以小杂粮为原材料的食品加工、畜牧、酿造、医疗健康等行业依然存在巨大的需求潜力，我国小杂粮的价格优势以及资源优势将给我国小杂粮种植户和相关企业带来机遇与挑战（王静等，2014）。

0.3　小杂粮产业的发展前景展望

0.3.1　我国小杂粮产业的发展前景展望

　　小杂粮在中国农业发展中具有重要地位。尤其在当前完善国家粮食安全保障体系，实施"以我为主、立足国内、确保产能、适度进口、科技支撑"的国家粮食安全新战略中，小杂粮独显优势，不可或缺。多数小杂粮作物生育期较短，地域性较强，耐旱、耐瘠薄，营养价值较高，因此在粮食国际竞争和国内生产效益低的背景下，小杂粮生产为粮食安全提供了一条可选择的途径，开辟了一条农民增收和发展农村经济的道路，同时小杂粮可以改善居民食物结构，缓解北方、西部贫困地区人民的贫困状况，并提高中国农用土地利用率（李玉勤，2009；全国农业技术推广中心，2015）。

　　全球变暖、水资源日益短缺，无论在世界还是在中国，为确保粮食安全和生态安全，小杂粮都是旱作农业的重要组成部分。大力提高优质小杂粮及其深加工制品水平是我国农业供给侧结构改革的重要举措之一，也是全球大趋势（李元鑫等，2019）。因此我们要因地制宜地发展小杂粮产业，以基地为依托，以经济效益为中心，以市场为导向，提高小杂粮产业科技创新能力，建立标准化生产基地，实施品牌战略，加强市场营销，加大政策扶持力度，走产业化、标准化、现代化的发展之路。

0.3.2　山西省小杂粮产业的发展优势与潜力

　　2017年6月习近平总书记视察山西指出"山西是著名的'小杂粮王国'，要立足优势，扬长避短，突出'特'字，发展现代特色农业"。

　　山西省是我国小杂粮主产大省，种植面积大（表0-2）、分布广、品种多。小杂粮主要分布在晋西北、晋北、晋西、晋东南山区和丘陵地区。目前种植的小杂粮作物有30多个品种，主要有谷子、糜子、荞麦、莜麦、绿豆、小豆、豌豆、豇豆、大麦等，播种面积基本维持在100万hm²以上，约占全省粮食作物播种面积的40%，产量保持在200万～250万t，占到种植业总产值的12.5%（包括薯类）（赵吉平等，2011）。但多数小杂粮分散种植，没有形成规模化、标准化、集约生产（张耀文，2017；王家栋，2018），因此，发展山西小杂粮产业具有极大优势与潜力。

表0-2　山西省小杂粮种植面积情况　　　　　　（单位：千公顷）

省份（自治区）	谷子	名次	高粱	名次	燕麦	名次	荞麦	名次	绿豆	名次	红小豆	名次
山西	197.8	1	32.9	7	54.94	3	22.6	7	41.0	3	11.8	4
陕西	68.4	4	17.1	9			85.4	1	9.4	12	13.6	3
安徽	6.5	12	0.3	23					31.3	6	6.4	7
吉林	29.1	8	107.13	2			1.2	13	56.0	2	8.3	5
内蒙古	181.9	2	171.1	1	148.6	1	75.1	2	76.6	1	17.4	2
河北	118.4	3	9.8	11	114.01	2	8.7	9	10.5	11	4.6	8
黑龙江	21.2	9	57.8	4	0.8	8			33.5	5	85.3	1

注：名次指该品种播种面积在全国的位次；数据来源：2018《中国农村统计年鉴》

1. 特殊的省情，决定小杂粮的主体优势　　山西省位于华北黄土高原区，总面积 15.6 万多平方千米，70% 是丘陵和山地；430 万公顷耕地中，76% 是旱地，且多是中低产田。十年九旱，水资源缺乏，人均水资源量仅为全国的 20%，农耕地平均水资源量为全国水资源量的 9.3%（张耀文，2017）。面对这种特殊的省情，要推动农业和农村经济的持续发展，相对于大宗作物，小杂粮生育期短、适应范围广、耐旱耐瘠，可在高海拔冷凉山地和干旱薄地种植，又能与大宗作物间作套种，决定了小杂粮在山西农作物种植中的主体地位（杨春等，2004）。各种小杂粮产量在全国名列前茅，其中糜黍排全国第一位，燕麦排全国第二位，谷子在全国排名前三位，荞麦、高粱、绿豆、小豆、豇豆、小扁豆等小杂豆在全国排名靠前（表 0-3）。

表 0-3　山西省小杂粮产量情况　　　　　　　　（单位：万吨）

省份（自治区）	品种及名次									
	谷子	名次	高粱	名次	燕麦	名次	荞麦	名次	绿豆	名次
山西	43.8	3	6.4	7	6.5	2	2.1	5	7.7	4
陕西	10.1	7					7.9	1		
安徽									7.9	3
吉林	24.6	4	895	1					20.3	1
内蒙古	48.9	2	42.5	2	5.1	3	5.5	3	15.5	2
河北	52.3	1	3.8	10	10.7	1				

注：名次指该品种播种面积在全国的位次；数据来源：2017《中国农村统计年鉴》

2. 悠久的种植历史，蕴藏丰富的资源优势　　山西省是中华民族的发祥地和华夏摇篮的一部分，种植业历史悠久，是农业多样性中心，原始农业始于新石器时代。《周礼》记有"其谷宜五种"。唐、宋时期山西"粟多"。15 世纪山西省全境内盛产黍稷、粱、麦（冬小麦、春小麦、荞麦）、豆（黑、绿、黄、红、扁、小）。因此，山西省小杂粮作物种类齐全，资源丰富，在长期的自然选择和人工驯化过程中，培育和储备了近百个名、优、特品种，同时拥有小杂粮资源 1.3 万份。《中国荞麦》记有"全国 75% 的优质荞麦资源在山西"。1979～1981 年山西省农作物品种资源补充征集到 40 余种作物品种资源 14 216 份，而谷豆资源有 10 438 份，占征集总数的 73.42%（刘凤兰和贾蕊，2006）。

3. 特殊的自然生态，孕育高品质杂粮优势　　山西省大部分地区位于黄土高原，属于温带季风气候和温带大陆性气候的交界，气候自然环境适宜小杂粮种植，特别是位于山西东部的太行山区、西部的吕梁山区及北部高寒冷凉区，这些地区小杂粮种植集中，种植历史悠久，逐渐形成当地的主导产业，是优质杂粮的"黄金产区"（王家栋，2018）。因此，山西高品质小杂粮具有两大优势，一是营养成分丰富，营养价值高；二是多种植于远离工业污染、城镇化程度低、生产力不发达、极少使用化肥和农药的高海拔山区，是无污染、无公害的天然绿色产品。

4. 特色的知名品牌，打造优良品种优势　　历届农业博览会上山西杂粮获奖最多，山西土特产品展览会享誉全国。山西小米远有贡品"沁州黄"，近有"东方亮"、"汾州香"，山西红芸豆被誉为"中华红芸豆之冠"，以及饮誉日本、东南亚的"黑滚圆"黑豆，饮誉日本的山西右玉县"盆儿洼"的甜荞，国内外知名的灵丘苦荞，以及苦荞茶、荞面、豆粉、胡麻油等。"杂粮食品甲天下"的小杂粮加工食品有清徐灌肠、定襄河捞、柳林碗托、灵丘凉粉、苦荞挂面、苦荞醋、苦荞茶等名品都享誉全国。品牌种质资源有"爬坡糙"谷子（碾米即为沁州黄）、"三尺三"高粱、"三分三"莜麦、"蜜蜂头"苦荞、"盆儿洼"甜荞、"串地龙"绿豆和"大同小绿豆"、"大红袍"小豆、"黑滚圆"黑豆、"双青豆"等均已成为享誉国内外小杂粮优良品种（杨春等，2004）。

5. 产、供、销、研协同发展，展现产业潜力优势

1）标准化生产正在起步　　近年来，山西省农业科学院研究和集成了一批小杂粮标准化生产技术规程，如《高寒地区旱地绿豆地膜覆盖栽培技术》《高寒冷凉区红芸豆高产栽培技术》《旱地莜麦高产栽培技术》《荞麦机械化栽培技术规程》等一系列小杂粮生产技术规程应用于生产中，使山西省的小杂粮生产逐步向规模化、标准化、集约化发展，提升了山西小杂粮在国际市场上的竞争力，推动了山西小杂粮生产的可持续发展（张耀文，2017）。

2）加工企业，星罗棋布　　山西省小杂粮加工企业众多，分布于大同、广灵、浑源、灵丘、山阴、忻州、河曲、静乐、太原、娄烦、古交、和顺、武乡、陵川、高平、晋城等县市，这些县市企业有些产品，行销全国、受人青睐，充分反映了产业方向（刘凤兰和贾蕊，2006）。

3）加工转化产品逐步形成　　山西小杂粮商品面市的有四大类：①原粮或经分选、分级、包装等工序的简单加工品，包括"沁州黄"贡米、"寿阳荞麦"、"盆儿洼"甜荞、灵丘苦荞、"大红袍"小豆、"串地龙"绿豆、"黑滚圆"黑豆等名贵品；②传统风味小吃，如徐沟灌肠、定襄河捞、柳林碗托、灵丘凉粉等传统小杂粮名食和风味小吃；③方便食品，包括冲调类、糕点类、方便休闲类等加工产品，如小米锅巴、怪味豆、青皮脆豆、燕麦片、荞麦挂面和方便面、绿豆粉丝等，尽管所占市场份额不大，但大多已形成一定的工业化生产规模；④发酵酿造食品，主要以高粱、大麦等小杂粮为原料的酿造工业，如白酒、啤酒及黄酒、酱油、陈醋等调味品，已成为食品工业的重要组成部分（杨春等，2004）。

4）市场体系辐射国内外　　全国大中城市和世界各地，特别是我国北京、广州、上海等一线城市，以及日本、韩国等国家是小杂粮的主要消费市场。

5）深度开发山西小杂粮产业　　山西省小杂粮历史悠久，播种面积、产量、品种在全国名列前茅，产业发展前景看好。农业供给侧结构性改革，就要对小杂粮产业进行深度开发。①在种植领域，加快小杂粮规模化经营。抓好主导作物，扩大谷子、豆类、莜麦和荞麦等种植面积。加强小杂粮新品种选育（结合山西省酿造产业发展，选育生产专用型小杂粮种质），配套高产高效栽培技术与标准化种植示范区建设。②在精深加工领域，以工业化理念和产业化发展的思路，培育加工龙头企业和重点企业，研发新产品，开发市场需求旺盛的产品。重点扶持产品特色鲜明、发展潜力较大的小杂粮加工企业。③在市场开拓方面，创新小杂粮营销方式，做好品牌建设和营销，积极探索产销直挂、农超对接、公司＋农户、订单农业等现代营销模式，降低小杂粮的流通成本，扩大小杂粮的市场销售范围（王家栋，2018）。

"农业之长在于特，粮食之长在于杂"，加快小杂粮产业化发展，提高小杂粮的研究与开发水平，增强小杂粮在国际市场的竞争力，促进农业产业结构的调整，对实现地区粮食安全和农民增收、农业增效、社会稳定、振兴我国经济具有十分重要意义，同时，对于促进干旱、半干旱地区农业的持续发展和改善生态环境将起到积极的促进作用，具有显著的生态效益和社会效益（杨春等，2004）。

主要参考文献

柴岩, 冯佰利. 2001. 小杂粮生产现状及对策. 中国农业科技导报, (5): 57-61

刁现民. 2019. 禾谷类杂粮作物耐逆和栽培技术研究新进展. 中国农业科学, 52 (22): 3943-3949

李金荣. 2005. 浅谈我国作物栽培技术的进展. 吉林农业科技学院学报, (1): 16-18

李星. 2019. 藜麦在吉林西部的适应性及饲用潜力研究. 吉林: 东北师范大学

李玉勤. 2009. 杂粮产业发展研究. 北京: 中国农业科学院

李元鑫, 张蕙杰, 麻吉亮, 等. 2019. 世界和中国杂粮供需及贸易展望. 农业展望, 15 (10): 4-12

林汝法, 柴岩, 廖琴, 等. 2002. 中国小杂粮. 北京: 中国农业科学技术出版社

刘凤兰, 贾蕊. 2006. 山西小杂粮产业发展现状及对策研究. 食品科学, (10): 620-622

刘广义. 2009. 我国名优特杂粮产业存在的问题与发展建议. 作物杂志, (1): 17-19

刘慧, 李宁辉. 2013. 我国杂粮产业发展状况调查分析——以山西省为例. 中国食物与营养, 19 (03): 28-30

全国农业技术推广中心. 2015. 中国小杂粮优质高产栽培技术. 北京: 中国农业出版社

沙敏, 武拉平. 2015. 杂粮研究现状与趋势. 农业展望, 11 (2): 53-56, 60

王红梅, 陈玉梁, 石有太, 等. 2020. 中国作物分子育种现状与展望. 分子植物育种, 18 (2): 507-513

王家栋. 2018. 山西省粮食供给侧结构性改革对策研究. 太原: 山西农业大学

王嘉莉. 2019. 呼和浩特市小杂粮产业发展研究. 杨凌: 西北农林科技大学. 1

王静, 王芳, 刘雁南. 2014. 中国小杂粮出口的比较优势分析. 世界农业, (7): 107-110

雄奴塔巴. 2005. 我国小杂粮出口现状及对策. 西藏农业科技, (1): 43-47

杨春, 田志芳, 李秀莲. 2004. 山西优质小杂粮产业化条件比较分析. 中国农业资源与区划, (2): 57-60

杨月欣, 张环美. 2016.《中国居民膳食指南 (2016)》简介. 营养学报, 38 (3): 209-217

叶卫军, 杨勇, 周斌, 等. 2017. 分子标记在绿豆遗传连锁图谱构建和基因定位研究中的应用. 植物遗传资源学报, 18 (6): 1193-1203

燕星宇. 2019. 陕北地区小杂粮产业发展研究. 杨凌: 西北农林科技大学. 12

张传永, 孙翔. 2016. 农业生产结构调整背景下发展杂粮生产的意义与对策分析. 中国农业信息. (18): 22-25

张小允. 2019. 我国小杂粮价格波动与预测研究. 北京: 中国农业科学院

张兴昌, 邵明安, 黄占斌, 等. 2000. 不同植被对土壤侵蚀和氮素流失的影响. 生态学报, (6): 1038-1044

张雄, 王立祥, 柴岩, 等. 2003. 小杂粮生产可持续发展探讨. 中国农业科学, (12): 1595-1598

张耀文. 2017. 山西小杂粮产业发展的现状、前景及标准化生产. 大众标准化, (9): 14-18

赵吉平, 王彩萍, 侯小峰, 等. 2011. 山西省小杂粮产业现状及发展对策. 中国种业, (10): 16-17

中国农业科学院食物发展研究组. 1993. 论中国中长期食物发展战略. 中国农业科学, (1): 1-12

Li H S, Han X D, Liu X X, et al. 2019. A leucine-rich repeat-receptor-like kinase gene SbER2-1 from sorghum (*Sorghum bicolor* L.) confers drought tolerance in maize. BMC Genomics, 20(1): 1-15

（王润梅　刘建霞）

第一篇
生产实践篇

第1章

谷子生产实践技术

1.1 谷子概述

谷子（*Setaria italica*）又称稷、粟、粱，去皮后俗称小米，是世界上最古老的栽培农作物，也是我国古代的主要粮食作物之一。由于其具有抗逆性强、高产稳产等特点，在整个中华民族发展历史长河中起到了重要的作用，培育了我国北方文明，享有中华民族"哺育作物"的美称。有关谷子的研究，目前国外主要集中在进化和分子遗传等方面，我国更注重对谷子进行全面系统的研究，包括起源、进化方式、资源种类、栽培育种、病理机理、细胞分子遗传等各个方面（王计平，2006）。

1.1.1 谷子的分布及其生长环境

谷子起源于黄河流域，距今有7300多年的栽培历史。主要分布在亚洲东南部、非洲中部和中亚等地，尤其是中国、俄罗斯、印度、尼日利亚、尼泊尔、马里等国家栽培较多。我国谷子栽培面积为世界谷子播种面积的80%，产量为世界谷子总产量的90%，位居世界第一；印度谷子产量为世界谷子总产量10%左右位居第二，而其他国家，如澳大利亚、美国、日本、法国、朝鲜、加拿大等国家有零星种植。谷子在我国分布极其广泛，全国各地几乎都能种植，但主产区集中在东北、华北和西北地区（赵宝平和齐冰洁，2012）。谷子性喜高温，生育适温22～30℃，海拔1000m以下均可种植。谷子属耐旱稳产作物，温度适宜，吸收水分达本身重量的26%即可发芽。

图 1-1 谷子植株
（引自于振文，2013）

1.1.2 谷子的植物学特性

在植物学上，谷子为禾本科狗尾草属单子叶植物，植株由根、茎、叶、花、果实及种子组成（图1-1）。

1. 根 谷子的根属须状根系，根系密集、伸长，由初生根（也称种子根）、次生根和气生根3种根群组成，由种子胚长出的根为种子根，经过8～10d在其上部长出较多纤细的根毛，逐渐增粗，可吸收大量的水分，使得谷子有效利用水分，种子根入土不深，20～40cm土层内；谷苗长出三片真叶时，在胚芽鞘的基部、地下2～3个茎节上会长出6～8层次生根，替代种子根而吸收营养，次生根的数量及健壮程度与谷子产量关系极大；到了拔节期，靠近地面的1～2个茎节会长出2或3层气生根，防止茎秆倒伏。

2. 茎 谷子的茎细直，圆柱状，由胚轴发育而成。茎秆由节和节间组成，呈圆柱形，基部微扁，节间中空有节或稍有髓，曾白色或红色。株高80～120cm，节数约20个，在幼苗长出4～5片真叶后，谷子开始分蘖，靠近地面的节上能生两个以上分蘖。其他各节都能伸长，节间伸长顺序是自下而上逐渐进行。下部节间伸长时称拔节。拔节期茎秆生长较慢，随着生育进程生长加快，孕穗期生长最快，开花期茎秆停止生长。茎的颜色有绿色和紫色两种，主要由花青素所致。

3. 叶 叶由叶身、圆筒形叶鞘、短而厚的叶舌、绿色或紫色的叶枕组成，无叶耳。叶身是叶的主要部分。谷子第一片真叶为椭圆形，如同猫耳，顶端圆钝，其余叶片狭长而呈披针形，具平行脉，表皮分布茸毛，叶缘长有细刺，绿色、紫色或黄绿色，最后一片叶短而宽，通称旗叶。叶鞘在叶的下方，包围着茎的四周，两缘重合部分为膜状，边缘着生浓密的茸毛，叶鞘是叶片和茎的通道，起着保护茎秆及疏导水分和养分的作用。叶舌短而厚，是叶身和叶鞘结合处内侧茸毛部分，能防止雨水进入叶鞘，从而保护茎秆。叶枕位于叶鞘与叶片相接处突起部。谷子不同品种，叶片数差异较大，一般为15～25片叶，个别早熟品种只有10片叶，晚熟品种达到28片。叶的主要功能是进行光合作用和蒸腾作用。

4. 花 花为顶生圆锥状花序，下垂性，包括花穗中央的穗轴、中轴上排列整齐的1～3级分枝、三级分枝上的小穗花及分枝上的小穗、小穗柄上锯齿状的刚毛；其中小穗花和刚毛、三级分枝合称为谷码。每一个小穗花外包有护颖两片，两片护颖之间的一朵花为上位花，为完全花，另一朵花为下位花，常退化，退化花外稃宽大，无内稃或内稃很不发达。谷穗由穗轴组成主轴，谷码螺旋轮生其上。因谷穗的中轴以及分枝长短不同形成谷穗的形态不同，如纺锤形、分枝形、猫爪形、圆筒形等，每穗籽实极小，达百粒至上千粒，成熟后为金黄色。

5. 果实及种子 谷子成熟的籽实包在外颖之内，形状为圆形或椭圆形，谷子的籽粒是一个假颖果，是由子房和受精胚珠连同内外稃一起发育而成的。去掉谷壳后的果实为颖果，俗称小米。果实由种皮、胚和胚乳三部分组成。果皮薄，与种皮不易区分。谷子籽粒小，粒色有黄、白、红、黑、灰色等。

1.1.3 谷子的营养与功能成分

谷子富含蛋白质、脂肪和维生素（表1-1）。谷子蛋白质主要贮存在胚和胚乳。谷蛋白中的氨基酸约有17种，包括8种必需氨基酸，除了赖氨酸是谷子的限制性氨基酸外，其余氨基酸的含量均接近或者超过联合国粮食及农业组织、世界卫生组织建议的标准。谷子脂肪主要由脂肪酸组成，如亚油酸、油酸、亚麻酸、棕榈酸、硬脂酸、花生四烯酸等，大部分都属于不饱和脂肪酸，主要贮存在胚的油质体中。脂肪含量和脂肪酸的组成是谷子营养品质的重要组成部分。谷子维生素含量最高的是维生素 B_1，其次为维生素 B_2，此外还有胡萝卜素、维生素 A、类胡萝卜素、维生素 D、维生素 C、维生素 B_{12} 和维生素 E，其中类胡萝卜素与谷子的外观品质有关，其含量越高，外观品质越好。此外，谷子还含有淀粉，淀粉主要由直链淀粉和支链淀粉两种组成，抗性淀粉含量少，主要贮存在胚乳中。

谷子功能物质较多，包括小米黄色素、多酚、微量元素硒、肌醇、黄酮等。其中黄色素主要由类胡萝卜素、叶黄素、玉米黄素和隐黄素组成，具有耐热、耐光性、耐氧化及耐还原性等性质特征，是天然色素的主要来源，是影响小米外观品质的重要指标，对保护视力、防治多种癌症、预防口腔溃疡、抑制金色葡萄球菌以及大肠埃希氏菌等有一定作用（杨延兵等，2012）。谷子中酚类物质丰富，包括结合酚和游离酚，结合酚有阿魏酸和香豆酸，游离酚有原儿茶酸和香豆酸，主要存在于糠皮层（占60%），在谷子籽粒中分布不均匀（Choi et al.，2007），可以预防骨质疏松、肿瘤、心血管及阿尔茨海默病等疾病。

表 1-1　小米与其他几种主要粮食的营养成分比较

品种	水分 / （g/100g）	蛋白质 / （g/100g）	脂肪 / （g/100g）	碳水化合物 / （g/100g）	钙 / （mg/100g）	磷 / （mg/100g）	铁 / （mg/100g）
小米	10.60	11.42	3.68	72.80	21.80	268	6.00
大米	13.60	6.76	1.18	77.60	16.60	161	3.02
小麦粉	12.00	9.40	1.90	72.90	43.00	330	5.90
玉米粉	13.30	8.38	4.94	70.06	29.20	343	3.45

资料来源：邢亚静等，2009

1.2　常用谷子生产实践技术

1.2.1　谷子常规育种技术

1. 引种、选择育种　　谷子是自花授粉作物，天然杂交率较高，易于产生自然杂交种，可通过引进新品种、选择育种选出优异性状的品系。引种时需要了解谷子对光、温反应的特性，纬度、海拔变化，以及光照、温度发生变化对谷子的影响。一般生态条件相似的地区容易引种，同纬度同海拔地区可以相互引种，高海拔地区可以引种低海拔地区的品种，但纬度变化不宜相差太大，南部夏播品种可引到北部春播，北部春播品种可引到南部夏播。闫锋等（2019）采用随机区组实验对引进自全国 6 个育种单位的谷子新品种的农艺性状进行比较，筛选出'朝新谷 8 号'和'张杂谷 6 号'适合黑龙江省西部及周边春播。张月娥等（2019）在玉门地区引进 9 个谷子新品种，筛选出'陇谷 9 号'、'陇谷 12 号'适合玉门地区种植。需要指出，谷子引种与其他作物一样，必须有目的，试种稳定后，才可大面积推广，同时做好后期检疫工作，预防病虫害发生及蔓延。另外，随着环境的变化，谷子性状会产生新变异，这时，可以通过选择优良的变异单株（单株选择法）或从不同类型植株的品种中，根据品种性状分离特点在同一类型的植株中选出优良的单株（混合育种法）从而培育新品种进行选择育种。

2. 杂交育种　　由于自然变异不能满足生产发展的需要，需借助人工选择改变其遗传基础，因此，有性杂交育种是选育谷子新品种的重要途径。杂交用的亲本最好是经过单株选择的优良株系种子，保证亲本的纯正，且双亲主要性状优缺点互补，其他性状优异突出，F_1、F_2 的群体要大为好。根据杂交本亲缘关系远近不同，分为近缘杂交（品种间杂交）和远缘杂交。杂交谷子不仅产量高，经济效益显著而且抗逆性强、稳产、适应性好、品质好、抗除草剂。但不足的是谷子杂交种只能种植一代，若再种植将减产 30% 以上，高产须稀植和增加肥料投入。

1.2.2　谷子诱变育种技术

1. 化学诱变　　化学方面主要是通过化学试剂甲基磺酸乙酯（EMS）的诱变，中国农业科学院作物科学研究所刁现民研究员以'豫谷 1 号'为试验对象，用 1.0% EMS 处理 8h，通过考察植株的形态、根系生长、品质和抗性等性状，筛选到了一系列谷子突变体并且构建了国内首个功能基因组突变体库,该工作为今后的谷子功能基因组学研究奠定了良好的基础,该方法简单、有效、快速(李伟等,2010)。

2. 物理诱变　物理方面可通过离子束注入技术,以及射线育种(Co、γ射线、中子)、空间诱变育种等技术对谷子进行诱变。任祎等以'晋谷28号'为材料利用氮离子束注入谷子与γ射线处理作比较,形态学调查结果表明两种方法均可诱发株高、穗长、穗型等各种农艺性状突变,但两种诱变方法的诱变效应存在差异(任祎等,2006)。

1.2.3　生物技术育种在谷子育种中的应用

1. 组织培养　组织培养在谷子中的应用较早,Ban等于1971年用黄粟花药培养得到了单倍体植株。赵连元等(1991)以金谷米的幼穗愈伤组织为材料筛选到了体细胞无性系,获得3个产量高、抗倒伏、抗病性强的新品系。李明杨等(1990)对谷子幼穗起始的愈伤组织悬浮培养,通过体细胞胚胎发生获得大量完整小植株,并且证明低浓度的脱落酸有利于胚状体的形成,活性炭可促进胚状体的成熟和出苗。

2. 原生质体培养及原生质体融合　原生质体融合技术是实现体细胞杂交的有效途径之一,以原生质体培养为基础,利用谷子继代培养后4~5d的愈伤组织悬浮培养后,经系列酶分离出原生质体,再经分裂形成细胞团可获得旺盛生长的愈伤组织(杨丽君和许智宏,1986)。在原生质体培养成功基础上,应用聚乙二醇(polyethylene glycogen,PEG)及XRY-1电融合技术可构建谷子原生质体融合技术系统(赵连元等,1991)。

3. 分子标记技术　作物基因组学的发展及比较基因组的兴起促进了谷子相关基因组学的发展。20世纪60年代后人们开始应用蛋白质或核酸标记对谷子的遗传差异进行了广泛研究,发现不同的品种间存在广泛的遗传变异。如Ma等利用5′锚定PCR技术开发了123对稳定的SSR引物,用于谷子分子标记辅助育种(Ma et al.,2007)。

4. 转基因技术　基因枪转化法和农杆菌共培养法是谷子中常用的转基因方法。例如,研究人员将控制玉米花粉的 *Si401* 基因克隆到质粒中,再通过农杆菌介导转化谷子,发现引起花药很多变异,包括绒毡层细胞过早退化、花粉粒败育等(Qin et al.,2007)。

1.2.4　谷子栽培技术

谷子属于抗逆性强,喜温、喜光、短日照的作物,根据生长发育特点,主要栽培技术如下。

1. 选地选茬　谷子不宜重茬,以防增加病害、杂草、土壤养分失调,须采用合理轮作制度,一般以3年或3年以上轮作为佳。较为适宜的前茬作物依次为豆类、油菜、玉米、薯类、麦类,土壤肥力中等或下等的旱地即可。

2. 整地施肥　秋收后灭茬耕翻,保持土壤湿度。秋耕宜深(20~25cm),最好施用基肥,对蓄水和养护效果良好,可提高春播质量。秋耕结合施肥,具有培肥、壮垄的作用(刘敬科和刁现民,2013)。有机肥施用量一般为15 000~30 000kg/hm^2,并混施过磷酸钙600~750kg/hm^2。需要指出的是土层薄的地及盐碱地不宜深耕,风沙地、秋雨少等干旱地不宜秋耕。孕穗阶段(抽穗前15~20d)需追肥,以纯氮75kg/hm^{2}左右为宜。有灌溉条件的地区,拔节始期结合灌水可追施"坐胎肥",孕穗期追施"攻粒肥"。

3. 品种选择与种子处理　不同品种谷子特征特性不同,对生态、气候条件的适应性不同，要根据当地的实际情况及生产的目的选择所需品种。例如，当地为高寒区，选择早熟品种，如当地为干旱瘠薄坡地区，则选择抗逆性强的优良品种；如生产目的是食用，则应选择品质优的品种，若为了获得更高的经济效益，则可选择高产，优质的品种。品种选定后需要通过筛选、水选、去掉秕谷及杂质，获得饱满、大小一致的种子后将种子摊晒2～3d（2～3cm厚），然后用高效、低毒的药剂拌种，以去掉种子表面的病菌，防治黑穗病、白发病、地下害虫或包衣增加肥效。

4. 播种 播种期的选择应根据谷子产区的自然条件、耕作制度及谷子品种而确定。春谷在5月上、中旬至6月上旬（立夏前后）播种为宜，即当5cm地温稳定在7～8℃时即可播种，墒情好的地块要适时早播。夏谷要尽量早播，冬小麦收获后可播。秋谷可于立秋前后下种，若育苗移栽，应于前茬收获的20～30d前播种。播种时间一般在冬前气温降到2℃时较好。如品种早熟或中熟，播种期可延迟，晚熟品种则可早播，总之使得谷子获得更适宜的生长发育条件。谷子播种方式包括楼播、沟播、垄播和机播。其中楼播是各地主要的播种方式；垄播是东北地区采用的播种方式；机播也是目前盛行的播种方式，双行播种，播种均匀，保墒好、效率高、有利增产。播种密度与当地的气候、种植方式、品种的特征及土壤水肥情况有关，适宜的播种量可使群体获得更高的干物质产量，从而提高产量。播种深度3～5cm，播种后覆土2～3cm。间苗可根据土壤性质留苗，一般旱地每公顷留苗30万～45万株，水地留苗45万～60万株。

5. 田间管理 播种后应及时用石砘镇压，使得种子和土壤紧密接触，保护土壤表层含水量，从而有利于种子发芽和出苗。幼苗出土前，种子发芽后，可用石砘再次轧地，防止"悬苗"，助苗出土。如播种后遇雨，还可通过镇压以防止土壤板结。出苗2～3片叶时可查苗补种、移栽；3～4片叶时可间苗，6～7片叶时根据留苗密度定苗，拔除弱苗和枯心苗，留1茬拐子苗（三角形留苗）。肥水条件好、幼苗生长旺的田块，应在2～3片叶时镇压，培育壮苗，幼穗分化开始，蹲苗结束；中耕管理在幼苗期、拔节期和孕穗期共进行三次。第一次中耕（幼苗期）结合定苗要浅锄，围土稳苗，除草松土；11～13片叶时（拔节期），要深中耕，清垄，将弱株、分蘖过多的株、杂草、谷莠子彻底清除，孕穗期再次深中耕（深度4～5cm），并培土，防止后期倒伏，促进产生气生根。总之，中耕要做到"头遍浅，二遍深，三遍不伤根"；谷子苗期一般不浇水，拔节期和抽穗期需水量大（占总需水量的54.9%），应浇水1次，保证抽穗，促大穗，增粒数，防止"卡脖旱"，开花灌浆期仍然需要充足的水分供应（总需水量的25.4%）。如遇干旱可轻浇水，隔行浇水，确保粒饱、粒多；如遇雨涝，应及时排除积水，促进土壤通气、灌浆成熟。

1.2.5 谷子病虫害防治

据统计，危害谷子的病虫有200～300种，常见并造成严重损失的病害包括白发病、谷瘟病、黑穗病、谷锈病、红叶病即黑穗病（王福贤和王海生，2015）。常见的虫害为粟灰螟、粟穗螟、粟叶甲（白焦虫）、粟茎跳甲、粟小缘椿象、粟芒蝇、黏虫等，要防治这些病虫害，应坚持"预防为主，综合防治"的方针。优先采用抗病虫害的优良品种，执行轮作倒茬，定时拔草，清除病株，适当晚播地农业防治，保护和利用自然天敌，如瓢虫等进行生物防治或采用糖醋液、汞灯、黑光灯等物理防治，科学使用化学药剂，如苏云金杆菌粉、溴氰菊酯乳油、氰马乳油等化学防治，使用化学农药时，应执行GB4286农药安全使用标准和

GB/T8321 农药合理使用准则，合理混用、交替用药，防止和推迟病虫害抗性的产生和发展。

1.3　谷子产业发展前景

1.3.1　我国谷子产业发展现状及存在问题

在中华人民共和国成立初期，谷子曾是第三大粮食作物，但是随着社会的发展，人们需求的转变，谷子从大面积的种植转变为小宗特色杂粮作物。种植面积总体呈下降趋势，近年来由于市场拉动、轻简高效生产技术的推广，部分地区谷子种植面积回升，加工企业发展迅速，大众化食品加工技术有所突破，深加工产品逐步市场化。产品大致为：月子小米、小米挂面、小米馒头、小米营养酒、小米饮料、小米营养粉、小米营养乳、小米方便面、小米锅巴、小米醋、小米煎饼、小米冰淇淋、小米爆米花、小米饼干、小米茶汤等（李顺国，2018）。但是谷子生产加工仍然存在一些问题，如机械化水平低、脱粒水平差，收获效果不明显，生产及加工产品较少，深加工仍处于发展过渡期等，因此需要不断地利用先进的技术理念，通过现代科技手段去分析促进谷子加工产业快速发展。

1.3.2　我国谷子产业发展对策与前景

1. 我国谷子产业发展对策

1）提高谷子产品质量，扩大消费者需求　　谷子加工是谷子产业链的重要环节，通过先进的加工技术，为人们提供更丰富更营养的谷子产品，可有效刺激相关企业农户及机械制造业，实现谷子产业可持续发展。

2）强化农机农艺深度融合建成规范生产技术　　目前我国谷子播种机、割晒机、联合收割机、简化栽培技术等单项轻简化技术趋于完善。今后应强化农机农艺的深度融合，建成适合不同生态区、生产条件、生产技术的规范为民所用。

3）增强谷子研发，提高原始创新能力　　目前我国科学家先后完成了谷子全基因组序列图谱的构建、绘制出谷子基因组单倍型物理图谱，谷子将发展成为基因组研究的模式植物。但仍然需要在谷子产量和品质性状全基因组选择育种方面进行深入研究以保持我国在谷子科技创新的制高点，提高我国谷子原始创新能力，为产业发展提供科技支撑。

4）发展现代化的谷子产业　　目前谷子产业面临谷子加工企业少、转化能力弱，新型食品开发周期长等问题，因此加工初期需要挖掘更多的小米食用方法，增强企业对谷子深加工的研究，尽快完成谷子新型产品的开发，可有效促进谷子产品的推广。

2. 我国谷子产业发展前景

我国是谷子的起源地，谷子作为杂粮之一，具有丰富的营养价值，是餐桌上不可缺少的美味佳肴之一，我国劳动人民在品种选育、种植技术、产品开发利用方面做出了巨大贡献，使得我国无论是谷子生产，还是谷子研究等方面均处于世界科技水平前列。近几年，随着大宗粮食增产增收空间渐小，谷子作为抗旱、适应性强、药食同源、营养价值丰富的小宗农作物之一，生产将成为粮食增产增质的亮点，也必将成为农业供给侧结构性改革的重要方向之一。另外，谷子的出口创汇前景较好。由于全球目前面临着水资源短缺、经济衰退、饥饿和营养不良及人口总数不断增加等问题，谷子产业发展的现代化，必将拉动谷子在全球的消费和生产，为谷子产业的发展提供良好的机遇和更为广阔的前景。

主要参考文献

李明杨. 1990. 谷子细胞悬浮培养的体细胞胚胎生长和植株再生. 西南农业大学学报, 12（4）: 379

李顺国, 刘斐, 刘猛, 等. 2018. 新时期中国谷子产业发展技术需求与展望. 农学学报, 8（6）: 101-105

李伟, 智慧, 王永芳, 等. 2010. 谷子 EMS 诱变的处理条件分析. 河北农业科学, 14（11）: 77-79

刘锋民. 2020. 小杂粮生产技术. 北京: 中国农业出版社

刘敬科, 刁现民. 2013. 我国谷子产业现状与加工发展方向. 农业工程技术, （12）: 15-17

任祎, 牛西午, 韩美清, 等. 2006. 氮离子注入谷子诱变效应研究. 山西农业大学学报, 26（1）: 7-9

王福贤, 王海生. 2015. 谷子主要病虫害防治技术. 农家参谋, （8）: 38

王计平. 2006. 谷子科学种植技术. 北京: 中国社会出版社

奚玉银. 2013. 农业专家大讲堂系列——北方小杂粮高产栽培及贮藏加工. 北京: 化学工业出版社

邢亚静, 张耀文, 李荫潘, 等. 2009. 小杂粮营养价值与综合应用. 北京: 中国农业出版社

闫锋, 李清泉, 董扬. 2019. 谷子新品种在黑龙江省西部地区的引种试验. 黑龙江农业科学, 12: 6-8

杨丽君, 许智宏. 1986. 谷子原生质体分离和培养. 实验生物学报, 19（4）: 497-503

杨延兵, 管延安, 秦岭. 2012. 不同地区谷子小米黄色素含量与外观品质研究. 中国粮油学报, 27（001）: 14-19

于振文. 2013. 作物栽培学各论. 北方本. 第 2 版. 北京: 中国农业出版社

张月娥. 2019. 玉门地区 9 个谷子品种引种试验初报. 农业科技与信息, （19）: 47-49

赵宝平, 齐冰洁. 2012. 小杂粮安全生产技术指南. 北京: 中国农业出版社

赵连元, 纪云, 段胜军. 1990. 高效谷子原生质体培养和植株再生体系的建立. 粟类作物, （4）: 5-9

赵连元. 段胜军, 纪云, 等. 1991. 谷子品种间原生质体融合技术研究. 粟类作物, （3）: 1-5

Ban Y, Koknba T. 1971. Production of haploid plant by anther culture of *Setaria italica* Bull, Fac Agric Kagoshima Univ, (21): 88-90

Choi Y, Jeong H S, Lee J. 2007. Antioxidant activity of methanolic extracts from some grains consumed in Korea. Food Chemistry, 103: 130-138

Ma L H, Li L, He W. 2007. Development and characterization of microsatellite marker in foxtail millet using 5′anchored PCR method. In: The Proceedings of Plant Genomic in China Ⅷ. Shanghai: Plant Genomics in China Ⅶ, 94

Qin F F, Zhao Q, Ao G M. 2007. Co-suppression of Si401, a maize pollen specific Zm401 homological gene, results in aberrant anther development in foxtail millet. Euphytica, 163: 103-111

（张永芳）

第 2 章　燕麦生产实践技术

2.1　燕麦概述

燕麦（*Avena sativa* L.）是禾本科燕麦族燕麦属一年生草本植物（章海燕等，2009），包括皮燕麦和裸燕麦两大类，裸燕麦别名莜麦。燕麦以六倍体（$2n=6x=42$）为主，多为普通燕麦。

2.1.1　燕麦的分布及生长环境

燕麦在中国种植历史悠久，遍及各山区、高原和北部高寒冷凉地带，种植地区以裸燕麦为主。北纬 41°～43°（世界公认的燕麦黄金生长纬度带），以及海拔 1000m 以上的高原地区，年均气温 2.5℃，日照平均可达 16h，是燕麦生长的最佳自然环境（赵彦慧，2018）。我国历年种植面积 1800 万亩[①]，其中裸燕麦 1600 多万亩，占燕麦播种面积 88.96%。主要种植在内蒙古、河北、河南、山西、甘肃、陕西、云南、贵州、青海等地区，其中前 4 个省（自治区）的种植面积约占全国总面积的 90%。燕麦是中国高海拔山区和半干旱农牧区等地区重要的农作物和饲料来源。

2.1.2　燕麦的植物学特性

燕麦是一年生草本植物，根系发达，秆直立光滑，叶鞘光滑或背有微毛，叶舌大，没有叶耳，叶片扁平；燕麦穗为圆锥花序，有周散和侧散两种类型（图 2-1），穗轴直立或下垂，向四周开展，小穗柄弯曲下垂；颖宽大草质，外稃坚硬无毛，有或无芒；颖果腹面具有纵沟，被有稀疏茸毛；成熟时内外稃紧抱籽粒，不容易分离，这与裸燕麦不同（周凡，2018）。

株高 60～120cm，须根系，入土较深。幼苗有直立、半直立、匍匐 3 种类型；抗旱抗寒者多属匍匐型，抗倒伏耐水肥者多为直立型。叶有突出膜状齿形的叶舌，但无叶耳。

燕麦喜凉爽但不耐寒。温带的北部最适宜于燕麦的种植，种子在 2～4℃就能发芽，幼苗能忍受 −2～−4℃的低温环境，在麦类作物中是最耐寒的一种（纪冰沁，2018）。燕麦生长在高寒荒漠区，但种子发芽时约需相当于

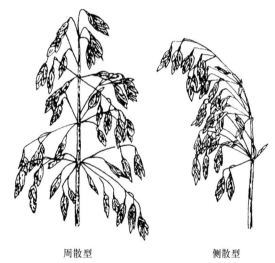

图 2-1　燕麦穗形
（引自于振文，2013）

周散型　　　　侧散型

---

① 1 亩 = 666.67m²

自身重量 65% 的水分。燕麦的蒸腾系数比大麦和小麦的高，消耗水分也比较多，生长期间如水分不足，常使籽粒不充实而产量降低。燕麦对酸性土壤的适应能力比其他麦类作物强，但不适宜于盐碱土栽培。

2.1.3 燕麦的营养与功能成分

燕麦中水溶性膳食纤维分别是小麦和玉米的 4.7 倍和 7.7 倍。燕麦中的 B 族维生素、烟酸、叶酸、泛酸都比较丰富（表 2-1），特别是维生素 E。燕麦粉中还含有谷类食粮中均缺少的皂苷（人参的主要成分）。蛋白质的氨基酸组成比较全面，人体必需的 8 种氨基酸含量均居首位。裸燕麦含粗蛋白达 15.6%，脂肪 8.5%，还有淀粉、磷、铁、钙等的含量也较高（陈子叶等，2017）。燕麦中的黄酮类化合物具有抗肿瘤等生物活性（许龙等，2014）。燕麦生物碱不单具备高抗氧化活性，而且可控制血压。皂苷类化合物具备降低人体胆固醇、降血压、降血糖及抗氧化的功能（Önning Gunilla et al.，1993）。

表 2-1 燕麦中营养成分的含量（mg/100g）

营养成分	含量	营养成分	含量	营养成分	含量
缬氨酸	958	维生素 B_2	0.13	钙	44.8
苏氨酸	629	维生素 B_1	0.76	铁	4.3
亮氨酸	1324	维生素 E	2.78	铜	0.45
异亮氨酸	501	维生素 B_6	0.18	镁	138.9
甲硫氨酸	228	叶酸	0.07	磷	442.3
苯丙氨酸	870	烟酸	0.88	锌	3.67

资料来源：皇甫红芳等，2016

饮食结构中含有燕麦，有助于长期控制能量摄入，并且缓减消化的碳水化合物对血糖的影响。对于因肝、肾病变、糖尿病等引起的继发性高脂血症也有同样明显的疗效。长期食用燕麦米，有利于糖尿病和肥胖病的控制（石振兴等，2018）。燕麦具有降低血压、降低胆固醇、防治大肠癌、防治心脏疾病的医疗价值和保健作用。燕麦还具有很高的美容价值，燕麦蛋白、β-葡聚糖等成分具有抗氧化、延缓肌肤衰老、美白保湿、减少皱纹和色斑等功效。

燕麦叶、秸秆多汁柔嫩，适口性好。裸燕麦秸秆中含粗蛋白 5.2%、粗脂肪 2.2%、无氮抽出物 44.6%，均比谷草、麦草、玉米秆的高；而难以消化的纤维 28.2%，比小麦、玉米、粟秸的低 4.9%～16.4%，是最好的饲草之一。其籽实是饲养幼畜、老畜、病畜和重役畜，以及鸡、猪等家畜家禽的优质饲料。

2.2 常用燕麦生产实践技术

燕麦育种的目标将不仅仅是单独追求高产或优质，而是集高产、优质、专用、多抗、稳产于一身。燕麦种质资源创新和新品种选育始终是重要的研究方向之一。

2.2.1 燕麦常规育种技术

研究人员针对我国燕麦育种资源贫乏、育种目标单一等现状，开展了快速有效的育种方法、资源创新和不同用途系列燕麦新品种的选育研究。极大地丰富了我国燕麦资源，为选育出更好的优质高产燕麦新品种奠定了坚实的基础。我国燕麦育种发展的几个阶段：第一，20世纪50年代初，农家固有品种收集利用阶段。燕麦育种工作者选出了产量突出、品质好的农家品种在主产区进行推广，代表品种有'五寨三分三''李家场''丰宁大滩'等。第二，国外燕麦资源引进应用阶段。20世纪60年代初我国从欧美国家引进了大批燕麦品种资源，经过全国性区域适应性试验和生产鉴定试验，选出了一批抗性强、单产高的品种。第三，燕麦品种间杂交选育阶段。在20世纪50年代末60年代初，研究人员开展了裸燕麦品种间杂交技术的研究，使我国燕麦育种水平有了很大程度的提高，在此期间育成的代表品种主要有'冀张莜1号''晋燕3号''晋燕4号''雁红10号'等。第四，皮、裸燕麦种间杂交育种阶段。我国燕麦品种资源类型少、不耐高水肥、产量稳但不高。20世纪70年代初开始，研究人员将国外引进的皮燕麦与我国原有种质资源进行种间杂交，实现了"大中小"生育期、"高中低"肥力不同品种的系列化配套，平均单产提高了30%左右。此期育成的代表品种有'品5号''品16号''内莜2号''晋燕5号'等。第五，花培单倍体品种选育阶段。张家口市农业科学院经过多年研究，取得了莜麦单倍体育种的成功，育成了世界上首批利用花培单倍体育成的燕麦品种。第六，综合育种技术高速发展阶段。进入21世纪后育种技术也有了新的飞越，如四、六倍体种间杂交技术，显性核不育材料的研究与应用，DNA导入育种技术，分子育种技术，育成了大批不同用途的新品种。

2.2.2　燕麦远缘杂交育种技术

远缘杂交育种可以将小麦异属种的有益基因导入到普通栽培小麦之中，创造新材料，有效地利用这些新材料可以克服或弥补常规育种遗传资源不足的缺点。研究开拓小麦远缘亲本，丰富小麦的遗传基础，为小麦育种提供各种种质资源至关重要。燕麦中赖氨酸、亚油酸、矿物元素等对人体有益的营养成分含量高，其营养价值高，对多种麦类病害高抗或免疫，且具早熟性，抗旱耐寒性等优良性状，是小麦遗传育种材料的极好基因资源，在改良普通小麦品质方面有着广阔的应用前景，并且在小麦的抗病抗逆性研究方面具有潜在的应用价值。燕麦与小麦及其近源物种的远缘杂交，不仅拓宽了小麦抗病抗逆基因的来源，也为其他小麦近缘种属优异基因的发掘提供了一个很好的思路。

2.2.3　生物技术在燕麦育种中的应用

燕麦以分子标记和基因工程为主要手段的分子育种涉及不多，与其他作物相比明显滞后。

1. 分子标记辅助选择育种　　栽培燕麦是异源六倍体，基因组大（12.5Gb），重复序列、插入序列多，结构复杂，燕麦的基因组研究及分子遗传图谱的构建处于比较落后的状态（吴斌等，2019）。1995年，O'Donoughue等（1995）利用Kanota×Ogle的杂交后代构建了首张六倍体栽培种燕麦连锁图谱，该图谱包含561个遗传标记，总长度为1482cM。此后人们不断利用各种标记对该图谱进行加密完善，利用重测序技术大规模开发分子标记，不断加密图谱，目前已包含99 878个分子标记。

自从构建了连锁图之后，发现了油含量、蛋白质含量、抗病性、分蘖数、株高等诸多重要性状QTL（quantitative trait locus，数量性状基因座）位点并进行了标记定位。基因组选择方法（genomic selection，GS）利用覆盖全基因组的分子标记，对个体进行遗传评估与选择。

GS 方法充分反映了目标性状的遗传变异，有效地提高了选择的准确性，尤其是对低遗传力的数量性状，可以同时对多个性状进行选择，提高了育种效率，降低了成本。

2. 燕麦基因工程育种 与一些模式植物及主要作物相比，燕麦的基因工程育种研究开展的比较晚，而且相关研究也很有限，一些重要的基因编辑技术尚没有在燕麦中应用的报道。Somers 等（1993）利用基因枪法轰击燕麦胚性愈伤组织获得转基因燕麦植株，但只有 1 个愈伤组织生成的转化株正常可育。此后陆续有利用幼胚、叶基、茎尖等作为转化受体的相关研究报道。今后要针对燕麦特性分离出具有重大应用前景的优异基因，提高筛选效率，建立起基因转化高效、表达可控的载体系统，形成从基因分离、转化、可控表达到快速鉴定的完整技术体系。

2.2.4 燕麦栽培技术

燕麦是长日照作物。喜凉爽湿润，忌高温干燥，生育期间需要积温较低，但不适于寒冷气候。种子在 1～2℃开始发芽，幼苗能耐短时间的低温，绝对最高温度 25℃以上时光合作用受阻。对土壤要求不严，能耐 pH5.5～6.5 的酸性土壤。在灰化土中锌的含量少于 0.2mg/m³ 时会严重减产，缺铜则淀粉含量降低。

播种期因地区而异。中国华北、西北、东北为春播区，生育期 80～115d；西南为冬播区，生育期 230～245d。燕麦需水较多，通过早秋耕、耙、耱、镇压等办法蓄水保墒极为重要。宜选用苜蓿、草木犀、豌豆、蚕豆等豆科作物为前作。土壤瘠薄的地块，可连续采取轮歇压青的轮作制。灌溉地要选用抗倒伏、耐水肥、抗病的良种。

春播燕麦区为避免干热风危害，土温稳定在 5℃时即可播种。秋翻前宜施用半腐熟的有机肥料作基肥，播种时可用种肥。旱地播种密度每亩基本苗 20 万～22 万，灌溉地每亩 25 万～35 万。燕麦生育期较短，一般为 90d 左右，施足底肥和种肥，可以不追肥或少追肥，一般每亩施用农家肥 2000kg。对燕麦增施氮肥可以显著增产，施用磷肥可形成壮苗，施用钾肥可增强植株抗倒伏能力（高欣梅等，2018）。

燕麦播种后大约 10d 即可出苗。苗期需水量相对较多，墒情不好应及时浇水。燕麦拔节期生长较快需肥量大，有条件的农户可按照每亩用尿素 5～15kg 的标准追施化肥。7 月下旬燕麦进入拔节后期抽穗前期。收获通常应在 9 月上旬。燕麦穗上下部位的籽粒成熟是不一致的，当麦穗中上部籽粒进入蜡熟末期时，应及时收获。新收获的燕麦发霉变质的危险较高，应做成小垛晾晒，使含水量下降到 13.5% 以下。

2.2.5 燕麦的病虫害防治

目前世界上记录的燕麦病害有 50 余种，我国有 18 种，其中为害较重的有燕麦黑穗病、红叶病、锈病、白粉病、叶斑病等（方中达，1996）。我国已知危害麦类作物的害虫有 100 多种，对生产影响较大的重要种类约 20 种。与其他麦类作物相比，燕麦害虫种类较少且危害程度较轻。苗期主要受地下害虫为害，如蛴螬、蝼蛄、地老虎和金针虫等；生长期主要害虫有麦蚜、黏虫、双斑萤叶甲等（马奇祥，1998）。

农业防治中合理栽培措施的主要目的是通过加强栽培措施管理，创造有利于农作物生长而不利于病原物繁殖的生境。主要措施有选用抗病虫品种，调整品种布局，合理轮作倒茬，精耕细作，调节播期，合理地施肥灌水等。病害多使用抗病良种及采取播前种子消毒、早播、轮作、排除积水等措施防治。主要害虫可通过深翻地、灭草和喷施药剂等防治。野燕麦是世界性的恶性杂草,可通过与中耕作物轮作,剔除种子中的野燕麦种子,或在燕麦地播种前先浅耕,使野燕麦发芽,然后整地灭草,再行播种等方法防治,也可采用化学除莠剂。

2.3 燕麦产业发展前景

燕麦在我国虽有3000余年的种植史,但作为一种功能性保健作物只是刚刚被认识,产业化发展也只是刚刚起步。

2.3.1 我国燕麦产业发展的现状与对策

近几年来我国燕麦产业迅速发展,燕麦种植面积和单产持续增加,贸易额逐年上升,社会关注度不断提高,市场需求持续增加,产业发展势头良好。燕麦市场认可度的提升,为贫困山区和干旱高寒地区农牧业和农村经济发展作出了重要贡献。

据燕麦项目组不完全统计,全国现有规模型以上燕麦加工企业100多家。中国燕麦企业的产品种类主要以粗加工和简单的精加工为主。北方偏向于粗加工,产品大致为燕麦片、燕麦米、燕麦粉、燕麦面制品等,南方偏向于精加工,产品大致为燕麦纤维、燕麦豆奶、燕麦酒、燕麦饮料、燕麦保健品等。其他一些企业还进行了深加工,产品包括燕麦葡聚糖、燕麦膳食纤维、燕麦香精、燕麦洗涤用品等(苏占明等,2019)。

我国的燕麦产业加工是多方面的,主要包括初加工产品研发、深加工产品研发,以及我国传统食品的开发推广。初级加工产品主要包括一次性简单加工产品,如裸燕麦米、燕麦面粉等,这些产品虽然加工工艺简单,多数是深加工的原料。深加工产品主要指新研发的产品、初级加工产品的再加工,以及有关功能性成分的提取应用等。目前的产品有燕麦片、燕麦饮料、燕麦方便面、燕麦茶,以及燕麦化妆品、燕麦 β-葡聚糖等。我国劳动人民创造出40多种燕麦传统食品,但是由于其制作工序复杂、精准度高,难以成为大众食品。因此尽快研究开发燕麦传统食品的生冷冻技术,实现工厂化生产,使其成为大众化食品是当务之急。

我国燕麦产品的开发同时还存在一些不足,如比较传统,产品的类型比较单一,加工工艺技术还有待进一步提高,我国的燕麦还不能自给,需要从国外进口等。我国燕麦产业发展策略如下:①加强燕麦产业化开发,拓展燕麦产业链。燕麦市场发展的领域不仅限制于食品加工和保健品研发等领域,应该加强对燕麦营养价值和营养元素的开发和提取,扩展燕麦产业链发展方向,深化燕麦产品加工(杨才等,2014)。②对燕麦品种培育,加强区域化布局和燕麦培育技术的推广。必须加强对燕麦培育的区域化布局,生长需要的农业基础设施服务等要不断完善,建立农业合作组织和技术试验站,创建有特色、绿色的燕麦品种。对燕麦培育技术进行多渠道的推广,不断创新燕麦培育优良品种。建立集约化和标准化的燕麦培育生产模式。③燕麦作为健康食品在中国的普及起步还较晚,要根据中国老百姓的膳食口味和膳食习惯进行开发,如利用燕麦制作燕麦沙琪玛,或者作为月饼皮或月饼馅等。这就需要科研人员进行更多的试验,并改进方法,促进其工业化转化。④加强对燕麦生产基础学科的研发,扩宽燕麦产业化发展的深度。加强基础学科研究,可为现代化工业生产提供稳定的原材料,还可以解决农户生产中燕麦培育和新产品研发的基本难题,促进燕麦产业市场化的发展。

2.3.2　我国燕麦产业的发展前景

　　燕麦以其广适特性、优异品质、健康功效等，越来越被广大消费者认可和接纳，燕麦产业发展趋势看好、潜力巨大、前景广阔。我国是亚洲最大的燕麦生产国，有着庞大的消费群体和潜在的消费市场，燕麦产业发展具有良好的前景和较大的发展潜力。但要做大做强燕麦产业，还有很长的路要走，任重道远。目前，政府相关部门对燕麦产业发展高度重视，国内外众多企业在我国投资燕麦产业的积极性也大大提高，要利用好许多企业正在寻求与国内燕麦科研和教学单位合作的机遇，构建"燕麦科研团队—燕麦种质创新—专用品种选育—优良品种繁育—标准技术集成—优质加工原料—科企联合加工—生产特色产品—打造主导品牌—构建支柱产业"的现代农业产业技术体系，为我国燕麦产业的发展作出更多探索与实践。

主要参考文献

陈子叶，王丽娟，李再贵. 2017. 燕麦营养成分与燕麦片加工品质相关性研究. 粮油食品科技，25（3）：28-32
方中达. 1996. 中国农业植物病害. 北京：中国农业出版社
高欣梅，高前慧，温丽，等. 2018. 播种期和施肥对燕麦干物质积累及经济产量的影响. 北方农业学报，46（2）：10-15
纪冰沁. 2018. 不同饲用燕麦品系的农艺与营养性状比较及 NaCl 胁迫对燕麦光系统的影响. 扬州：扬州大学. 1-7
皇甫红芳，芮占明，李刚. 2016. 燕麦的营养成分与保健功效. 现代农业科技，（19）：275-276
马奇祥. 1998. 麦类作物病虫害防治彩色图说. 北京：中国农业出版社
石振兴，朱莹莹，任贵兴. 2018. 燕麦中减肥降脂的功能成分研究进展. 食品安全质量检测学报，9（7）：1567-1571
苏占明，李海，皇甫红芳. 2019. 我国燕麦产业的发展建议. 农业科技通讯，（5）：4-5
吴斌，郑殿升，严威凯，等. 2019. 燕麦分子育种研究进展. 植物遗传资源学报，20（3）：485-495
许龙，关健，薛淑静，等. 2014. 燕麦活性物质研究进展. 农产品加工（学刊），（8）：52-53
杨才，周海涛，张新军，等. 2014. 对我国燕麦产业"一链三环九点"的发展战略解读. 作物杂志，（2）：1-4
于振文. 2013. 作物栽培学各论. 北方本. 第 2 版. 北京：中国农业出版社
章海燕，张晖，王立，等. 2009. 燕麦研究进展. 粮食与油脂，（8）：7-9
赵彦慧. 2018. 15 份燕麦种质材料的遗传多样性研究. 呼和浩特：内蒙古师范大学. 1-3
周凡. 2018. 燕麦遗传多样性分析及耐盐性筛选. 贵阳：贵州大学. 1-4
O'Donoughue L S, Sorrells M E, Tanksley S D, et al. 1995. A molecular linkage map of cultivated oat. Genome, 38(2): 368-380
Önning G, Asp N G, Sivik B. 1993. Saponin content in different oat varieties and in different fractions of oat grain. Önning Gunilla; Asp Nils-Georg; Sivik Björn, 48(3): 231-329
Somers D A, Rines H W, Gu W, et al. 1993. Fertile, transgenic oat plants. Nature Biotechnology, 10(12): 1589-1594

（刘文英）

第 3 章　荞麦生产实践技术

3.1　荞　麦　概　述

荞麦又名乌麦、三角麦，属于蓼科（Polygonaceae），荞麦属（*Fagopyrum*），一年生或多年生草本植物。农业生产上主要形成了两个栽培品种：一个是普通荞麦，也称为甜荞；另一个是鞑靼荞麦，也称为苦荞（秦培友，2012）（图3-1，图3-2）。我国是世界荞麦的发源地，种植面积广，产量高，培育了许多优秀品种，具有很高的开发利用价值。

图 3-1　苦荞植株形态
（图片由山西省农科院高寒区
作物研究所提供）

图 3-2　甜荞植株形态
（图片由山西省农科院高寒区作物研究所提供）

3.1.1　荞麦的分布及其生长环境

地形、气候、人文条件使得我国荞麦的种质资源极为丰富，种植面积广阔。栽培荞麦在中国的分布，南起海南省的三亚市，北至黑龙江省；东起浙江、安徽一带，西至新疆的塔城市及西藏的札达县，几乎遍及全国（范昱等，2019）。随着气候的微弱变化和人类文明的迁徙与交流，逐渐形成了以秦岭为界的荞麦生态形式，秦岭以南主要种植苦荞，秦岭以北主要种植甜荞。从生产区域上看，甜荞主要分布于内蒙古、陕西、甘肃、宁夏、山西等省（自治区），常年栽培面积达 200 万 hm^2 左右；苦荞主要分布于四川、云南、贵州、甘肃、云贵高原、青海高原、川鄂湘黔边境山地丘陵和秦巴山区等地，常年栽培，面积达，100 多万 hm^2（王晋雄，2015）。从海拔高度看，甜荞的生长范围大多集中在 600～1500m，而最高海拔可达 4000m 以上，最低还不到 100m；苦荞主要分布在海拔 1200～3000m 的范围，最高上限为 4400m，最低为 400m（范昱等，2019）。

荞麦抗逆性强，适应性广，山坡草地、山谷湿地、路边、农田和荒地等都可以生长（吴凌云，2018），是粮食作物中比较理想的填闲补种作物。荞麦喜温、喜湿润，生育期间要求 0℃以上的积温为 1146.3～2103.8℃，整个生长过程都需要大量的水分。荞麦属于短日照非敏感性作物，无论在短日照的情况下，还是在全昼夜照明的条件下，荞麦发育都能进行。缩短日照长度，可促使发育加速，生长期缩短，随光照时数的增加，生长期延迟（胡丽雪等，2013；高清兰，2011）。

3.1.2 荞麦的植物学特性

荞麦根系发达，有一定的耐瘠薄能力。根、茎、叶、花、果实、种子具有以下特征，并且苦荞和甜荞的形态特征具有一定的差别（表3-1）。

表3-1 苦荞与甜荞的形态特征区别

器官	苦荞	甜荞
根	有菌根	无菌根
茎	光滑、绿色	有棱角、浅红绿色
叶	子叶小	子叶大
花	较小	较大
	淡黄绿色	白色或红色
	无香味	有香味
	雌雄蕊等长	两性花
	自花授粉	异花授粉、自交不孕
果实	较小	较大
	三棱形不明显，表面粗糙、无光泽，棱呈波纹状，中央有深的凹线	三棱形棱角明显，表面与边缘平滑光亮

资料来源：曹英花，2011

1. 根 荞麦的根属直根系，包括定根和不定根，定根包括主根和侧根两种。主根相对较粗长，向下生长，侧根较细，呈水平分布状态。荞麦的根为浅根系，主要分布在距地表35cm内的土层内，主根入土深度为35～50cm。

2. 茎 荞麦茎直立，高60～150cm，最高可达200～300cm，茎粗一般为0.4～0.6cm。茎为圆形，幼茎为实心，成熟时为空腔。茎的颜色有绿色、红色和浅红色。

3. 叶 荞麦的叶包括子叶、真叶和花序上的苞叶三种类型。子叶两片，对生，圆肾形，具掌状网脉。真叶为完全叶，互生，全缘，光滑无毛，通常为绿色（任长忠和赵钢，2015）。

4. 花及花序 荞麦的花由花梗、花托、花萼、雄蕊和雌蕊组成。花着生于花梗顶端的花托上。苦荞花序为混合花序，总状、伞状和圆锥状排列的螺状聚伞花序，花序顶生或腋生。每个聚伞花序里有2～5朵小花。甜荞花序以总状花序为主，上部枝为伞房花序，着生在主茎和分枝的顶端或叶腋间。花朵密集成簇，一簇有20～30朵花（常克勤，2009）。

5. 果实与种子 荞麦果实一般呈三棱状，果皮颜色主要有褐色、黑色、灰色、棕色、杂色等。果皮的色泽也因成熟度的不同而有差异，成熟好的色泽深，成熟差的色泽浅。果皮内为种子，种子由种皮、胚和胚乳组成（钟兴莲等，1994）。

3.1.3 荞麦营养与功能成分

荞麦富含蛋白质、脂肪、淀粉、膳食纤维、矿物质及维生素等营养成分，与其他的大宗粮食作物相比，具有许多独特的优势（表3-2），是集营养、保健和医疗于一体的天然保健食品之一。

表 3-2　荞麦与小麦、大米、玉米营养成分比较

项目	荞麦	荞麦（带皮）	小麦	大米	玉米（黄，干）
水分 /g	13.0	13.6	10.0	13.3	13.2
蛋白质 /g	9.3	9.5	11.9	7.9	8.7
脂肪 /g	2.3	1.7	1.3	0.9	3.8
碳水化合物 /g	73.0	73.0	75.2	77.2	73.0
不溶性膳食纤维 /g	6.5	13.3	10.8	0.6	6.4
维生素 B_1/mg	0.28	0.24	0.40	0.15	0.21
维生素 B_2/mg	0.16	0.06	0.10	0.04	0.13
维生素 B_3/mg	2.20	1.30	4.00	2.00	2.50
钙 /mg	47	154	34	8	14
钾 /mg	401	439	289	112	300
镁 /mg	258	193	4	31	96
铁 /mg	6.2	10.1	5.1	1.1	2.4
锌 /mg	3.62	2.90	2.33	1.54	1.70
铜 /mg	0.56	14.05	0.43	0.25	0.25
锰 /mg	2.04	1.31	3.10	1.13	0.48

资料来源：杨月欣，2018。以每100g可食部分计

1. **蛋白质**　荞麦蛋白不仅含量高而且质量好，人体必需的8种氨基酸组成合理、配比适宜，符合 WHO/FAO 推荐标准，具有较高的生物价值，是理想的膳食蛋白。荞麦蛋白具有降低血液胆固醇、抑制脂肪蓄积、改善便秘、抗衰老作用及抑制有害物吸收的功能（朱锡义，1986）。

2. **碳水化合物**　荞麦淀粉近似于大米淀粉，但颗粒较大，与一般谷类淀粉比较，食用后易被人体消化吸收。荞麦中抗性淀粉含量为 7.5%～35%，长期食用可以防止血糖、血脂升高，具有预防结肠癌、治疗便秘及减肥的功效，同时还可增强机体免疫力（周一鸣等，2013）。荞麦种子中可溶性膳食纤维占总膳食纤维的 20%～30%，尤其含有胶质状的葡聚糖，对防止糖尿病和高血脂具有积极的作用（尹礼国等，2002）。

3. **脂质**　荞麦籽粒中脂肪含量为 1%～3%，脂肪的组成较好，有9种脂肪酸，不饱和脂肪酸含量丰富，主要为油酸和亚油酸（尹礼国等，2002）。

4. **矿物质及维生素**　荞麦矿物质主要集中于荞麦种子的外层和壳中，其中含镁量极高，对预防动脉硬化、心肌梗死、高血压有重要作用。荞麦的维生素含量丰富，如维生素 B_1、维生素 B_2、维生素 B_3、维生素 E 和芦丁等（尹礼国等，2002）。

5. **黄酮类化合物**　荞麦的主要功能性成分含量大约为 3.3%，其中 70%～80% 为芦丁（徐珑珀，2014），还有少量的槲皮素、山柰酚、金丝桃苷等化合物。目前，从荞麦中鉴定出黄酮类化合物 52 种（闫超等，2015）。荞麦的黄酮含量依据荞麦种类和部位的不同而有差异。

苦荞麦中黄酮类物质含量高于甜荞。同一荞麦植株中，黄酮类化合物含量排序为花＞叶＞种子＞茎，荞麦壳中含量高于荞麦仁。黄酮类具有很强的抗氧化和清除自由基的能力。现代医学研究表明，荞麦黄酮类化合物具有防癌抗癌、调节心血管、调节内分泌系统、增强免疫力等功能（徐珑珀，2014）。此外，荞麦中的酚类、糖醇、生物活性肽、植物甾醇、荞麦素类等微量功能成分也逐渐被发现。

3.2　常用荞麦生产实践技术

3.2.1　荞麦常规育种技术

荞麦育种以高产、稳产、抗落粒性强、抗倒伏能力强、抗逆性强、黄酮含量高为主要目标（马名川等，2015）。

1. 选择育种　荞麦育种还处在初级阶段，选择育种是应用最广泛的育种方法，主要是单株选择、混合选择两种。到目前为止，我国通过此方法选育的荞麦品种数占80%左右。据不完全统计，我国利用选择育种方法已育成24个甜荞品种、40个苦荞品种，引进并广泛推广的国外育成荞麦品种4个，如'黑丰1号''榆荞2号''晋荞麦2号''黔苦荞5号''茶色黎麻道''九江苦荞'等优良新品种都是通过该方法育成（杨丽娟和陈庆富，2018）。

2. 杂交育种　目前，通过常规杂交育种方法已育成的荞麦品种有5个，分别是'苏荞2号''丰甜1号''川荞3号''川荞4号''川荞5号'（杨丽娟和陈庆富，2018），还有一些杂交新品系进入区域试验阶段。

3.2.2　荞麦其他育种技术

1. 杂种优势利用育种　杂种优势利用育种为先"纯"后"杂"，首先选系自交，再经配合力分析和选择，最后得到优良基因型杂合的杂交品种，这是与常规杂交育种的主要区别，采用此技术育成了'榆荞4号'杂交种（冯国，2010）。

2. 诱变育种　荞麦育种中诱变育种应用广泛，我国通过诱变育种方法选育的荞麦品种有13个，分别有8个苦荞品种、5个甜荞品种，主要采用物理诱变或物理与化学诱变相结合的方法育成，方法主要有离子照射、^{60}Co-γ射线诱变、秋水仙碱诱变与二甲基亚砜诱变等方法。通过此方法育成的品种有'西荞1号''米荞1号''晋荞麦2号'等（杨丽娟和陈庆富，2018）。

3.2.3　生物技术在荞麦育种中的应用

1. 基因工程育种技术　建立成熟、高效的荞麦遗传转化再生体系，是荞麦转基因成功的保证。目前，荞麦基因工程研究主要是获得转基因植株（李光等，2011）。例如，Jovanka等（1992）通过农杆菌介导法遗传转化甜荞并获得再生的转基因植株。该技术尚没有新品种育成。

2. 分子标记辅助育种　分子标记辅助育种与常规育种技术相比是其育种效率的3～4倍。国内外广泛使用的分子标记多为序列标志位点（STS）、简单重复序列（SSR）标记，如利用RAPD、AFLP等分子标记研究荞麦遗传多样性，对某些重要农艺性状（花柱同长、落粒性等）的分子标记的初步鉴定等。Matsui等（2003）找到了2个与落粒基因 *Sht1* 紧密连锁的 AFLP 标记，并将其转化为 STS 标记，为分子辅助育种提供了依据。Pan 等（2010）利用 RAPD、STS、种子蛋白亚基和形态等位基因作为标记构建甜荞的连锁图谱。目前，已经通过分子标记手段成功构建了荞麦的遗传连锁图谱，其中，甜荞 3 张，苦荞 1 张，为荞麦 QTL 定位、分子辅助育种的开展奠定了基础（马名川等，2015）。

3. 倍性育种   荞麦的倍性育种主要集中在多倍体育种上，单倍体育种至今尚无报道，我国在甜荞的多倍体育种研究中成功选育出同源四倍体'榆荞 1 号'（宋晓彦等，2009）。近年来，通过组织培养与秋水仙碱相结合培育多倍体的技术手段日趋成熟，并被应用到野生金荞麦多倍体育种中（杨丽娟和陈庆富，2018）。

3.2.4 荞麦栽培技术

优良的品种与合理的种植栽培技术相结合，是提高荞麦的产量和品质的前提。荞麦生育期短，对光、热资源利用率较高，仅 2～3 个月即可收获，播种时间、田间管理、施肥及其他栽培技术等都会影响荞麦的产量。

1. 轮作倒茬   荞麦忌连作，连作荞麦不仅地力消耗大，且易发生病虫害，对产量和质量都有影响。种植荞麦要合理安排土地，实行轮作倒茬。荞麦对茬口要求不严，但为了增产，最好安排在豆类、马铃薯之后，其次是玉米、小麦之后（李秀芹，2017）。

2. 种子处理   荞麦种子的选择，必须以高产、抗逆性强的前一年收获的两个半月左右中早熟种子最好。将种子在播种前 6d 挑选好天气晾晒 3d，进一步提高种子中酶的活力，保证种子的成活率，然后进行选种、浸种。

3. 适时播种   甜荞喜温凉而湿润的气候，苗期宜在温暖的气候中生长而花实期则要在昼夜温差较大的凉爽条件下结实。苦荞生长发育、籽粒形成时期最有利的气温为 18～22℃。温度低于 15℃，或高于 30℃，相对湿度又较低时，花朵、果实常常枯萎，产量降低。适时早播有利于结实，增加籽实产量。条播是荞麦种植中普遍采用的一种播种方式。

4. 合理施肥   荞麦根系能分泌有机酸，使土壤中不易溶解的磷酸根变为溶解状态，有利于根部吸收。因而荞麦对磷、钾有特殊的吸收能力，因此要尽早满足荞麦对肥料的要求。为了减少荞麦籽粒中的有害化学成分，施肥要以农家肥为主，化肥为辅，基肥要重，追肥要早（杨明君等，2010）。

5. 田间管理   适时中耕可疏松土壤，增加土壤的通透性，起到蓄水保墒，提高土壤温度的作用。同时去除杂草有利于荞麦生长。中耕除草次数和时间根据地区、土壤、苗情及杂草多少而定。通常情况下，在风和蜜蜂的作用下荞麦能够自然繁殖。但如果遇到特殊情况，则需要采取人工拉绳的辅助授粉措施，间隔 3d 左右实施一次，3 次左右为好。这样能够提升单株的数量，进一步提高总产量。

6. 适时收获   荞麦从开花到成熟需 30～50d，花期长，籽粒成熟不一致，最适宜的收获期是当全株 70% 的籽粒变为褐色，晚收要减产 10%～30%，收荞麦最好在湿度大的清晨至上午 11 时前或阴雨天进行，要轻拿轻放（李秀芹，2017）。

3.2.5 病虫害防治

荞麦常见病害有轮纹病、叶斑病、霜霉病、立枯病和菌核病等。坚持预防为主、综合防治的方针。采取选用抗病品种为基础，以农业、生物防治为主，化学药剂防治为辅，其防治措施有清洁田间、实行深耕、合理轮作、精耕细作，以及药物防治（齐杨菊等，2020）。

荞麦的主要害虫是草地螟、黏虫和钩刺蛾。草地螟、黏虫是杂食性、暴食性害虫，危害荞麦叶、花和果实；钩刺蛾是危害荞麦的专食性害虫，一旦发生将减产40%～60%。防治害虫的关键是在幼虫大量孵化至3龄前，用质量分数50%的辛硫酸乳油1500倍液喷雾防治，其综合防治措施为深翻灭蛾，除草灭卵、诱捕成虫（李秀芹，2017）。

3.3 荞麦产业发展前景

随着荞麦加工业的发展和荞麦产品的开发推广，荞麦已成为重要的经济作物和健康食材，其在国内外市场上的需求量逐年增加。荞麦及荞麦制品的市场价格也远高出同类产品，其在山地、旱地稳粮增收，轮作倒茬、土壤培肥和调节人们的饮食结构等方面具有重要意义。

3.3.1 我国荞麦产业发展的现状与存在问题

荞麦是我国传统出口商品，在国际市场上以"粒大、皮薄、质优"享有盛誉，主要出口日本及欧洲有关国家。随着荞麦的药用价值得到新的认识，各省区已逐渐由出口原粮变为深加工产品。荞麦在国际市场上本来就价位较高，我国荞麦出口量每年尚不足国际市场需求量的1/10，所以荞麦在外贸出口中属紧俏物资。

近年来，我国在荞麦的研究中取得很多成果，荞麦加工业也有了较大的发展，研制的荞麦制品种类多，这些产品的开发和利用，丰富了人们的膳食种类，有利于人们的健康生活，但荞麦产业发展也存在着许多不足。第一，荞麦加工的深度和广度不够，荞麦的价值未能充分发挥。荞麦产业加工水平不高，加工企业少、规模小，品牌知名度不高，产品的科技含量低、附加值低、新产品开发不足，无法将资源优势转化为产业和经济优势。第二，荞麦品种混杂退化严重，荞麦基地建设严重滞后。新品种推广面积小、推广速度慢，普及程度差。第三，荞麦种植面积小而分散，不能形成规模化生产和机械化种植。人工成本较高，制约了荞麦产业的良性发展，基本延续自产自销小农经济。第四，科研团队建设薄弱，与生产相脱节。选育出的新品种、新技术多数得不到推广和运用。第五，各级政府对荞麦产业的发展有了较大的关注，但是整体投入力度相对有限。政策导向作用相对较弱，对荞麦产业发展优势的宣传力度也不大，没有对农户实施正确的引导和政策补贴，也没有对企业入驻采用鼓励和相关的优惠政策，荞麦产业处于在整个农业体系中发展滞后的困境中（曹丽霞等，2019）。

3.3.2 我国荞麦产业发展对策与前景

1. 我国荞麦产业发展对策

（1）加强高新技术的应用，从深度和广度上对荞麦进行综合开发利用。运用现代高新技术手段，对荞麦中各种活性成分的理化性质、药用功效、营养价值及其量效关系等，进行深入细致的分析研究，结合国内外荞麦新产品开发先进技术，研制出更多更好的营养与药用的功能性食品。加大产品的研发力度，生产符合市场需求的荞麦制品（王红育和李颖，2004）。

（2）加大科研力度，选育优良品种。提高荞麦科研的整体水平；加快荞麦应用技术的研究，尽快培育出有出口潜力的优良品种；加强技术指导，推广荞麦新品种，建立良种生产基地，以专业化生产代替非专业化生产，精细管理代替粗放管理，提高产品的商品性。

（3）实施品牌战略，实现荞麦产业化，提高国际竞争力。在荞麦产业发展中，建议成立荞麦产业协作组织，并帮助和指导荞麦加工企业尽快提高产品质量，加大品牌产品开发力度。在品牌产品企业的带动下，实现种植规模化、生产集约化，开发出更多更好的荞麦产品，走向国际市场，增强荞麦产品在国际市场上的竞争力。

2. 我国荞麦产业发展前景　　中国是荞麦生产和出口大国，在世界荞麦生产中具有举足轻重的地位，面积和总产量长年居世界第2位（杨丽娟和陈庆富，2018）。在我国，人们以荞麦为主原料加工成数十种风味独特、营养丰富的荞麦特色食品，有主食类，如荞麦面粉、荞麦米糊、荞麦挂面和荞麦米；也有很多休闲类食品，如荞麦饼干、荞麦粥、荞麦蛋糕、荞麦茶等；荞麦醋、荞麦酱油、荞麦酒、荞麦酸奶和荞麦酱等发酵食品也逐渐进入市场（刘军秀等，2020）。同时，荞麦还是蜜源作物之一，其花内蜜腺多，花蜜品质好。荞麦的饲用价值也很高，其籽粒、皮壳、秸秆和青贮都可喂养畜禽。荞麦出口在我国农产品外贸中具有重要地位，我国荞麦的深加工产品主要出口到欧美发达国家，荞麦保健药、化妆品等主要出口到东南亚各国（黄小娜等，2018）。随着国际市场的变化和我国农业产业结构的调整，开发荞麦营养健康食品加工技术，综合利用荞麦资源，不断提高荞麦产品附加值，已成为荞麦产业发展的迫切需求，对提高主产区农民收入，推动地方经济发展，增强荞麦产品国际竞争力具有重要的意义，市场前景十分广阔。

主要参考文献

曹丽霞，赵世锋，周海涛，等. 2019. 冀北荞麦产业现状与发展建议. 中国种业，（6）：10-12

曹英花. 2011. 苦荞与甜荞之区别. 北京农业，（15）：102-103

常克勤. 2009. 荞麦莜麦高产栽培技术. 银川：宁夏人民出版社

范昱，丁梦琦，张凯旋，等. 2019. 荞麦种质资源概况. 植物遗传资源学报，（4）：813-828

冯国. 2010. 中国专家培育出优质荞麦杂交种子榆荞4号. 北京农业，（11）：52-53

高清兰. 2011. 大同市荞麦种植的气候条件分析. 现代农业科技，（6）：315-318

胡丽雪，彭镰心，黄凯丰，等. 2013. 温度和光照对荞麦影响的研究进展. 成都大学学报（自然科学版），32（4）：320-324

黄小娜，张卫国，党威龙，等. 2018. 荞麦收获机械研究现状及发展趋势. 农业机械，850（10）：65-71

李光，周永红，陈庆富. 2011. 荞麦基因工程育种研究进展. 种子，30（8）：67-70

李秀芹. 2017. 浅谈荞麦种植技术. 农业技术与装备，（10）：64-65，67

刘军秀，贾瑞玲，刘彦明，等. 2020. 荞麦产品加工现状分析与建议. 中国果菜，40（1）：38-41

马名川，刘龙龙，张丽君，等. 2015. 荞麦育种研究进展. 山西农业科学，43（2）：240-243

齐杨菊，陈振江，李振霞，等. 2020. 荞麦病害研究进展. 草业科学，37（1）：75-86

秦培友. 2012. 我国主要荞麦品种资源品质评价及加工处理对荞麦成分和活性的影响. 北京：中国农业科学院. 1-2

任长忠，赵钢. 2015. 中国荞麦学. 北京：中国农业出版社

宋晓彦，杨武德，张黎. 2009. 荞麦多倍体育种研究进展. 山西农业科学，37（5）：81-83

王红育，李颖. 2004. 荞麦的研究现状及应用前景. 食品科学，025（10）：388-391

王晋雄. 2015. 96份荞麦种质SSR遗传多样性分析. 太原：山西大学. 1-2

吴凌云，黄双全. 2018. 虫媒传粉植物荞麦的生物学特性与研究进展. 生物多样性，26（4）：396-405

徐珑珀. 2014. 荞麦营养与化学成分研究进展. 四川化工，17（4）：4-8

闫超，郭军，张美莉，等. 2015. 荞麦中黄酮类化合物研究进展. 中国食物与营养，21（2）：24-25

杨丽娟，陈庆富. 2018. 荞麦属植物遗传育种的最新研究进展. 种子，37（4）：52-58

杨明君，杨媛，郭忠贤，等. 2010. 苦荞麦综合高产栽培技术. 内蒙古农业科技，（3）：133

杨月欣. 2018. 中国食物成分表：标准版. 第6版. 北京：北京大学医学出版社. 28-37

尹礼国，钟耕，刘雄，等. 2002. 荞麦营养特性、生理功能和药用价值研究进展. 粮食与油脂，（5）：32-34

钟兴莲，姚自强，杨永宏，等. 1994. 荞麦资源调查研究. 作物研究，（4）：31-33

周一鸣，李保国，崔琳琳，等. 2013. 荞麦淀粉及其抗性淀粉的颗粒结构. 食品科学，34（23）：25-27

朱锡义. 1986. 荞麦的营养价值与综合利用. 云南农业科技，（1）：40-41

Matsui K, Tetsuka T, Hara T. 2003. Two independent gene loci controlling non-brittle pedicels in buckwheat. Euphytica, 134(2): 203-208

Miljuš-Djukić J, Nešković M, Ninković S, et al. 1992. Agrobacterium-mediated transformation and plant regeneration of buckwheat (*Fagopyrum esculentum* Moench.). Plant Cell, Tissue and Organ Culture, 29(2): 101-108

Pan S J, Chen Q F. 2010. Genetic mapping of common buckwheat using DNA, protein and morphological markers. Hereditas, 147(1): 27-33

（李　慧）

第4章 高粱生产实践技术

4.1 高 粱 概 述

高粱 [*Sorghum bicolor* (L.) Moench]，英文名：Sorghum，又称乌禾、蜀黍，是禾本科高粱属一年生草本植物，是人类重要的谷类作物之一，距今已有 5000 多年的栽培历史。高粱在我国是重要的旱粮作物，具有产量高、抗逆性强（抗旱、抗涝、耐盐碱、耐瘠薄、耐高温和寒冷等）及用途广泛的特点。

高粱生产在国民经济中具有重大意义。首先，高粱是优质的抗旱性作物，对发展旱作农业具有战略经济价值。其次，高粱的种子和茎秆均可用于生产酒精，是一种非常理想的、新型、可再生、高效的能源作物，具有广阔的开发前景。最后，高粱是酿酒、制醋、制作饴糖、加工饲料的主要原料，有广泛的工业用途。高粱籽粒中含有大量人体必需的多种营养成分，适量食用有助于身体健康。

4.1.1 高粱的分布及其生长环境

高粱属植物约有 20 余种，分布于东半球热带及亚热带地区。世界范围内，高粱的主产国有印度、美国、阿根廷、尼日利亚和中国等（王荣栋和尹经章，2015）。东北、西北和华北是我国高粱的主产地区。

高粱是喜温、短日照、C4 作物，整个生育期都需要充足的光照和比较高的基础积温，适宜温度为 20～30℃。高粱具有抗旱、抗涝、耐瘠薄、耐盐碱的特性，对于生存环境的适应性相对较强。

4.1.2 高粱的植物学特性

高粱是禾本科一年生草本植物，根、茎、叶、穗、种子、生育期有以下特征。

1. 根 根属于须根系，由初生根、次生根和支持根组成，起吸收养分和水分的作用。初生根由胚根发育形成，只有一条；次生根发达、层次多，构成根系主体；支持根由近地面茎节部位长出，具有吸收养分水分、支撑加固的作用。成熟期的高粱植株有 50～80 条根，入土深度可达 1.8m 以上，水平分布直径在 1.2m 左右。

2. 茎 茎直立、实心、圆筒形、表面光滑，由节和节间组成。节稍为隆起，其上生叶，不同高粱品种的节数存在差异。节间是两个节之间的部分，多呈圆柱形，分为地上伸长节间和地下不伸长节间两部分。节间数及其长度也因品种而异。

3. 叶 边缘较平直，叶面光滑、无茸毛、中央有一条较大的主脉。叶片上下表皮组织细胞排列紧密，气孔少而小，外面分布有蜡质。叶片与叶鞘相连，叶鞘包于茎上，下部短，上部长。叶鞘有保护节间、光合同化和贮藏养分的功能。

4. 穗 圆锥花序，位于植株顶部，由穗轴、枝梗、小穗组成。穗轴具棱、直立，一般密布细绒毛（图 4-1）。枝梗自穗柄长出，分级生长。第一级枝梗轮生，5～10 个，其上长出第

图 4-1 高粱穗部形态
（图片由山西省农业科学院高粱
研究所提供）

二级、第三级枝梗，上面着生小穗。小穗一般无柄，外有两枚颖片，内含两朵小花。上位小花为可育花，外稃较大、内稃小，均呈膜质，一般有 3 枚雄蕊和 1 个雌蕊位于内外稃之间，后期发育形成籽粒；下位小花不育，后期退化形成苞片。

5. 种子　　种子为高粱脱壳后所得，俗称高粱米，多见红色、白色，粒形有椭圆形、卵圆形或圆形，大小不一。胚乳为白色或者黄色。

6. 生育期　　高粱的生育期分为前期（种子萌发、出苗阶段）、中期（拔节、孕穗、抽穗阶段）和后期（开花、灌浆、成熟阶段）三个时期，各约占全生育期的 1/3。前期为营养生长时期，中期为营养生长和生殖生长并进时期，后期为生殖生长时期。

4.1.3　高粱的营养与功能成分

高粱的籽粒中富含的主要营养物质如下。

1. 碳水化合物　　主要成分是淀粉，高粱籽粒中所含抗性淀粉的比例数量可观，明显高于其他禾谷类作物，如小麦、水稻、玉米等（张若辰，2014），是肥胖和糖尿病患者比较理想的健康食品。甜高粱品种的茎秆汁液中富含蔗糖、葡萄糖和果糖，可用来生产糖浆和结晶糖。

2. 蛋白质　　高粱所含氨基酸的种类多样，其中有很多是人体必需的，且大部分氨基酸的含量均显著高于其他谷类作物（色氨酸、赖氨酸除外）（表 4-1）（张伟敏等，2005）。

表 4-1　几种重要谷类籽粒中氨基酸含量（mg/100g）

名称	组氨酸	缬氨酸	亮氨酸	异亮氨酸	苏氨酸	苯丙氨酸	色氨酸	赖氨酸
高粱	180	562	1715	399	387	575	105	232
小麦	151	454	763	384	328	487	122	262
粳稻	125	394	610	257	280	344	122	255
玉米	153	415	1274	275	370	416	65	308
小米	300	548	1489	376	467	562	202	229

资料来源：张伟敏等，2005

3. 脂肪　　高粱含有丰富的非极性或中性脂质，其中亚油酸及各类不饱和脂肪酸的含量约占脂质总量的 50% 以上。亚油酸有助于加快血液循环，具有降血脂、降血压，降低糖尿病患病风险等功效。

4. 维生素和矿物质　　高粱富含 B 族维生素，其中维生素 B_3 能被人体高效吸收，有助于预防"癞皮病"；富含各种矿物质，有助于增强身体抵抗力，调节人体心肌活动，促进人体纤维蛋白的溶解，减少心血管疾病的发生。

5. 其他　　高粱中还含有多种活性物质，如植物甾醇、高级烷醇、多酚类化合物，对于改善心血管疾病与癌症预防，增强人体免疫力，促进人体健康有很好的辅助作用。

4.2　常用高粱生产实践技术

4.2.1　高粱的常规育种技术

高粱的常规育种技术主要有系统选育、混合选育及杂交育种。

1. 系统选育　最简单、最基础的品种改良育种方法，即在原有的群体中挑选出符合育种目标的变异单株（或单穗）作为种子，经过培育形成新品种，如'熊岳191'。

2. 混合选育　简单易行的高粱育种方法。按照一个至多个目的性状，选择符合条件的若干单株作为种子，通过与原始品种以及对照品种比较，筛选后再次混选，连续3~4次，待混合群体性状稳定且优于原始群体及对照，即可用于下一步的试验，如'熊岳360'和'照农303'。

3. 杂交育种　高粱是最早成功利用杂种优势的作物之一。20世纪90年代以前，高粱杂交种是迈罗细胞质的母本通过组培获得的。细胞质单一的弊端限制了种质资源的应用范围。研究发现，高粱核质互作雄性不育系在杂交育种中具有非常大的应用优势，不仅有助于提高杂交种的纯度，而且能够降低化学或者人工去雄的成本，提高育种效率。

虽然常规育种手段在高粱生产水平上有着突出的贡献，但也逐步暴露出一些问题，如长期杂交的高频次压力下，有限的种质资源发生基因交换的频率增加，导致血缘关系混乱，影响杂交优势，致使育种材料创新的潜力越来越小；传统的新品种选育仅关注表型，缺乏对于遗传物质的选择，导致性状不稳定，育种周期变长。

4.2.2　高粱诱变育种技术

1. 化学诱变育种　常用的化学诱变剂有烷化剂（甲基磺酸乙酯、硫酸二乙酯、乙烯亚胺、亚硝基乙基脲烷、亚硝基甲基脲烷）、核酸碱基类似物（5-溴尿嘧啶、5-溴去氧尿核苷）、抗生素（丝裂毒素C、重氮丝氨酸等）（李清国等，2010；朱校奇，1990）。化学诱变育种具有突变频率高、周期短、后代变异稳定快、效率高、简便易行等优点。但是，突变发生的随机性大，突变体的筛选鉴定工作量大。

2. 太空诱变育种　作为有效的辅助育种手段之一，利用太空特有的宇宙射线、微重力等因素进行诱变，变异较温和，后代中易出现全新的变异类型，育种周期短。但是，诱变过程中的诱变因素、诱变强度等不可人为调控。

3. 辐射诱变育种　我国在高粱辐射诱变育种研究及应用方面处于世界领先地位，如'晋辐1号'（侯荷亭和何策熙，1987）。与航天育种相比，辐射诱变在变异类型、辐射源的选择、剂量的控制方面占据优势，且重复性和可靠性均得以提高。但是，辐射诱变存在有益变异少、不良变异多的弊端，且有些变异不能遗传或者遗传不稳定。

4.2.3　生物技术在高粱育种中的应用

1. 组织培养技术　作为一种实用性强、可靠性高的育种新技术，随着组织培养技术的不断发展，许多植物都可获取组培再生苗。虽然高粱被认为是较难分化再生的作物之一，但是，根据不同品种及基因型，选择合适的组培材料（如未成熟的或成熟的胚、幼穗、茎尖、种子、花药等）、培养基类型及外源激素，可以有效改善高粱分化再生困难问题，获得具有新性状的植株。

2. 转基因技术　高粱转基因属于早期开展的作物育种研究工作之一，但受取材时间短、愈伤组织分化培养困难等因素影响，高粱被公认为遗传转化最困难的作物之一（刘宣雨等，2011），转基因技术研究工作进展相对缓慢。尽管如此，经过多年研究，科学家们仍旧在高粱育种方面取得了一定的进展。以高粱幼穗愈伤组织为受体，采用农杆菌介导转基因方法与组培相结合，并且通过分子检测分析证实，杀虫苏云金芽孢杆菌 *cry1Ab* 基因成功转入高粱中，Bt 蛋白能够在转基因植株中稳定表达，且对害虫二化螟表现抗虫性（Zhang et al.，2009）。

3. 分子标记技术　目前，DNA 标记、QTL、SSR、RFLP、RAPD、AFLP 等分子标记技术主要用于高粱育种过程中遗传变异鉴定，如利用分子标记建立作图群体的亲本组合，分析标记基因型数据，构建标记连锁图，定位数量性状，克隆抗病、抗虫基因（Mittal and Boora，2005；Lu et al.，2010；Chang et al.，2012，Madhusudhana et al.，2015）等。分子标记技术的应用，不仅克服了传统育种方式对象单一、范围狭小、准确性低的缺点，而且能够在初期进行大范围内的选择和检测，发掘新资源，提高育种的方向性与准确性，加快高粱育种的速度。

4.2.4　高粱栽培技术

1. 选用良种　品种选择是高粱高产的前提，应依据种植区域的气候条件、土壤条件及品种特性等进行。干旱贫瘠的地块，适宜种植抗逆性强的稳产品种；肥沃的地块，适宜种植耐肥水、抗伏倒性强的高产品种。

2. 选地轮作　高粱幼苗期对农药敏感，因此选地应尽量避开农药残留多的地块。豆类、大麦、玉米、牧草、棉花与高粱轮作有利于高粱增产。

3. 整地　整地遵循秋季深耕、春季镇压的原则。深耕之后需对田块进行耙平、起垄，避免春季土壤解冻对地块的影响。春季镇压使土地平整，确保苗出土齐整，同时起到保墒的作用。

4. 播种　精选种子及种子消毒均可有效提高发芽率，保证播种质量。北方高粱的播种时间大概在 4 月下旬到 5 月上旬，播种方式为垄播。结束后要及时镇压，避免跑墒。

5. 田间管理　遵循适时疏苗、及时定苗、合理施肥的原则，保证养分充足；中耕除草，减少杂草争夺养分，同时有助于疏松土质条件、增加土壤透气性，促进根系良好发育。绿麦隆、扑灭津等可湿性粉剂亦可有效防除狗尾草、野苋、苍耳、灰绿藜等高粱地常见杂草。

6. 适时收获　一般在下霜后叶片枯死后收获，建议采用联合收割机进行。收获后及时晾晒，避免由于籽粒含水量高而导致的脱粒不完全或籽粒破损。

4.2.5　高粱病虫害防治

危害高粱生产的常见植物病害有黑穗病、炭疽病，常见虫害有蚜虫、蛴螬、小地老虎、黏虫等（陈利锋和徐敬友，2007；洪晓月和丁锦华，2013）。

1. 黑穗病　高粱穗部受害肿胀成病瘤，外面包裹一层薄膜；成熟后破裂，散出黑色粉末。防治黑穗病主要通过种植抗病品种为主，药剂拌种、轮作、及时清除病株等为辅的综合防治措施进行。

2. 炭疽病　叶片和叶鞘受害产生紫褐色小病斑，扩大后成病斑，呈圆形或梭形，影响光合作用。叶斑病的综合治理应从种植抗病品种、加强田间管理和药剂防治等措施入手。

3. 蚜虫　主要是破坏叶片，产生分泌物于茎叶上，影响植物光合作用，降低产量。通过间种或套种、加强田间管理，及时清除有虫的叶片等措施减轻蚜害，或采用杀虫剂集体杀灭蚜虫进行有效防治。

4. 地下害虫　主要危害植物的地下根部，造成植株枯死。用种衣剂或辛硫磷乳油稀释药液拌种可有效防治蛴螬、小地老虎等地下害虫。

5. 黏虫　幼虫大量啃食植物叶片造成危害。黏虫的防治通过采用生物或者物理的方法诱杀成虫、降低虫口密度，结合药剂防治及加强预测预报等措施综合进行。

4.3　高粱产业发展前景

4.3.1　我国高粱产业发展现状及存在问题

高粱在我国已有 5000 多年的栽培历史，由于其较强的抗逆特性，人们曾一度热衷于高粱的种植，并且有效解决了我国在困难时期的温饱问题。根据地区气候、土壤、栽培方式及品种等差异，高粱在全国的生产与分布可划分为：春播早熟高粱区、春播晚熟高粱区、春夏兼播高粱区、南方高粱区（王荣栋和尹经章，2015）。目前，国内高粱的消费主要是工业、饲用及食用三个方面。每年作为我国传统酿造业主要原料消耗的高粱，约占消费总量的80%，如中国台湾的高粱酒、泸州老窖、山西汾酒、五粮液等有名的白酒，以及北方地区食用的陈醋、南方地区食用的米醋等。高粱秸秆既可以直接作为奶牛、肉牛、羊、兔等的最佳饲料；秸秆粉碎发酵后再加工，又可用于猪、鱼、家禽类养殖的精饲料。食用高粱消费比所占份额最小，主要是将高粱籽粒加工后再做成其他食品，如面条、煎饼、蒸糕、年糕等。

2012 年以前，我国每年进口高粱总量仅几万吨，而 2014 年上升至 574 万吨（卢峰等，2015）。2018 年以后，在全国企业转型发展的拉动下，国内工业以及饲料消费对于高粱的需求量不断上升，高粱的种植面积也有所回升，但总体上仍处于供不应求的局面。造成这种局面的原因，一方面，受到进口饲用高粱价格廉价的影响，需求量的大幅增长并没有带动国内种植面积的迅速提高；另一方面，考虑到生产成本及盈利，在看不到良好的产业发展态势的前提下，农民对于种植高粱的积极性不高。面对复杂的全球经济发展态势，我国高粱产业正面对前所未有的挑战。

4.3.2　我国高粱产业发展对策及前景

针对我国高粱产业进口多、出口少，生产成本高、积极性不足等问题，亟待寻求积极的发展对策，以此稳固我国高粱市场。

第一，加大政策支持力度。对进口来源的过于依赖，不利于高粱市场整体的平衡，面对突发情况，很可能失去对于高粱市场价格的调控主权。为此，启动有助于稳定国内高粱市场的相关贸易救助措施，增加政策支持，鼓励并提高农民种植高粱的积极性，对于稳定我国自主的高粱总产值，增强竞争力，抵御国外市场冲击具有重要的作用。

第二，调整优化产业布局。水资源严重短缺是限制我国北方地区农业生产发展的一个重要因素，推广有机旱作农业成为调整北方种植结构的首选目标。高粱抗旱、耐贫瘠，作为北方种植结构调整候选作物具有先天优势，在干旱、半干旱地区栽培高粱对农业可持续发展具有重要意义。此外，高粱耐盐碱的特性还可用于盐碱地改良，提高经济产值，同时还有助于改善生态环境。

第三，推进机械化栽培。机械化是实现农业现代化的前提。与传统种植方式相比，机械化栽培不仅可以降低劳动强度、节省人工费用，而且有利于促进规模化推广，提高生产水平，对农民增收、农村繁荣及小康建设具有重要意义。

主要参考文献

陈利锋，徐敬友. 2007. 农业植物病理学. 第三版. 北京：中国农业出版社

桂松，牛静，胡建. 2019. 中国高粱产业发展现状分析. 农业与技术，39（1）：24-26

洪晓月，丁锦华. 2013. 农业昆虫学. 第二版. 北京：中国农业出版社

侯荷亭，何策熙. 1987. 高粱晋辐1号的选育及其系谱分析. 山西农业科学，9：13-15

李清国，付晶，钮力亚，等. 2010. 化学诱变及其突变体筛选在育种中的应用. 河北农业科学，14（5）：68-72

刘宣雨，王青云，刘树君，等. 2011. 高粱遗传转化研究进展. 植物学报，46（2）：216-223

卢峰，邹剑秋，朱凯，等. 2015. 积极应对高粱进口剧增，稳定我国高粱产业发展. 农业经济，11：124-125

王荣栋，尹经章. 2015. 作物栽培学. 第二版. 北京：高等教育出版社

张若辰. 2014. 高粱中抗性淀粉的研究. 济南：齐鲁工业大学

张伟敏，谭小蓉，钟耕. 2005. 高粱蛋白质研究进展. 粮食与油脂，1：7-9

朱校奇. 1990. 农作物化学诱变育种的研究进展. 核农学通报，11（3）：101-103

Chang J H, Cui J H, Xue W, et al. 2012. Identification of molecular markers for a aphid resistance gene in sorghum and selective efficiency using these markers. Journal of Integrative Agriculture, 11(7): 1086-1092

Madhusudhana R, Rajendrakumar P, Patil J V. 2015. Sorghum Molecular Breeding. New Delhi: Springer

Mittal M, Boora K S. 2005. Molecular tagging of gene conferring leaf blight resistance using microsatellites in sorghum[*Sorghum bicolor* (L.) Moench]. Indian Journal of Experimental Biology, 43(5): 462

Lu X P, Yun J F, Mi F G, et al. 2010. Segregation based on the traits and molecular marker of near-isogenic line of *Sorghum bicolor* × *Sorghum sudanense*. Scientia Agricultura Sinica, 43(3): 468-473

Zhang M, Tang Q, Chen Z, et al. 2009. Genetic transformation of *Bt* gene into sorghum (*Sorghum bicolor* L.) mediated by *Agrobacterium tumefaciens*. Chinese Journal of Biotechnology, 25(3): 418-423

（王　娟）

第5章 糜子生产实践技术

5.1 糜 子 概 述

糜子（*Panicum miliaceum* L.）又名黍、稷，栽培历史悠久，最早起源于我国，是我国"五谷"之一，也是世界上最早被驯化的禾谷类作物之一（王星玉等，2010）。糜子又作黍、稷，其称谓在我国不同地区有一定差异，长期以来都不能统一，甚至同一地区的称谓也不尽相同，虽然千年来基本稳定不变，但称谓的地域性较强（林汝法等，2002）。糜子是该作物的主要称谓，在华北地区的山西、内蒙古、陕西等地区习惯称黍子，在山东、河南和河北南部等地区称稷。另外因糜子籽粒有粳糯之分，常称糯粒为黍，称粳粒为稷，有些地方也称糯粒为软糜，粳粒为硬糜。

糜子是 C4 植物，抗逆性和适应性较强，适应生产条件差的农田环境。糜子生育期较短，在发芽、出苗、生长时，对水分需求少，且叶片上气孔少而小，因此糜子适宜在贫瘠干旱的环境，以及其他谷物不能正常生长的土地上栽培，因其耐旱性较强，故在干旱、半干旱地区有较大面积种植。无霜期短、降水集中、年降水量少的我国西北和华北地区的旱作农业区是我国糜子的主要生产区。生产上遭受旱、涝、雹等自然灾害之后，将糜子作为补种作物，可以充分利用其他作物不能完全利用的水热资源，取得较好的收成，糜子成为一种常被农民用作救灾备荒的作物。

糜子的生育期短，生长迅速，是一种理想的复种作物，在一些麦收后无霜期较短、热量不足的冬麦区，不能复种生育期较长的大宗作物，一般会选择复种生育期短的糜子，以保障较高的生产效益，且糜子收获后，不会影响下季冬小麦的播种。

糜子籽粒脱去果皮后称之为黄米或糜米，糯性黄米又称软黄米或大黄米，是食品加工和酿造工业的原料。糜子籽粒脱下的果皮称为糜糠，糜子茎秆和叶穗称为糜草，常用作饲料、饲草，因此在我国，糜子既是北方地区人们的主要食物，也是家畜、家禽的主要饲草和饲料。

5.1.1 糜子的分布及其生长环境

糜子因其喜温、耐旱、耐瘠薄、生育期短的特点，在亚洲、欧洲、美洲、大洋洲都有种植。糜子在我国各地均有分布，其主产区主要集中在长城沿线地区。按照糜子的栽培种植情况，可以划分为东北春糜子区、北方春糜子区、华北夏糜子区、黄土高原春夏糜子区、西北春夏糜子区、青藏高原春糜子区、南方秋冬糜子区七个产区（全国农业技术推广服务中心，2015）。糜子在我国分布地域辽阔，栽培地域南北跨 30 个纬度，东西跨 67 个经度，垂直分布落差 2800m，在全国各省（自治区、直辖市）几乎都有糜子种植。

5.1.2 糜子的植物学特征

糜子属于禾本科黍属（*Panicum*）植物，生育期为 10～11 周，适应性广泛，尤其能适应干旱、贫瘠的土壤，其植株形态见图 5-1。糜子的根、茎、叶、花、果实各器官具有以下特

图 5-1　糜子植株形态
（图片由山西省农业科学院高寒区作物
研究所提供）

征（杨锦忠和宋喜娥，2006）。

1. 根　糜子根系属须根系，入土深度 80～100cm，较其他禾本科作物浅，根系扩展范围 100～150cm，主要根群分布在 20～50cm 的土层内，其中以 0～20cm 土层内的根系最多。据测定，糜子在 0～10cm 土层中的根系重量占全根重量的 79.6%。

2. 茎　糜子的茎分为主茎、分蘖茎和分枝茎，有一个主茎和 1～3 个分蘖茎，分蘖茎由分蘖节上的腋芽发育而成，糜子分蘖茎和分枝茎的多少与品种类型、土壤水分、肥力及种植密度有关。一般植株可产生 1～5 个分蘖，但只有 1～3 个分蘖可以发育成穗。糜子为直立茎，矮秆类型株高只有 30～40cm，高秆类型株高可达 200cm 以上。茎粗 5～7mm，茎壁厚 1.5mm 或更厚。

3. 叶　糜子的叶由叶片、叶鞘、叶舌、叶枕等部分组成。叶片互生，无叶耳，叶片和叶鞘的颜色分绿色和紫色，因品种不同而呈现不同的颜色。糜子的每一茎节都着生一片叶子，全株出生的叶片数为 7～16 片，与茎节数保持一致。初生叶叶片较小，长宽为 10cm×1.2cm，后生叶较宽大，长宽一般为 20cm×1.5cm。

4. 花　糜子的花序为圆锥花序，由主轴和分枝组成。主轴直立或弯向一侧，长 15～50cm，分枝呈螺旋形排列或基部轮生，分枝上部形成小穗，小穗上结籽粒，一般每穗结籽 1000～3000 粒。糜子的小穗为卵状椭圆形，长 4～5mm，颖壳无毛。小穗由护颖和数朵小花组成，护颖有两片，护颖内一般有 2 朵小花，其中一朵小花发育不完全，另一朵为完全小花。完全小花由 2 个浆片、3 个雄蕊和 1 个雌蕊组成。

5. 果实　糜子果实由受精后的子房发育而成。由于果皮和种皮连在一起不易分开，称为颖果。糜子粒形有球形、长圆形、卵圆形 3 种。粒长 2.5～3.2mm，宽 2.0～2.6mm，厚 1.4～2.0mm，千粒重 3～10g。粒色有黄、红、白、褐、灰等，米色有深黄、浅黄等色。

5.1.3　糜子的营养与功能成分

糜子是干旱和半干旱地区主要的粮食作物之一，也是我国主要的制米作物之一，是我国重要的小杂粮，其营养价值丰富，富含淀粉、氨基酸、蛋白质、维生素、矿物质、膳食纤维、脂质等营养物质（冀佩双，2016）。糜子籽粒有粳、糯之分，营养成分也有差别，营养成分差异详见表 5-1，籽粒各营养成分具有不同的特性。

表 5-1　不同粒型糜子籽粒营养成分

营养成分 ＼ 籽粒类型	糯性糜子	粳性糜子
蛋白质 /（g/100g）	13.60	9.70
脂肪 /（g/100g）	2.70	1.50
碳水化合物 /（g/100g）	67.60	72.50

续表

营养成分 \ 籽粒类型	糯性糜子	粳性糜子
膳食纤维/（g/100g）	3.50	4.40
灰分/（g/100g）	1.30	4.30
硫胺素/（mg/100g）	0.30	0.45
核黄素/（mg/100g）	0.09	0.18
烟酸/（mg/100g）	1.40	1.30
维生素E/（mg/100g）	1.79	4.61
维生素B_1/（mg/100g）	0.30	0.09
维生素B_2/（mg/100g）	0.09	0.13
K/（mg/100g）	201.00	—
Na/（mg/100g）	1.70	3.30
Ca/（mg/100g）	3.00	—
Mg/（mg/100g）	116.00	—
Fe/（mg/100g）	5.7	—
Mn/（mg/100g）	1.50	0.23
Zn/（mg/100g）	3.05	2.07
Cu/（mg/100g）	0.57	0.90
P/（mg/100g）	244.00	—

资料来源：郑殿升和方嘉禾，2009

1. 淀粉　糜黍中淀粉所占比例最多，为67.6%～75.1%，和小麦、大米临近。粳性糜子与糯性糜子淀粉组成有所差异，粳性品种所含直链淀粉大于糯性品种，优质糯性品种不含直链淀粉（姚亚平等，2009），所含淀粉大多为呈棱角圆滑的多面体形或球形，平均粒径分别为6.04～7.18μm，结晶构型均为A型。粳性糜子淀粉直链淀粉含量、冻融析水率高于糯性糜子淀粉，而透光率较低；粳性、糯性糜子淀粉的溶解度与膨胀度均随温度升高而增大，粳性糜子淀粉的溶解度、膨胀度较低；粳性糜子淀粉破损值低，热糊稳定性好，而糯性糜子淀粉的回生值低，冷糊稳定性好。因此，糜子淀粉可作为一种新型的淀粉资源应用于不同领域（晁桂梅等，2016）。

2. 氨基酸、蛋白质　糜子的蛋白质含量较高，是一种新的植物蛋白资源（杜春微等，2018）。糜黍中蛋白质含量一般在102～174g/kg，基本由谷蛋白、球蛋白、清蛋白、醇溶蛋白等蛋白质构成，与豆类蛋白类似，高于玉米、小麦和大米。糜子的蛋白质含量为13.6%～14.5%，高于大米的（白银兵等，2007）。其中清蛋白与谷蛋白含量占12.39%～14.73%，较其他谷物高；而球蛋白与醇溶蛋白占2.56%～5.05%，较其他谷物低。糜子中粗蛋白含量显著高于小麦、大米等，适宜食用，能够改良我国城市食物来源蛋白，尤其是植物性蛋白质缺乏的现状。黄米中含有18种氨基酸，但由于赖氨酸、色氨酸和含硫氨基酸含量较低，使得黄米蛋白生物效价不高，但糜子籽粒中氨基酸易被同化利用，且分类多、所占比例高（韩浩坤，2017）。

3. 维生素　糜黍籽粒中维生素的含量比较丰富，且含量均高于大米（姚亚平等，2009），糜子中含维生素 E 3.5mg/100g、维生素 B_1 0.45mg/100g、维生素 B_2 0.18mg/100g，维生素 B_6 1.76mg/100g，维生素 B_9 0.72mg/100g，比大米中的含量高（田翔等，2017）。

4. 矿质元素　糜子籽粒含有丰富的矿质元素，包括常量元素和微量元素，其中以镁、钙、铁为主，且含量高于水稻的 3.4 倍、小麦的 2.3 倍、玉米的 1.05 倍。其中镁的含量为 116mg/100g，钙为 30mg/100g、铁为 5.7mg/100g。

5. 膳食纤维　糜子富含膳食纤维，其含量优于小麦和水稻，是典型的粗粮，可以加速肠道蠕动、避免形成胆固醇，从而能预防冠心病。糜子的膳食纤维含量为 1.24%，高于大米的膳食纤维含量，为大米的 5～6 倍。

6. 脂质　糜子中脂肪含量高于大米和小麦粉，一般为 27.0～52.8g/kg，一般糜子中脂肪含量能占到籽粒干重的 3.5%～3.8%（刘勇等，2006）。

5.2　常用糜子生产实践技术

5.2.1　糜子常规育种技术

糜子育种过程中可以应用多种方法，主要以常规育种为主。糜子常规育种方法以引种、选择育种、杂交育种、诱变育种为主，其中最常用的方法是选择育种。该方法根据育种目标的要求，从大量原始种质材料中选择优良的自然变异单株或群体，经过鉴定和比较试验后，育成新品种的一种方法。糜子育种主要针对品种耐旱、耐瘠、高产、多抗及品质改良等性状入手，充分应用系统选育、集团选育、定向改良集团选育等方法（林在隆，2015），育成适合应用于生产的糜子品种。

5.2.2　糜子其他育种技术

现代糜子育种方法，由简单的农家品种单株选择，逐步向优良品种间杂交后代选择过度，以辐射诱变为主的各种物理和化学诱变方法也得到广泛应用。糜子育种目标，也由产量育种，向抗逆育种和品质育种转变，主要表现为，通过适当的缩短生育期，提高糜子的结实性及成穗数，进而达到提高产量的目的；通过增加穗长和穗粒重选择，实现产量水平的提升；通过育种实现商品性优质、食味优质、功能性优质等特征的专用型品种；以及选育中矮秆适合机械轻简化栽培目标，现已成为糜子育种的重点方向（刁现民和程汝宏，2017）。

5.2.3　生物技术在糜子育种中的应用

糜子起源于我国，我国境内具有丰富的野生及栽培糜子生物多样性资源，鉴定、利用优良基因型，并将其在育种工作中加以利用，是未来糜子育种的重要方向，其能够弥补现有糜子品种中一些较难选育的性状。利用 Genic-SSR 分子标记技术（李耀深，2016），对糜子遗传多样性和品种亲缘关系进行分析，为品种选育提供参考。

5.2.4　糜子栽培技术

1. 种子选择　因地制宜，根据当地生产特点，选择高产、早熟、抗旱、耐瘠薄的品种，选择米色黄、蛋白质含量高、出米率高的品种（高爱生和李斌，2020）。

2. 播前准备　严把种源关，选择优质种子。精心选地与整地，糜子对土壤的要求不严，除严重盐碱地及易涝低洼地外均可种植，在土层深厚、土质肥沃、保水保肥力强、排水通气良好的坡地、梁地栽培糜子，更容易获得高产。整地时耕深一般20～25cm为宜，秋耕后要及时耙耱、破除地表土土块、降低土壤大空隙、切断毛细管、防止水分蒸发。重施基肥，充分满足其对养分的要求，春播糜子要施农家肥45 000kg/hm², 尿素225kg/hm², 过磷酸钙375kg/hm²作为基肥。选用50%多菌灵可湿性粉剂，或50%苯来特，或70%甲基硫菌灵可湿性粉剂，用种子量的0.5%拌种，防治糜子黑穗病（张知，2018）。

3. 适时播种　表层5cm土壤温度稳定超过13～15℃时，为糜子的适宜播种期。根据当地气候状况和生产习惯，按照品种特点，选择适宜播种期，一般应根据品种的生育期，当地的无霜期来确定。糜子的播种方法有条播、撒播、垄播三种（赵国霞，2010），一般采用条播和垄播，条播行距一般在25～35cm，播幅10cm左右，适宜在保墒地或水浇地播种时采用；垄播以垄上2行播种为好，播幅宽度为15～16cm，小行距离为5cm，垄上分行播种有利于糜子壮根壮苗（杨如达等，2015）。一般适宜播种量为15kg/hm²，基本留苗为90万～95万株/hm²。

4. 田间管理　糜子出土后，因播种量较多，需要间苗，要将幼苗间成单棵，一般在3～4叶期间苗，在5～6叶期定苗，最终确定合适种植密度，结合间苗、定苗同时进行培土、中耕、除草3次（符美兰，2010），培土有利于次生根的形成和生长，增强糜子吸收水分、养分，防止倒伏的能力。

5. 收获　糜子小穗成熟期不一致，且成熟小穗落粒性较强，如不能及时收获，易因落粒造成产量损失。一般以穗基部籽粒进入蜡熟期、穗籽粒85%脱水变硬为最佳收获期（杨文华，2005）。

5.2.5　糜子病虫害防治

糜子生产过程中常见的病害以红叶病、黑穗病和黍瘟病等较为多见，种植时应选抗病品种，必要时需要进行农药防治。常见虫害为三化螟、黏虫、蝼蛄、地老虎和吸浆虫等，应根据虫情及早预防。害虫预防的方法主要有：诱杀成虫、捕捉幼虫、药剂防治等。防治糜子吸浆虫，需在抽穗后开花前，即成虫大批羽化前，每亩喷施林丹粉1.5kg左右；糜子钻心虫是苗期的主要虫害，可以用2.5%的敌百虫粉剂喷杀；生长期间如发现黏虫可以选用吡虫啉等进行防治（孙士义，2014）。

5.3　糜子产业发展前景

5.3.1　我国糜子产业发展现状与前景

糜子在我国北方地区作为传统杂粮作物，栽培历史久远，具有十分突出的抗旱救灾等作用，具有较大发展潜力，产业优势比较明显。随着人们对健康绿色食品消费的追求，糜子的营养价值优势逐步为人们所熟知。在山西省等地区，借助山西省发展有机旱作农业，打造小杂粮王国等政策的扶持（田志芳等，2019），糜子生产及新品种选育、新技术应用范围不断扩大，研究水平不断提高。但糜子产业本身受生产条件和农民认识等原因，加之种植效益偏低，市场渠道狭窄，专用种、管、收作业的机械设备短缺，制约了糜子生产和消费的进一步扩大。

近20年来，随着玉米产业的不断发展，新品种更新换代和栽培技术的逐步改进，使玉米栽培面积、产量都稳步上升，导致糜子生产受到压缩，整体处于萎缩趋势。但从2015年以来，国家对玉米临时收储政策的改变，使玉米市场价格下降明显，进而倒逼玉米种植结构改变，栽培面积有所减少，为杂粮生产腾出了必要空间。并且随着我国农业供给侧结构性改革措施的实施，为糜子等小杂粮作物的生产带来了良好的发展机遇（乔德华，2018）。

糜子自身耐旱、耐瘠薄的特点，在北方旱作农业中具有非常明显的优势。糜子作为营养价值高的保健杂粮作物，逐步被粮食消费市场所认可，消费人群不断扩大，随着以小杂粮为原料的保健食品、保健药物制剂等不断推向社会，糜子产业发展前景广阔（柴岩，2009）。

5.3.2　我国糜子产业发展对策

以发掘糜子小杂粮食品健康保健功能为切入点，重新认识糜子产业的特点，充分发挥地方农业资源优势，稳步发展糜子特色小杂粮产业。糜子生产应当从农业供给侧结构性改革的需求出发，按照"适当扩大面积、优化品种结构、提高产品质量、增加产业效益"的原则，逐步优化糜子生产布局，通过建设优质糜子生产基地，有序扩大种植规模，提高科技应用水平、产业化水平和组织化程度，在区域内逐步形成糜子生产加工基地（李秀成和李彤，2014）。

充分发挥糜子产品营养丰富的特点，以糜子美味适口多元化的主食消费产品加工开发为突破口，以市场需求为导向，以加工企业为龙头，以产销协同为纽带，形成集约化、规模化、现代化糜子生产、加工、销售一体化的新格局。

重视糜子生产技术、育种技术科技创新，充分挖掘糜子特点，引导拓宽糜子产品消费市场，如糜子产品主食化、多元化功能营养食品的加工开发，特别是在改善适口性、提高速食性（半成品或产品加工）等方面下功夫，把糜子产品的精深加工、高附加值作为实现糜子提质增效的重要目标（赵宇等，2015）。

开发糜子轻简化栽培技术（如化学除草、种子丸粒化精量播种、免间苗等）、农机农艺融合技术（如全程机械化生产、加工等），在政策上扶持科学研究投入，加快试验研究，加大示范推广（田志芳，2019），实现生产成本降低，生产效益提升的生产目标（杨芳等，2017）。

开发营养功能产品是糜子产业的突破口，首先，开发糜子主食加工新技术，在提升口味上下功夫，通过粗粮细做等加工手段改善小杂粮口感，缩减糜子主食加工步骤，走主食加工之路，方便消费者二次加工。其次，提高糜子精深加工技术，与传统的酒、醋、饮品等结合，发展杂粮的特色衍生品，延伸产业链，形成企业、基地、农户和市场的完整闭环（张新仕等，2019）。

主要参考文献

白银兵，封山海，胡小艳，等. 2007. 榆糜3号及其丰产栽培技术. 陕西农业科学，（1）：164-165

柴岩. 2009. 糜子（黄米）的营养和生产概况. 粮食加工, 34（4）: 90-91

晁桂梅, 周瑜, 高金锋, 等. 2016. 粳性和糯性糜子淀粉的理化性质. 中国粮油学报, 31（11）: 13-19

刁现民, 程汝宏. 2017. 十五年区试数据分析展示谷子糜子育种现状. 中国农业科学, 50（23）: 4469-4474

杜春微, 高梦婷, 刘庆, 等. 2018. 黄米品质特性研究. 食品工业, 39（2）: 83-87

符美兰. 2010. 山西春播糜（黍）子高产栽培技术. 大麦与谷类科学,（1）: 27-29

高爱生, 李斌. 2020. 晋西北地区无公害旱地糜子高产配套技术. 农业技术与装备,（1）: 150-151

韩浩坤. 2017. 糜子籽粒形成过程中淀粉及蛋白质积累特性研究. 杨凌: 西北农林科技大学

冀佩双. 2016. 糜黍中营养物质的研究. 太原: 山西大学

李秀成, 李彤. 2014. 甘肃省小杂粮产业发展报告. 甘肃农业,（8）: 29-33

李耀深. 2016. 中国56个糜子种质资源 Genic-SSR 遗传多样性分析. 太原: 山西农业大学

林汝法, 柴岩, 廖琴, 等. 2002. 中国小杂粮. 北京: 中国农业科学技术出版社

林在隆. 2015. 赤峰地区糜子选择育种的影响因素分析. 现代农业科技,（1）: 67-71

刘勇, 姚惠源, 王强. 2006. 黄米营养成分分析. 食品工业科技,（2）: 172-174

乔德华. 2018. 甘肃省糜谷产业的发展及提质增效措施. 甘肃农业科技,（5）: 61-70

全国农业技术推广服务中心. 2015. 中国小杂粮优质高产栽培技术. 北京: 中国农业出版社

孙士义. 2014. 北方糜子高产优质栽培技术. 农民致富之友,（9）: 22

田翔, 王海岗, 乔治军. 2017. 超高效液相色谱法测定糜子中4种B族维生素. 山西农业科学, 45（2）: 183-186

田志芳, 孟婷婷, 曹盛, 等. 2019. 山西糜黍加工产业发展与科技支持对策研究. 农产品加工,（10）: 66-68

王星玉, 王纶, 温琪汾. 2010. 黍稷的名实考证及规范. 植物遗传资源学报, 11（2）: 132-138

杨芳, 杨如达, 李海, 等. 2017. 山西省黍子产业现状及发展建议. 山西农业科学, 45（12）: 2013-2015

杨锦忠, 宋喜娥. 2006. 小杂粮科学种植技术. 北京: 中国社会出版社

杨如达, 李海, 田宏先, 等. 2015. 不同栽培模式对黍子产量的影响. 陕西农业科学, 61（5）: 1-3

杨文华. 2005. 无公害黍子高产栽培技术. 农业环境与发展,（4）: 20

姚亚平, 田呈瑞, 张国权, 等. 2009. 糜子淀粉理化性质的分析. 中国粮油学报, 24（9）: 45-52

张新仕, 贾文冬, 王晓夕, 等. 2019. 基于网络调研的我国糜子消费现状分析. 现代农村科技,（12）: 102-108

张知. 2018. 糜黍高产关键栽培技术研究. 太原: 山西农业大学

赵国霞. 2010. 糜子高产栽培技术. 杂粮作物, 30（2）: 134-135

赵宇, 刘猛, 刘斐, 等. 2015. 中国谷子糜子产业发展趋势及建议. 农业展望, 11（3）: 41-44

郑殿升, 方嘉禾. 2009. 高品质小杂粮作物品种及栽培. 第二版. 北京: 中国农业出版社

（张　巽）

第 6 章 藜麦生产实践技术

6.1 藜 麦 概 述

藜麦（*Chenopodium quinoa* Willd.），英文名为 quinoa，别名南美藜、藜谷、奎奴亚藜等，在安第斯地区已经有 7000 年的栽培历史。藜麦是联合国粮食及农业组织（FAO）认定的唯一一种单体即可满足人体基本营养需求的完美食物（Ogungbenle，2003；杨利艳等，2020），染色体组 $x=9$，为异源四倍体（$2n=4x=36$）植物，野生近缘种的染色体数目有 $2n=18$、36、54，说明藜麦明显的四倍体起源特征（阿图尔·博汗格瓦和西尔皮·斯利瓦斯塔瓦，2014）。藜麦具有抗干旱，耐盐碱的特性，而我国有较大面积的干旱、半干旱土地和盐碱化耕地，进行藜麦产业发展对保障粮食生产具有重要意义。

6.1.1 藜麦的分布及其生长环境

安第斯山区的提提喀喀湖沿线是作物遗传多样性和变异性最丰富地区。安第斯高原是包含提提喀喀湖在内海拔 3500～4300m 的高地，从南到北绵延将近 800km 都分布有藜麦（阿图尔·博汗格瓦，2014）。目前，藜麦主要分布在南美洲的秘鲁、玻利维亚、厄瓜多尔和智利等国。20 世纪以来，欧洲的英国、法国、意大利、土耳其、摩洛哥和希腊，非洲的马里和肯尼亚，北美洲的美国和加拿大，以及亚洲的印度和中国等国家均开展了藜麦的引种和试种（任贵兴等，2015）。

藜麦喜强光，土壤 pH 耐受范围在 4.5～8.9。耐盐碱、耐干旱、耐冻等特性，使藜麦在恶劣气候条件下也能产生高蛋白质含量的籽粒。但是藜麦更适宜生长在海拔适中、排水良好、有机质含量高的中性土壤（杨发荣等，2017）。

6.1.2 藜麦的植物学特征

藜麦属于被子植物门，双子叶植物纲，石竹目，苋科，藜属 1 年生草本植物。根、茎、叶、花、果实有以下特征。

1. 根　种子萌发后，胚根形成主根，然后再生出侧根与不定根。根系为浅根系（贡布扎西和旺姆，1995；杨发荣等，2017）。

2. 茎　直立粗挺，呈木质状，多分支。初期为绿色或带有斑纹，晚期则为黄色、紫色或黑红色，有的带有斑纹。株高 60～300cm。

3. 叶　单叶互生，形状多样；植株基部为三角形或菱形，上部为柳叶形；边缘呈锯齿状或平滑；叶背蜡粉较少，幼叶呈绿色，植株成熟时呈黄色、红色或紫色等。

4. 花与花序　两性花或单雌花，无花冠，花被与萼片退化，子房上位，花药 5 枚。完全花有 5 个萼片、5 个花药和 1 个上位子房，子房上柱头有 2～3 个分枝。藜麦花序呈圆锥形，分枝较多（图 6-1），花序长度为 15～70cm。藜麦以自交为主，风媒兼性异交为辅的模式进行繁殖。

5. 果实　瘦果，种子形状为圆柱形、圆锥形或椭圆形，直径 1.8～2.6mm，由外到内分别为花被、果皮及种皮，千粒重 1.4～3.5g。种子颜色有白色、乳黄色、红色、橙黄色、黑色等多种颜色。无休眠期，潮湿环境数小时即可发芽。成熟时果穗颜色呈黄色、红色、橘色、粉色和紫色等（阿图尔·博汗格瓦等，2014）。

6.1.3　藜麦的营养与功能成分

1. 藜麦的营养成分　藜麦的蛋白质含量丰富（陈毓荃等，1996），氨基酸比例均衡（王黎明等，2014），脂肪为多不饱和脂肪酸，膳食纤维、矿物质元素、维生素含量丰富，不含胆固醇、麸质等，是一种高蛋白、低热量、活性物质丰富的食物（表6-1）。

图6-1　藜麦花序的大量分支
（图片由山西稼祺农业科技有限公司提供）

表6-1　藜麦米和几种禾谷类籽粒营养成分

名称	蛋白质 /（g/ 100g）	脂肪 /（g/ 100g）	碳水化合物 /（g/100g）	不溶性膳食纤维 /（g/100g）	钙 /（mg/ 100g）	镁 /（mg/ 100g）	钾 /（mg/ 100g）	胡萝卜素 /（mg/ 100g）	维生素E /（mg/ 100g）	核黄素 /（mg/ 100g）	叶酸 /（mg/ 100g）
藜麦	14.0	6.0	57.8	6.5	28.0	132.0	362.0	0.3	6.4	0.06	78.1
稻米	7.9	0.9	77.2	0.6	8.0	31.0	12.0	0.0	0.4	0.04	19.7
小麦	11.9	1.3	75.2	10.8	34.0	4.0	289.0	0.0	1.8	0.10	23.3
玉米（黄）	8.7	3.1	75.1	1.6	14.0	111.0	300.0	0.1	3.9	0.13	10.4
小米	9.0	3.5	72.8	10.8	41.0	107.0	284.0	0.1	3.4	0.10	—
高粱米	10.4	3.1	74.7	4.3	22.0	129.0	20.5	0.0	1.9	0.10	—

资料来源：杨月欣，2018；王黎明等，2014

2. 藜麦中的功能成分　藜麦含有多种植物化学物质，如多酚、黄酮（包括槲皮素、异鼠李素、山柰酚等）、胆碱、植物甾醇、植酸和皂苷等。至少含有23种酚类化合物，黄酮与普通谷物，如小麦、大麦、燕麦、黑麦等相比，含量较高（董晶等，2015）。多酚与黄酮类物质具有清除自由基和抗氧化、抗肿瘤及预防心血管疾病等功能。皂苷主要以三萜烯皂苷的形式存在，而三萜烯皂苷也是许多中草药，如人参、柴胡和甘草等的有效成分。皂苷具有抗菌、抗病毒、降低胆固醇、诱导改变肠道通透性、促进特定药物吸收的作用（胡一晨等，2018；于跃和顾音佳，2019）。

6.2　常用藜麦生产实践技术

6.2.1　藜麦常规育种技术

1. 引种　针对不同生态区域，特别是盐碱及干旱等恶劣环境生产区进行栽培与育种是藜麦引种的一个最重要方向（林春等，2019）。

2. 系统选育　　系统选育法是直接从自然变异中进行选择并通过比较试验选育新品种的一种途径，包括单株选择法和混合选择法，是藜麦育种中应用最多的一种方法，如陇藜1号、2号、3号、4号，条藜1号、2号、3号，青藜1号、2号等新品种（系）（董艳辉等，2020）。

3. 雄性不育　　雄性不育是指植物不能产生有生殖功能的花药、雄配子或花粉粒。造成植物雄性不育的机制因物种而有所不同，同时也会受环境、细胞核及细胞质基因的影响。有关藜麦细胞核和细胞质雄性不育的现象均有报道，但筛选获得雄性不育系较难，且获得后常采取专利保护（阿图尔·博汗格瓦等，2014）。

4. 杂交育种　　藜麦杂交育种目标主要为高产、抗病（霜霉病等）、低皂苷、抗穗发芽、早熟、耐旱性及适应不同生态区、加工等特殊需求（董艳辉等，2020）。藜麦许多错综复杂排列紧凑的小花，使得杂交比其他作物更难。杂交分为种内杂交与种间杂交，种内杂交是获得藜麦新种质较快的一种技术，能够通过连续回交等手段将优良基因和目标基因导入，从而获得具有特定特性的新材料，但杂交后代分离严重，纯化需要的时间周期比较长，'冀藜1号'和'冀藜2号'为种内杂交选育；种间杂交主要目的是合并远距离基因库，从而拓宽遗传变异性。目前，藜麦种间杂交应用还比较少，除了杂交技术层面的限制外，种间杂交不亲和是育种需要突破的瓶颈之一。

6.2.2　藜麦诱变育种技术

1. 物理诱变　　国内多家科研单位和企业对藜麦开展了 γ 射线诱变研究和空间诱变研究，但都处在突变后代的观察记录时期，还没有公开报道。

2. 化学诱变　　化学诱变剂主要有甲基磺酸乙酯（EMS）、叠氮化钠（NaN$_3$）、秋水仙素（C$_{22}$H$_{25}$O$_6$N）及亚硝酸钠（NaNO$_2$），已有相关单位正在开展藜麦的 EMS 诱变研究。笔者课题组 2019 年也进行了藜麦 EMS 诱变，分离群体正在筛选。Tropa-Castillo（2012）利用 1% 和 2% 的 EMS 处理藜麦品种 Regalona-Baer 超过 8h，获得了抗咪唑啉酮和不同植株高度的高代材料。

6.2.3　生物技术在藜麦育种中的应用

1. 分子标记技术　　RAPD、SSR 和 SNP 等遗传标记常用于藜麦的种群结构、亲缘关系、遗传变异、多样性鉴定及基因组图谱绘制等的研究（林春等，2019）。藜麦为异源四倍体，比普通作物的基因组复杂，因此绘制其基因组图谱有利于基因组测序及组装成高质量的参考基因组。2004 年，Maughan 等最早对藜麦开展了遗传连锁图谱构建，由 230 个 AFLP、19 个 SSR 和 6 个随机扩增的多态性 DNA 标记组成，为藜麦抗性农艺性状的遗传鉴定和下一步的分子标记辅助选择育种（MAS）研究迈出了重要一步。目前 RAD-seq（restriction enzyme-assisted sequencing，限制性酶切位点测序）技术是进行高密度基因组分子标记开发的有效手段（王洋坤等，2014）。Maughan 等（2012）利用 113 份来源于安第斯山高原、山谷和海岸等生态型种质，筛选出 8 个表型明显差异的藜麦种质用于 RAD-seq 分析，开发 14 178 个 SNP 标记。通过构建不同的作图群体，绘制了遗传与物理图谱。目前，已先后发布了 2 个较好版本的参考基因组：Cq_real_v1.0 和 ASM168347v1 及其具有共同祖先的二倍体的参考基因序列。已公布的藜麦参考基因组注释了 44 776 个基因（Jarvis et al.，2017；

Zou et al.，2017；Paterson and Kolata，2017）。基于这些参考基因组序列，可通过不同来源个体或群体的基因组重测序和功能组学分析，开发大量标记用于重要农艺控制基因或QTL的定位与功能分析（Risi and Galwey，1984）。

2. 细胞与组织培养　曹宁等（2018）以台湾藜麦的茎段作为外植体，建立了藜麦组织培养快速繁殖体系为藜麦的遗传转化和分子遗传研究提供了技术支持。笔者实验室也建立了白藜麦的离体再生体系。

6.2.4　藜麦栽培技术

1. 整地　藜麦不宜连作，一般要求与荞麦、玉米、小米、大豆、薯蓣类、十字花科及瓜类等实行3年以上轮作。地势较高、阳光充足、通风良好及排水便利的地区，砂壤土、壤土和沙土均可种植。

2. 品种　根据当地气候与土壤条件，以及藜麦籽实用途，选择不同生态型和抗逆性，早熟或中晚熟，不同色泽和粒度，成熟后不易发芽的高产优质品种。

3. 播种　播种时期与气候、土壤条件、品种特性及种植管理等有关。为保证出苗快而整齐，土壤温度稳定在15℃以上时播种；无霜期小于120d的地区，土壤温度稳定10℃以上时亦可播种。播种时要注意回避播种后1周内突然降温和大风天气。在风大和干旱地区，或播种提早时，可采用地膜覆盖或沟畦播种。地下水位高的地区和降雨较多的地区宜采用起垄栽培，适当加大株行距。土壤湿度不足时，最好在降雨前后播种，砂壤土和沙土地块以降雨前播种为宜，而壤土和黏壤土须在降雨后播种。播种前，种子需浸泡3～4h，20～25℃催芽10h左右，期间用水冲洗2～3次。藜麦播种一般采用穴播方式，行距60～80cm，株距15～25cm，每穴播藜麦种子3～5粒，覆土厚1.5～3.0cm，播种量约每亩0.5kg。

4. 田间管理　①早春土壤解冻后，施腐熟有机肥，基施氮磷钾复合肥30～40kg，深耕25cm以上。播种前旋耕、细耙和做畦，畦大小因地势而定，做到地平土绵上虚下实，以利保墒、防旱、保全苗，便于灌溉即可，并及时捡净地里的植物根茎和地膜，以免影响播种和藜麦生长。②幼苗期管理：藜麦幼苗生长缓慢，水肥管理不当易徒长或老化，并影响花芽分化，培育壮苗是获得高产的基础。藜麦幼苗第2片子叶展开时，及时补种。幼苗第4片真叶展开后，第1次间苗，每穴选留2～3株。幼苗第8片真叶展开后，第2次间苗，每穴选留1株。第2次间苗后及时追肥浇水，每亩追施复合肥15～20kg。灌水后2～3d，行间浅中耕，以保持土壤湿度、提高土壤温度和去除杂草，注意不要伤害幼苗根系。③孕穗期管理：孕穗期是由营养生长为主转向营养生长和生殖生长并进的过渡时期，一般不进行追肥和灌水。孕穗期初期可进行1次浅中耕；植株养分严重缺乏或过度干旱时，孕穗初期可少量追肥灌水，并随灌水每亩追施复合肥10～15kg，灌水后1～2d中耕。④抽穗开花期管理：抽穗开花期时间较长，营养生长和生殖生长旺盛，既要保证植株对养分和水分的需求，抑制早衰，又要防止徒长。开花初期及时追肥浇水，每亩追施复合肥25～35kg，浇水后2～3d中耕，结合中耕进行培土。抽穗开花中期，视植株长势和土壤墒情，可再次追肥浇水。⑤灌浆成熟期管理：灌浆成熟期管理的重心是防止植株早衰和倒伏。灌浆初期，每亩追施复合肥20～30kg，同时进行浇水，也可叶面喷施磷酸二氢钾、微量元素、硝酸钙或氯化钙。灌浆后期，要随时观察籽实成熟度，留意天气预报，适时收获，防止高湿条件下和连续降雨时籽实发芽和发霉（魏玉明等，2015）。藜麦籽实成熟的外观标准是植株中下部叶片大多脱落，上部叶片变黄或变红，茎开始干枯，种子挤压不见水分。收获时剪切藜麦籽穗，晾晒，脱粒，清理，干燥，于阴凉干燥处储藏。

5. 收获与贮藏　藜麦种子活性高，成熟籽粒遇湿 3～5h 即开始萌发，要及时收获。当叶片变黄变红、叶大多脱落，籽粒变硬，用指甲掐已无水分时即可收获。收割后及时晾晒风干，采用脱粒机或打碾进行脱粒，脱粒后的籽粒须晾晒干后再进行储藏加工。

6.2.5　藜麦病虫害防治

1. 主要病害防治　霜霉病和叶斑病是最主要的藜麦两大病害。霜霉病可选择抗病品种，在发病初期（6 月中旬），用 58% 甲霜灵锰锌可湿性粉剂 500 倍液、50% 烯酰吗啉可湿性粉剂 800～1000 倍液、64% 噁霜锰锌可湿性粉剂 500 倍液等，每亩用水 3～5 喷雾器（15L），每 7～10 天用药一次，连续用药 2～3 次。叶斑病要清除病残体、轮作倒茬，在发病初期（8 月份），用 25% 多菌灵可湿性粉剂 800 倍液、10% 苯醚甲环唑水分散粒剂 1000 倍液，每亩用水 3～5 喷雾器（15L），每 7～10 天用药一次，连续用药 2～3 次。

2. 主要虫害防治　苗期主要防治地下害虫根蛆、甜菜筒喙象等。根蛆的防治是在秋天深耕土地、播前覆膜、地面撒施白僵菌生物制剂，结合播种整地，每亩施用 25～30kg 毒土（200～250g 40% 辛硫磷乳液，加水 10 倍，喷于 25～30kg 细土上拌匀）；成虫羽化期（5 月下旬至 6 月上旬），可用 2.5% 溴氰菊酯 1500～2000 倍液、20% 氰戊菊酯 1500～2000 倍液，每 7 天用药一次，连续用药 2～3 次。甜菜筒喙象的防治是在秋天深耕土地，在成虫出土盛期和 1 代幼虫孵化盛期（6 月中下旬至 7 月上中旬），用 40% 辛硫磷乳液 1500～2000 倍液、4.5% 高效氯氰菊酯水乳剂 1000～1500 倍液、20% 氯虫苯甲酰胺悬浮剂 3000～5000 倍液喷雾，每亩用水 3～5 喷雾器（15L），每 7 天用药一次，连续用药 3～5 次。

6.3　藜麦产业发展前景

6.3.1　国内外藜麦产业发展现状

1. 藜麦育种栽培现状　藜麦的育种工作始于 20 世纪 80 年代的英国、丹麦和荷兰，20 世纪 80 年代末，我国西藏地区进行了藜麦试种研究。2008 年，藜麦在山西省呈规模化种植。2013 年，山西省静乐县藜麦种植面积达到了 667hm^2，2014 年以来，全国多个省份开始较大面积种植，其中，种植面积靠前的省份有山西、吉林、青海、甘肃和河北等，目前的总种植面积 3333hm^2（任贵兴等，2015）。在大面积种植的同时，栽培及育种技术水平得到了一定程度的发展，初步形成了适合不同省份的栽培方法，引进的种质资源，获得了一批性状稳定的育种材料，并审定了藜麦品种。

2. 藜麦生产加工设备　秘鲁和玻利维亚等藜麦原产国在藜麦的播种、收获、脱粒、脱壳、分级筛选、除皂苷、产品加工方面积累了较多的生产实践经验。从最初的刀耕火种到 21 世纪初的播种机、收割机、脱粒脱壳机、分级筛选设备及除皂苷设备的使用，再到 2012 年的联合收割机的使用，其藜麦的生产过程已经实现了机械化操作。我国藜麦生产各个环节的机械化水平差异较大。在播种、脱粒脱壳、分级筛选和除皂苷方面，通过套用或改装谷子或其他作物生产使用的设备，初步实现了机械化。但在藜麦田间收获方面，由于缺乏可大面积推广的品种，目前国内种植的藜麦多存在成熟期不一致的问题，给藜麦的机械化收获带来了较大的困难。只有加大藜麦品种选育和推广，才能推进藜麦收获的机械化（阿图尔·博汗格瓦等，2014）。

3. 藜麦的加工开发现状　　藜麦在我国的研究和种植都起步较晚，目前的加工企业大部分在山西地区，如山西稼祺农业科技有限公司等，而其他种植地区，如甘肃，目前还没有一家加工藜麦的企业，这使得藜麦经济收益低下（黄杰，2015）。目前藜麦主要被开发为藜麦粉保健品、藜麦粥、藜麦果汁、藜麦点心、藜麦面及藜麦发酵酒等。此外，藜麦因为富含多种活性物质，可用于工业日化用品、药物等的开发，如藜麦中的皂苷可作为起泡剂、抗氧化剂等。但目前为止这些方面的开发还未见报道，随着人们对藜麦研究的深入，对藜麦的开发应用也会越来越丰富（谭月园，2016）。

6.3.2　我国藜麦产业发展对策与前景

藜麦本身具备耐贫瘠、抗病虫害的生理特性，在我国发展藜麦产业可实现干旱半干旱、盐碱等撂荒地重新利用，使藜麦种植成为主粮生产的有效补充，助力高寒山区贫困人群的增收（马文彪，2015）。当前，我国在藜麦的高产配套栽培技术、遗传研究、育种方法、种质资源创新、不同用途品种培育与加工技术研究均处于初级阶段，今后需加强以下几个方面的研究：①基于栽培育种方面，优异种质资源少、优良品种缺乏、配套栽培技术不完善等问题，需要藜麦工作者大力开展引种工作，加快培育优质、高产、广适的藜麦品种，加强配套高产栽培技术研究，同时加快绿色有机食品认证（任贵兴，2015）；②整合常规与分子育种模式，加快粮、菜、饲用和观赏等不同用途藜麦优良品种（系）的培育；③加强藜麦病、虫、草害综合防控体系的构建并以精准施肥为主要措施的配套高产栽培技术；④加强多样性藜麦产品和食品添加的深加工研发，整体促进我国藜麦产业的升级。

未来我国发展藜麦产业应结合健康与养老、旅游、互联网、食品等产业的融合发展，使其成为农业产业发展的新途径，在"调结构，转方式，保增收"的农业政策落实中发挥重要作用（王黎明等，2014）。

主要参考文献

阿图尔·博汗格瓦，西尔皮·斯利瓦斯塔瓦. 2014. 藜麦生产与应用. 任贵兴等译. 北京：科学出版社
曹宁，高旭，丁延庆，等. 2018. 藜麦组织培养快速繁殖体系建立研究. 种子，37（10）：110-112，115
陈毓荃，高爱丽，贡布扎西. 1996. 南美藜种子蛋白质研究. 西北农业学报，5（3）：43-48
董晶，张焱，曹赵茹，等. 2015. 藜麦总黄酮的超声波法提取及抗氧化活性. 江苏农业科学，43（4）：267-269
董艳辉，王育川，温鑫，等. 2020. 藜麦育种技术研究进展. 中国种业，（1）：8-13
贡布扎西，旺姆. 1995. 南美藜生物学特性及栽培技术. 西藏科技，（4）：19-22
胡一晨，赵钢，秦培友，等. 2018. 藜麦活性成分研究进展. 作物学报，44（11）：1579-1591
黄杰，杨发荣. 2015. 藜麦在甘肃的研发现状及前景. 甘肃农业科技，（1）：49-52
林春，刘正杰，董玉梅，等. 2019. 藜麦的驯化栽培与遗传育种. 遗传，41（11）：1009-1022
马文彪. 2015. 吕梁山北段高寒山区藜麦高产栽培技术. 中国农业信息，（8）：76-77
任贵兴，杨修仕，么杨. 2015. 中国藜麦产业现状. 作物杂志，（5）：1-5
谭月园. 2016. 方便藜麦饭加工工艺及品质研究. 广州：华南农业大学
王黎明，马宁，李颂，等. 2014. 藜麦的营养价值及其应用前景. 食品工业科技，35（1）：381-384，389
王洋坤，胡艳，张天真. 2014. RAD-seq技术在基因组研究中的现状及展望. 遗传，36（1）：41-49

魏玉明，黄杰，顾娴，等. 2015. 藜麦规范化栽培技术规程. 甘肃农业科技，12：77-80

杨发荣，黄杰，魏玉明，等. 2017. 藜麦生物学特性及应用. 草业科学，34（3）：607-613

杨利艳，杨雅舒，杨小兰，等. 2020. 藜麦 DAPB 基因丰度及生物信息学分析. 分子植物育种：1-8

杨月欣. 2018. 中国食物成分表. 第六版. 北京：北京大学医学出版社

于跃，顾音佳. 2019. 藜麦的营养物质及生物活性成分研究进展. 粮食与油脂，32（5）：4-6

Jarvis D E, Ho Y S, Lightfoot D J, et al. 2017. The genome of *Chenopodium quinoa*. Nature, 542(7641): 307-327

Maughan P J, Bonifacio A, Jellen E N, et al. 2004. A genetic linkage map of quinoa (*Chenopodium quinoa*) based on AFLP, RAPD, and SSR markers. Theoretical Applied Genetics, 109(6): 1188-1195

Maughan P J, Smith S M, Rojas-Beltrán J A, et al. 2012. Single nucleotide polymorphism identification, characterization, and linkage mapping in quinoa. Plant Genome, 5: 114-125

Ogungbenle H N. 2003. Nutritional evaluation and functional properties of quinoa (*Chenopodium quinoa*) flour, Int. J Food Sci Nutrit, 54(2): 153-158

Paterson A H, Kolata A L. 2017. Genomics: keen insights from quinoa. Nature, 542(7641): 300-302

Repo-Carrasco R, Espinoza C, Jacobsen S E. 2003. Nutritional value and use of the Andean crops quinoa (*Chenopodium quinoa*) and kaiwa (*Chenopodium pallidicaule*). Food Reviews International, 19: 179-189

Risi JC, Galwey N W. 1984. The Chenopodium grains of the Andes: inca crops for modern agriculture. Adv Appl Biol, 10: 145-216

Tropa-Castillo S J. 2010. Inducción de mutaciones en quínoa(*Chenopodium quinoa* Willd.)y selección de líneas tolerantes a imidazolinonas. Los Ríos: Universidad Austral de Chile, Facultad de Ciencias Agrarias, Escuela de Agronomia

Vega-Gálvez A, Miranda M, Vergara J, et al. 2010. Nutrition facts and functional potential of quinoa (*Chenopodium quinoa* Willd.), an ancient Andean grain: a review. J Sci Food Agric, 90(15): 2541-2547

Zou C, Chen A, Xiao L, et al. 2017. A high-quality genome assembly of quinoa provides insights into the molecular basis of salt bladder-based salinity tolerance and the exceptional nutritional value. Cell Res, 27(11): 1327-1340

（刘建霞）

第7章 绿豆生产实践技术

7.1 绿豆概述

绿豆 [*Vigna radiata* (L.) Wilczek]，英文名为 mung bean 或 green gram，别名植豆、青小豆、吉豆、文豆等。二倍体自花授粉作物，自然杂交率仅为2%左右，染色体数为 $2n=22$。绿豆是我国主要的食用豆类作物，全国各地广泛种植，产量居世界第二位，出口量居世界首位（刘慧，2012；柴岩等，2007a）。

7.1.1 绿豆的分布及其生长环境

中国栽培绿豆已有2000多年的历史。现在一般认为绿豆的起源中心或最主要的遗传多样性中心在亚洲东南部，我国是绿豆的起源中心之一（柴岩和万富世，2007b）。世界上栽培绿豆最多的国家多集中在亚洲，如印度、中国、泰国等国家。近年来，在非、欧、美洲等热带地区种植面积也在不断扩大（王丽侠等，2009；郭中校，2012）。我国绿豆种植多集中在黄、淮河流域，长江下游及东北、华北地区，种植较多的省（自治区）有内蒙古、吉林、河南、山西、陕西、黑龙江、河北、安徽等。新疆种植面积小，但单产高于全国。从生态环境分布的特点看，主要分布在我国生态环境条件较差的干旱半干旱地区。

绿豆属短日照作物，但较多的栽培品种对光周期反应不敏感，既适宜春播，也适宜夏播。生长适温为25～30℃，适宜的土壤 pH 为6.0～7.5，绿豆耐干旱、耐瘠薄，喜温特性决定了绿豆被大面积种植于温带、亚热带、热带高海拔地区（于振文，2013）。

7.1.2 绿豆的植物学特征

绿豆属双子叶植物纲，豆科，蝶形花亚科，菜豆族，豇豆属（*Vigna*）植物中的一个栽培种（图7-1）。根、茎、叶、花、果实有以下特征。

1. 根 直根系，由主根、侧根、根毛和根瘤组成。一种为浅根系，多为蔓生品种；另一种为深根系，多为直立或半蔓生型的品种（于振文，2013）。

2. 茎 幼茎有紫色和绿色两种，主茎高60～120cm，上有10～18节，分枝1～15个，茎有淡褐色硬毛。

3. 叶 子叶出土，第一对真叶为宽披针形，无叶柄，以后长出三出复叶互生，具有长叶柄，复叶中顶生叶柄较短，两侧小

图 7-1 绿豆植株形态
（图片由山西省农业科学院高寒区作物研究所提供）

叶偏长，小叶卵圆形或心脏形，两面有茸毛。

4. 花　　总状花序，腋生或顶生。花为黄色或淡绿色，由苞片、花萼、花冠、雄蕊和雌蕊 5 部分组成。苞片位于花萼管基部两侧，长椭圆形，顶端急尖，边缘有长毛。花萼着生在花朵的最外边，钟状，绿色，萼齿 4 个，边缘有长毛。花冠蝶形，5 片联合，位于花萼内层，旗瓣肾形，顶端微缺，基部心脏形；2 片翼瓣，较短小，有渐尖的爪；2 片龙骨瓣联合，着生在花冠内，呈弯曲状楔形。雄蕊 10 枚，为（9+1）二体雄蕊，由花丝和花药组成，花丝细长，顶端弯曲，有尖喙，花药黄绿色，花粉粒有网状刻纹。雌蕊 1 枚，位于雄蕊中间，由柱头、花柱和子房组成，子房无柄，密被长绒毛，花柱细长，顶端弯曲，柱头球形有尖喙（王荣栋和尹经章，2015）。

5. 果实　　荚果，由荚柄、荚皮、种子组成。成熟荚果为黑色、褐色或褐黄色，有毛，荚长 4~12cm，宽 4~6mm，圆筒形稍弯，每荚有种子 6~15 粒，百粒重 2~8g。种子多为绿色，也有黄色、褐色、黑色、青蓝色等。种皮分有光泽（明绿）和无光泽（毛绿）两种，种脐白色。

7.1.3　绿豆的营养与功能成分

1. 绿豆的营养成分　　绿豆药食兼用，营养丰富。蛋白质含量高于水稻、小麦等禾谷类作物，蛋白质组分功效比高，居各种豆类之首。氨基酸种类齐全，赖氨酸含量高。脂肪多为不饱和脂肪酸，属高蛋白、中淀粉、低脂肪类食物。绿豆富含多种矿质元素，维生素及活性物质。因此，称为粮食中的"绿色珍珠"（柴岩和万富世，2007b）。豇豆属内的几个栽培种，包括绿豆（*Vigna radiata*）、赤豆（*Vigna angularis*）、豇豆（*Vigna unguiculata*）和眉豆（*Vigna umbellata*），在我国均有栽培，其染色体数目均为 2n=22，其中绿豆的蛋白质含量最高（表 7-1）。

表 7-1　绿豆与粮食及豆类的营养成分

品名	蛋白质/（g/100g）	脂肪/（g/100g）	碳水化合物/（g/100g）	能量/（kcal/100g）	钙/（mg/100g）	铁/（mg/100g）	胡萝卜素/（µg/100g）
绿豆	21.60	0.80	62.00	329	81.00	6.50	130.00
稻米	6.76	1.18	77.60	346	16.60	1.10	0.00
小麦粉	9.40	1.90	72.90	338	43.00	5.10	0.00
赤豆	20.20	0.60	63.40	324	74.00	7.40	80.00
豇豆	19.30	1.20	65.60	336	40.00	7.10	60.00
眉豆	18.60	1.10	65.60	334	60.00	5.50	-

资料来源：杨月欣，2018

2. 绿豆的功能成分　　绿豆的生物活性物质包括蛋白水解酶、胰蛋白酶抑制剂、苯丙氨酸解氨酶、超氧物歧化酶、黄酮类化合物、植物凝集素和抗真菌蛋白等，其他生物活性物质还包括鞣质（单宁）、香豆素、生物碱、植物甾醇、皂苷等。具有抗菌、抗肿瘤、抗氧化、提高免疫力、降血脂和解毒等生理功能。一般来说，蛋白质和淀粉主要存在于绿豆子叶内，其他成分大部分分布在绿豆皮中（汪少云，2014）。

7.2 常用绿豆生产实践技术

7.2.1 绿豆常规育种技术

1. 引种 将外地或国外的优良品种引入本地试种鉴定，对其中表现符合育种目标的优良品种进行繁殖，直接利用，或搜集当地种质资源，进行评价鉴定，筛选出有利用价值的优良地方品种用于生产。这是最简便有效的育种方法。引进的优良品种（或材料）还可为杂交育种提供优良亲本。'中绿1号''鄂绿2号''苏绿1号''粤引3号''中绿2号'等都是通过引种筛选出的品种（王丽侠等，2009）。

2. 地方品种筛选 一些优良的地方品种，经过长期的自然选择，具有适应当地栽培、气候、生态、逆境等特点，稳产性好。因此，搜集当地种质资源，进行评价鉴定，筛选出有利用价值的优良地方品种用于生产，仍然是目前对提高绿豆产量具有实际意义的工作。亚洲蔬菜研究和发展中心（The Asian Vegetable Research and Development Centre，AVRDC）通过这种方法获得 V1380、V1388、V2013、V2773、V3467、V3484、V3554 等一批优良品系（盖钧益，2006）。

3. 系统选育 绿豆在田间有一定的自然杂交率和突变率，而且一般地方品种就是一个混合群体，这为系统选育提供了可能性，如'豫绿3号'（王阔 2000）'安阳黑绿豆1号'（王阔，2005）'安阳黑绿豆2号''晋绿豆4号''鲁绿1号'等品种（李翠云等，2005）。

4. 杂交育种 目前国内外应用最普遍，成效最大的方法就是杂交育种。通过杂交重组后代基因，创造新变异而选育新品种。已育成的品种有'中绿5号''冀绿2号'（李彩菊等，2002）'吉绿9346'（包淑英等，2003）'洮绿208'（韩立军和刘鹏，2005）'洮绿218'（刘鹏等，2005）等。

7.2.2 绿豆诱变育种技术

使用物理方法、化学方法或者物理化学方法对选好的绿豆种子进行诱变处理，使其细胞内遗传物质发生变化，后代在个体发育中表现出各种遗传性变异，从变异中选出优良植株，创造新品种。常用的方法有辐射育种、化学诱变等，如'晋绿豆2号'是山西农业大学利用 ^{60}Co-γ 辐射处理'中绿2号'种子选育而成，'太黑1号'是太空辐射黑绿豆品种（温海军，2003）等。

7.2.3 生物技术在绿豆育种中的应用

1. 分子标记技术 近年来，分子标记技术迅速发展，在绿豆基因组学研究中发挥了重要的作用。国内外利用多种类型的分子标记（RFLP、RAPD、SSR 、AFLP、SNP 等）构建了至少20张绿豆遗传图谱。一些优良基因，尤其是与抗性相关的基因，如抗豆象、抗白粉病、抗黄花叶病毒病基因被鉴定或精细定位，为绿豆分子标记辅助选择打下基础，加快了抗性新品种的培育进程（叶卫军等，2017）。例如，程须珍等（2001）在利用 RAPD 标记鉴定绿豆组品种（系）亲缘关系时，发现标记 OPE-18 能产生抗黄花叶病毒材料 NM92 的独特标记；B.Chaitieng 等（2002）利用 AFLP 标记发现了一个抗白粉 7911 病主效位点 PMR1；吴传书等（2014）利用绿豆基因组 SSR、EST-SSR、STS 和普通菜豆基因组 SSR 等标记构建绿豆遗传连锁图谱，为绿豆重要性状相关基因的定位、克隆及分子标记辅助选育新品种等研究搭建技术平台；赵雪英等（2015）利用 ISSR 分子标记对绿豆种质资源的遗传多样性分析；王建花等（2017）利用 SSR 分子标记对绿豆分子遗传图谱构建及若干农艺性状的 QTL 定位分析；李群三等（2019）选取 19 个多态性丰富、条带稳定的 InDel（insertion-deletion，插入缺失）标记，用于 42 个绿豆参试品种的遗传多样性分析及指纹图谱构建；叶卫军等（2019）进行绿豆 SSR 标记的开发及遗传多样性分析。

2. 转基因技术　　绿豆基因克隆及表达分析等工作已经起步，但研究内容比较零散，系统性差。已育成转基因绿豆品种'参绿 1 号'（李娟，2003）和'南绿 2 号'（邓恒强，2002）。

3. 组织与细胞培养　　张树录（1986）、杨乃博（1985）、徐正华等（1989）进行了绿豆离体培养与植株再生，为绿豆的遗传转化和细胞培养奠定了基础。

4. 原生质体的培养　　李雪宝等（1992）对绿豆未成熟子叶及其原生质体进行了培养，1996 年陈汝民等以绿豆黄化下胚轴弯钩处切段为材料，获得原生质体最终形成愈伤组织，为进一步再生植株打下基础。

7.2.4　绿豆栽培技术

1. 整地　　绿豆忌连作，也不能与豆类作物倒茬。绿豆可单作，也可与玉米、高粱、棉花等间作，或与麦类作物复种。还可种植于果树、林木苗行间，也可见缝插针在田埂等空隙地上种植。绿豆出苗时子叶出土，为了保证播种质量和苗齐、苗壮，必须重视整地质量。春播绿豆须于前茬收获后深翻、压碱、平整土地。播前整地要符合"平、齐、松、细、净、墒"的要求。

2. 品种　　推广良种，春绿豆的栽培品种有'白绿 522''兴绿 1 号''嫩绿 1 号''榆林大明绿豆'，夏绿豆的栽培品种主要有'中绿 1 号''豫绿 2 号''潍绿豆'等（于振文，2013）。播前晒种 1～2d。

3. 播种　　春播绿豆在地表 5cm 土温稳定于 12℃时即可播种，夏播绿豆越早播越好。条播一般行距 40～50cm，播种量 22.5～30.0kg/hm²，保苗 15 万～22.5 万株/hm²；播种深度 35cm，沙性土播深些，黏性土播浅些。

4. 田间管理　　应掌握前期促苗齐苗壮、中期保花荚、后期促鼓粒成熟的原则，即采取促—控—促的管理方案。初生真叶长出后开始疏苗、间苗，后生真叶长出时开始定苗，到第三片真叶长出时定苗结束。要防止幼苗拥挤而影响生长。中耕除草，每隔 10～15d 中耕一次，整个生育期中耕 3～4 次，第三次中耕结合培土，最后一次中耕结合开沟。绿豆是较耐瘠薄的作物，但为了获得丰产，仍须施给一定量的氮、磷、钾和微量元素肥料。磷、钾肥能促进根瘤固氮，钙对种子形成和发育起重要作用，钼可以增加叶片的叶绿素含量，提高绿豆的光合强度，追肥遵循前轻、中重、后补的原则。氮肥须早施，苗期施入适量氮肥，可以促进苗齐苗壮并利于根瘤菌的繁殖，但氮肥过多会造成植株徒长，而且会抑制根瘤菌的繁殖。开花初期至结荚期应重施磷钾肥，鼓粒期应酌情喷施磷酸二氢钾、过磷酸钙、氮肥和钼肥等。绿豆耐旱怕涝但缺水会导致落花落荚，造成减产。在始花期，土壤相对含水量低于60%，有灌溉条件的应及时灌水或实施膜下滴灌补水（王荣栋和尹经章，2015）。

5. 收获与贮藏 绿豆有炸荚落粒现象，最好分次采收。对大面积生产的绿豆地块，应选用熟期一致，成熟时不易炸荚的绿豆品种，当70%~80%的豆荚成熟后，在早晨或傍晚时收获。收下的绿豆应及时晾晒、脱粒、清选，贮藏于冷凉干燥处。

7.2.5 绿豆病虫害防治技术

1. 主要病虫害 绿豆的主要病害有根腐病、茎腐病、叶斑病、枯萎病、白粉病、锈病、晕疫病、病毒病等；主要虫害有小地老虎、蚜虫、豆野螟、绿豆象、蛴螬、茶黄螨等。

2. 防治方法 ①农业防治：秋季深翻，选用抗病抗虫品种，种衣剂包衣，合理轮作，增施有机肥和钾肥，合理使用化肥，加强田间管理，及时去除病株和杂草中的虫卵。②物理和生物防治：采用糖醋液、黑光灯或汞灯、粘虫板等方法诱杀蚜虫、豆野螟等害虫的成虫，用EM（effective microorganisms，有效微生物群）活菌剂浸种、灌根或叶面喷施等预防细菌和真菌性病害。③药剂防治：叶斑病，用25%嘧菌酯悬浮剂500倍液浸种2h结合叶面喷施50%代森锌铵水剂800倍液综合防治。晕疫病，用72%农用链霉素可湿性粉剂喷雾防治。病毒病，用6%菌毒清可湿性粉剂喷雾防治。地下害虫，用25%丁硫福美双悬浮种衣剂进行种子包衣防治。蚜虫，用50%的吡虫啉可湿性粉剂2500倍液喷雾防治。绿豆象，用40%辛硫磷乳油500倍液浸种2h结合叶面喷施辛硫磷和高效氯氰菊酯综合防治。

7.3 绿豆产业发展前景

7.3.1 我国绿豆产业的发展现状

1. 生产与贸易 亚洲约占全世界绿豆栽培总面积的90%，印度的栽培面积最大，总产最高。我国绿豆总产居世界第二位，是世界最大的绿豆出口国。以内蒙古、吉林、河南为中国绿豆生产的第一梯队；山西、四川、湖北、安徽为绿豆生产的第二梯队；湖南、陕西、江苏、河北、山东组成中国绿豆生产的第三梯队。以吉林白城绿豆、内蒙古与河南绿豆、张家口鹦哥绿豆等出口量最大，出口至全世界60多个国家，以东亚市场为主，日本的出口量最大，北美和欧盟市场也有少量出口。我国绿豆品质优于缅甸、泰国等国家（刘慧，2012；柴岩等，2007a）。

2. 食品工业中的应用进展 绿豆在食品尤其是糕点中的应用比较多，如绿豆凉粉、绿豆糕和绿豆沙等，但对绿豆的深加工综合利用少，产品附加值低。饮料工业中有绿豆酸奶、绿豆乳、绿豆茶、绿豆菠萝复合固体饮料、绿豆运动饮料等。在绿豆功能成分及新功能开发中有关于绿豆皮中黄酮类化合物的提取和膳食纤维的提取，绿豆的抗菌毒素作用等。绿豆的化学成分及药理作用的研究已为绿豆的开发与利用奠定了理论基础，但绿豆高附加值产品有待开发（龚倩云，2009）。

3. 育种栽培研究进展 1978年绿豆种质资源研究正式列入国家课题，目前，已收集到国内外绿豆种质资源6000余份，其中5600多份已编入《中国食用豆类品种资源目录》，并对约40%的资源进行了主要营养品质分析、抗病虫和抗逆性鉴定。丰富的种质资源进行了品种改良与创新利用，采用系统选育、杂交、辐射育种培育出国审品种18个，省区市认定品种20个。通过精细整地、适期早播、选用良种、合理密植、适时防治病虫、巧施追肥、适期收获等绿豆高产栽培技术的普及、推广获得了显著的社会效益和经济效益（柴岩等，2007a）。

4. 生产存在问题　①品种退化现象严重，生产力水平低。绿豆生产过程中因被认为是小作物，不够重视，多种植在干旱半干旱瘠薄山地，连作重茬导致病虫害加剧，尤其是干旱胁迫使得绿豆产量和品质严重下降。②流通不畅，加工跟不上，商品率低。绿豆生产区域化、规模化、产业化程度低，新品种推广、基地建设、商品开发的产业链条仍没有形成，产、销分离，市场不稳，使农民种植绿豆带有很大的盲目性，产业发展不均衡，研-推-销技术脱节，产业链条没有形成（刘长友，2017）。

7.3.2　我国绿豆产业发展策略与前景

1. 发展策略　以市场为导向，培育新型多功能品种；适当调整作物内部结构，稳定面积，提高单产，增加总产；重视绿豆规模化生产，加强产业联合，积极发展绿豆（深）加工工艺、技术研究及其综合利用，加强绿豆科研、生产、加工等多行业、多单位参与的绿豆产业联合，采取"公司＋农户＋科研"或"企业和科研＋农户"等多种形式的合作，实现生产、科研、加工一体化产业化经营。加强绿豆特性、品质及相关加工技术等研究；加强绿豆加工企业建设，发展和壮大绿豆加工龙头企业；加大政策扶持力度，加强初、深加工技术研发，培养创新型人才队伍。

2. 发展前景　近年来，国家对小作物产业发展越来越重视，国内消费及国际市场对绿豆的需求越来越大，我国绿豆出口也呈现稳步上升趋势，年出口量在 $15\times10^4\sim23\times10^4$t，占我国粮食出口量的 1%～2%，创汇约 1 亿美元，占我国粮食出口创汇总额的 4%～5%，因此，绿豆生产已成为我国在国际市场上最具有竞争力的优势产业之一，发展前景看好。

主要参考文献

包淑英，林志，任英，等．2003．绿豆吉绿 9346 的选育及栽培技术．杂粮作物，23（6）：364-365
柴岩，万富世．2007．中国小杂粮产业发展报告．北京：中国农业科技出版社
柴岩，王鹏科，冯佰利．2007．中国小杂粮产业发展指南．杨凌：西北农林科技大学出版社
陈汝民，龙程，王小菁．1996．绿豆下胚轴原生质体的培养．华南师范大学学报（自然科学版），（1）：51-53
程须珍，Charles Y Y．2001．利用 RAPD 标记鉴定绿豆组植物种间亲缘关系．中国农业科学，（2）：216-218
邓恒强．2002．超级绿豆新品种——南绿二号．农业科技与信息，（11）：23
盖钧镒．2006．作物育种学各论．第二版．北京：中国农业出版社
龚倩云．2009．绿豆在食品工业中应用的研究进展．农产品加工，（3）：57-58
关立，宋志均，王波，等．2003．珍稀保健黑绿豆新品种安阳黑绿豆 2 号．中国种业，（5）：56
郭中校．2012．吉林省绿豆品种遗传多样性与光合生产性能研究．长春：吉林农业大学
韩立军，刘鹏．2005．绿豆新品种'洮绿 208'选育报告．吉林农业大学学报，27（4）：360-362
李彩菊，高义平，柳术杰，等．2002．冀绿豆 2 号及其栽培技术．杂粮作物，22（4）：227-228
李翠云，刘全贵，曹其聪，等．2005．绿豆系列新品种选育研究．中国农学通报，121（5）：200-201
李积华．2007．绿豆酶法水解特性及全绿豆新型饮品的开发研究．南昌：南昌大学
李娟．2003．转基因绿豆——参绿一号．农业科技与信息，（6）：24
李群三，陈景斌，顾和平，等．2019．基于 InDel 标记的国内绿豆品种遗传多样性分析及指纹图谱构建．植物遗传资源学报，20（01）：122-128
李学宝，许智宏，卫志明，等．1992．绿豆未成熟子叶及其原生质体的培养（简报）．实验生物学报，（1）：49-53
林汝法，柴岩，廖琴等．2002．中国小杂粮．北京：中国农业科学技术出版社

刘慧. 2012. 我国绿豆生产现状和发展前景. 农业展望, 8 (6): 36-39

刘鹏, 任英, 阮长春, 等. 2005. 绿豆新品种挑绿 218 选育报告. 杂粮作物, 25 (3): 152-153

刘长友. 2017. 绿豆抗旱相关性状 QTL 定位及 VrERF1 基因克隆与功能分析. 北京: 中国农业科学院

汪少芸, 叶秀云, 饶平凡. 2004. 绿豆生物活性物质及功能的研究进展. 中国食品学报, (1): 10

王建花, 张耀文, 程须珍, 等. 2017. 绿豆分子遗传图谱构建及若干农艺性状的 QTL 定位分析. 作物学报, 43 (7): 1096-1102

王阔, 宋志均, 韩勇, 等. 2005. 珍稀黑绿豆新品种安阳黑绿豆 1 号. 中国种业, (5): 30

王阔, 张毅, 宋志均. 2000. 绿豆新品种——豫绿 3 号. 农业科技通讯, (4): 30

王丽侠, 程须珍, 王素华. 2009. 绿豆种质资源、育种及遗传研究进展. 中国农业科学, 42 (5): 1519-1527

王荣栋, 尹经章. 2015. 作物栽培学. 北京: 高等教育出版社

温海军. 2003. 绿豆珍品——太黑 1 号黑绿豆. 农村实用科技信息, (10): 13

吴传书, 王丽侠, 王素华, 等. 2014. 绿豆高密度分子遗传图谱的构建. 中国农业科学, 47 (11): 2088-2098

徐正华, 刘国屏. 1989. 蚕豆、绿豆和大豆组织培养和移苗技术的研究. 西南农业学报, (4): 48-50

杨乃博. 1985. 试管植物名录 (增补一). 植物生理学通讯, (3): 53-73

叶卫军, 杨勇, 周斌, 等. 2017. 分子标记在绿豆遗传连锁图谱构建和基因定位研究中的应用. 植物遗传资源学报, 18 (6): 1193-1203

于振文. 2013. 作物栽培学各论北方本. 第二版. 北京: 中国农业出版社

赵雪英, 王宏民, 李赫, 等. 2015. 绿豆种质资源的 ISSR 遗传多样性分析. 植物遗传资源学报, 16 (6): 1277-1282

张树录, 郑国锠. 1986. 绿豆上胚轴培养与植株再生. 植物生理学报, (3): 42-43

Chaitieng B, Kaga A, Han O K, et al. 2002. Mapping a new source of resistance to powdery mildew in mungbean. Plant Breeding, 121(6): 521-525

Erskine W, Muehlbauer F J. 1991. Allozyme and morphological variability, outcrossing rate and core collection formation in lentil germplasm Theor . Appl Genet, 83: 119-125

Franco J, Crossa J, Taba S, et al. 2005. A sampling strategy for conserving genetic diversity when forming core subsets. Crop Sci, 45: 1035-1044

（刘建霞）

第8章 小豆生产实践技术

8.1 小豆概述

小豆[*Vigna angularis*（Willd.）Ohwi Ohashi]，古名小菽、赤菽、金豆、竹豆、米赤豆等，地方别名赤小豆、红小豆、赤豆、红豆等，英文名为 azuki bean、adzuki bean 或 small bean。染色体数目为 $2n=22$。我国是世界上最大的小豆生产国，种植面积、总产量和出口量均居世界首位（柴岩和万富世，2007）。

8.1.1 小豆的分布及其生长环境

我国是小豆的起源中心，栽培小豆已有 2000 多年的历史。全世界已有 30 多个国家种植小豆，主要集中在东亚国家和地区，以中国、日本、印度、韩国为主，在尼泊尔、不丹、缅甸、越南、老挝等也有种植。近年来，美国、加拿大、泰国、澳大利亚、新西兰、巴西、刚果等国家小豆生产正迅速崛起。韩国与日本种植的小豆均系我国引入，并且，小豆已成为日本和韩国的第二大豆类作物。我国小豆主产区为东北、华北、黄河中游、江淮下游，最佳生产区是华北及江淮流域（盖钧益，2006）。近年来，以黑龙江、内蒙古、吉林、辽宁、河北、陕西、山西、江苏、河南等省（自治区）种植较多。小豆类型有红小豆、白小豆、绿小豆、黄小豆、黎小豆等。红小豆占小豆种植面积的 90% 以上，在国内外贸易中起重要作用。

小豆属短日照、喜温作物，对光周期反应敏感，尤其是中晚熟品种。适宜生长温度为 20～24℃，从播种到开花需积温 1000℃ 以上，从开花到成熟需积温 1500℃ 左右。小豆需水较多，耐湿，对土壤的适应性强，有较强的抗酸能力，在酸性和盐碱土壤中也能生长，但在排水、保水腐殖质多的疏松壤土中生长最好（于振文，2013；王荣栋和尹经章，2015）。

8.1.2 小豆的植物学特征

小豆是豆科、蝶形花亚科、菜豆族、豇豆属中的一个栽培种。根、茎、叶，花、果实具有以下特征（图 8-1）。

1. 根　圆锥状根系，根系由主根、侧根、须根、根毛和根瘤组成。主根入土深约 50cm，侧根细长约 40cm，根群主要分布于 10～20cm 土层中，根毛多，发根力强。在潮湿条件下，会长出不定根。主根和侧根均着生根瘤。根瘤菌在展开三出复叶时形成（于振文，2013）。一般地力条件，小豆的根瘤每年从空气中固定氮素 86kg/hm² （林汝法，2002）。

2. 茎　圆筒形，茎色绿或紫。有直立型、蔓

图 8-1　小豆植株形态
（引自于振文，2013）

生型和半蔓生型三种。株高一般 30～150cm。

3. 叶 分子叶和真叶。真叶包括单叶和三出复叶，子叶不出土。第一对真叶对生单叶，圆形柄短，也有个别品种为披针形；其余真叶为三出复叶、互生、柄长；叶形有心脏形、柳叶形、中间形、每片小叶基部有一对小托叶。

4. 花与花序 总状花序，着生于叶腋间及茎的顶部。花梗顶端着生 2～6 朵小花。花柄短小，花蝶形，黄色，旗瓣上部有浅缺刻，中部具突起；翼瓣和龙骨瓣左右不对称，龙骨瓣包围雄蕊，向左弯曲呈钩子状；雄蕊 10 枚二体（9+1）；雌蕊 1 枚，花柱线形，包被在雄蕊中间。小豆自花授粉，自然杂交率一般不超过 1%（于振文，2013）。

5. 果实与种子 荚果，长圆筒形，先端稍尖，略弯曲，无毛。荚长 5～13cm，宽 5～8mm。未成熟的荚果为绿色，少数带有紫红色，成熟的荚因品种不同而分为黄白色、浅褐色、褐色和黑色等，每荚果有种子 4～11 粒。种子圆筒形，但依品种不同可分为短圆柱、长圆柱和近似球形三种。种脐较大，白色条状，脐长超过种粒长的一半。种皮光滑具光泽，种皮有红、灰、绿、黄、黑和褐色 6 种颜色，种子一般可储藏 4 年（王荣栋和尹经章，2015）。

8.1.3 小豆的营养与功能成分

1. 小豆的营养成分 小豆营养丰富，富含蛋白质、膳食纤维、糖类、维生素，以及铁、钙、镁、钾等多种微量元素（Yoshida et al.，2016）。其中蛋白质含量是水稻和小麦的 2～3 倍（表 8-1），含有人体必需氨基酸在内的 18 种氨基酸（徐宁等，2013），且赖氨酸含量较高，硫氨基酸含量较少，脂肪含量低，医食两用。因此，被誉为粮食中的"红珍珠"。

表 8-1 小豆与禾谷类粮食的营养成分

名称	蛋白质/ （g/100g）	脂肪/ （g/100g）	碳水化 合物/ （g/100g）	不溶性膳 食纤维/ （g/100g）	钙/ （mg/100g）	镁/ （mg/100g）	钾/ （mg/100g）	胡萝卜素/ （mg/100g）	维生素 E/ （mg/100g）	核黄素/ （mg/100g）
小豆	20.2	0.6	63.4	7.7	74	138	860	80.0	14.36	0.11
稻米	7.9	0.9	77.2	0.6	8	31	12	0.0	0.43	0.04
小麦	11.9	1.3	75.2	10.8	34	4	289	0.0	1.82	0.10
玉米 （黄）	8.7	3.1	75.1	1.6	14	111	300	0.1	3.89	0.13
小米	9.0	3.5	72.8	10.8	41	107	284	0.1	3.36	0.10
高粱米	10.4	3.1	74.7	4.3	22	129	20.5	0.0	1.88	0.10

资料来源：杨月欣，2018

2. 小豆的功能成分 目前，从小豆中提取分离出来的生物活性物质主要有多酚、多肽、多糖、黄酮、植物甾醇、色素、无机盐、单宁、植酸、皂苷，以及其他豆类缺乏的三萜皂苷等成分。多酚可以与蛋白质发生较强的络合作用，具有一定的血脂调节能力及较强的抗氧化活性，黄酮类物质具有潜在的抗炎活性，而小豆中含有的多肽则有显著的抗癌和提高免疫力的能力。研究显示，小豆具有抗氧化、抗炎、降血糖、降血脂、提高免疫力、抑菌、抗病毒、抗癌等多种功效，因此，具有加工成食用和药用价值保健产品的潜能（张旭娜等，2018）。

8.2　常用小豆生产实践技术

8.2.1　小豆常规育种技术

1. 育种目标　　目前，我国小豆育种的主要目标是：粒型短圆，粒色鲜红，饱满整齐，百粒重 12g 以上，商品性好；粒色以红小豆为主，兼顾其他颜色；选育适宜当地自然条件和耕作制度的中、早熟品种（春播 115d、夏播 90d 左右）；高产、稳产（较当地品种增产 10% 以上）；具有较强的抗逆性；结荚部位较高，不裂荚，适宜机械化收获；有较强的耐阴性、直立型、不倒伏，适宜间套作。

2. 引种　　引种是小豆品种选育的一个重要方法，也是解决品种问题的一条捷径。将外地品种或国外品种引入本地，经过试验，将表现优良，适合本地区栽培的品种用于生产。南北引种，受日照长度和温度高低的影响，尤其是日长的影响；东西引种选择海拔相同或相差不大的地区。

3. 自然变异选择育种　　自然变异选择育种是利用自然界已产生的变异类型选择培育出新品种，是小豆品种选育的主要方法之一。通过优选单株，品系比较，繁育优良品系。20 世纪 70～80 年代，我国小豆生产上应用的许多品种，都是自然变异选择，如'龙小豆 1 号''龙小豆 2 号''辽红 5 号''冀红小豆 1 号''冀红小豆 2 号''京农 2 号'等。

4. 杂交育种　　杂交育种是小豆育种中最主要，且最有成效的途径。人工将两个亲本材料进行有性杂交组配，从其后代分离植株中进行多代选择育成新品种。有品种间杂交和种间杂交，如'白红 3 号''京农 6 号''京农 7 号''冀红 3 号''冀红 4 号''冀红 5 号''豫小豆 1 号''吉红 1 号'和日本的'农林 1 号'～'农林 10 号'等都是通过品种间杂交获得；'吉红 1 号'是通过红小豆与紫菜豆的种间杂交而成。

8.2.2　小豆诱变育种技术

小豆是典型的自花授粉作物，落花落荚严重，成荚率仅在 30% 以下，天然异交率低，人工杂交组配效率不高。诱变育种是比较有效的方法，优良品种'京农 5 号'就是诱变育种培育而成。

1. 物理诱变　　卫星搭载空间诱变为小豆种质资源的创新和新品种选育展示了广阔的应用前景，是值得研究与开拓的育种新途径。施巾帼等（2000）利用返回式卫星搭载小豆种子，对太空环境诱发基因突变创造小豆新种质进行了研究。金文林等（2000）采用 ^{60}Co γ 射线辐照处理小豆种子，进行了小豆诱变育种试验研究，γ 射线辐照处理技术对小豆品种改良、遗传变异诱导、创造新基因具有广阔的应用前景。

2. 化学诱变　　用甲基磺酸乙酯（EMS）、硫酸二乙酯（DES）、亚硝基乙基脲（NEH）等处理小豆湿种子进行化学诱变。化学诱变剂处理时，要注意以下方面：①这些试剂都有毒性，现配现用，不宜搁置过久；②种子处理后要用试剂中和，流水冲洗干净以控制后效应；③为便于播种，应将处理过的种子进行干燥处理，采用风干，不宜采用加温烘干方法；④废弃药液对人畜有毒，要注意安全处理，保护环境（盖钧镒，2006；刘建霞等，2017）。

8.2.3　生物技术在小豆育种中的应用

小豆生物技术的研究和应用，日本起步较早，我国的研究和应用起步晚，基础薄弱，大部分工作还集中在种质资源的分子标记鉴定方面，研究的深度和广度都有待加强（高义平等，2013）。

1. 分子水平　小豆DNA水平上的研究主要集中在利用分子标记技术对小豆的起源、传播、进化、种质资源的遗传多样性、不同地域栽培型、半野生型、野生型小豆的变异程度及其相互之间亲缘关系的远近等方面的研究。分子标记主要是RAPD和AFLP，有关小豆SSR标记的目前报道只有几十对引物（高义平等，2013；Wang et al.，2004；王丽侠等，2011）。小豆遗传图谱构建、基因克隆与转化等工作相对较少。如1996年由Kaga等利用两个栽培品种的F_2家系建立了第一张分子标记遗传图谱。Chaitieng等（2006）比较了小豆和豇豆的连锁图谱，研究表明小豆和豇豆分子标记排列顺序高度保守，但在进化过程中两个种之间基因组发生了倒位、插入、缺失、重复和易位现象，两个物种的SSR等分子标记可以通用。小豆基因克隆工作多以其他作物相关基因序列来设计引物进行。小豆的遗传转化工作多围绕小豆籽粒的抗豆象工作展开。

2. 细胞水平　小豆细胞水平的研究开展如下：①组织培养；②小豆与饭豆的杂种幼胚胚拯救研究；③小豆原生质体再生植株成功的报道有两例。首先，鲁明塾等（1985），许智宏等（1984），Ozaki等（1985）对愈伤组织、原生质体再生成苗经验进行了研究，但目前国际上仍没有一种快速获得组培苗材料的方法，愈伤组织再生成苗、原生质体再生成苗等技术还不成熟。首先，把一个品种通过组培途径再生成苗需要几个月甚至1~2年的摸索，而且遇到难培养的类型还往往不能成功。这使得小豆的转基因技术应用受到很大限制（高义平等，2013）。其次，远缘杂交虽可为育种创造巨大的增产及抗病潜力，但胚拯救、原生质体融合等技术在小豆上仍是一道难关，这使得远缘杂交在育种上的应用也受到很大限制。

小豆生物技术研究有很多工作，但急需以应用基础研究为主，加强细胞水平、分子水平的研究，即建立远缘杂交的支撑技术体系，建立细胞培养的再生技术体系；开发育种需求高的、与抗性、适应性、品质等性状紧密连锁的分子标记；标记控制小豆重要农艺性状的基因；构建高密度的小豆分子连锁图谱，从而通过远缘杂交、遗传转化和MAS等手段使小豆的育种和遗传学研究能上一个新台阶（高义平等，2013）。

8.2.4　小豆栽培技术

1. 优良品种　我国小豆名优品种有'宝清红''天津红''东北大红袍'等，推广的小豆品种有'冀红3号''冀红4号''冀红5号''白红1号''辽红1号'等。

2. 整地　小豆忌重茬，也不可与其他豆科作物轮作。春播小豆地应倒茬轮作，土地应秋翻，一般耕深15~20cm，春播前要及时耙糖。夏播小豆应采取先耕翻整地再播种或硬茬播种出苗后再深中耕灭茬。施足基肥，施用腐熟的有机肥2000~3000kg/亩，过磷酸钙5kg/亩，硫酸钾30kg/亩，整地前肥料均匀施入土壤。

3. 田间管理　小豆可采用穴播或条播。播种期的早晚对小豆的产量和品质具有较大影响，可根据当地的气候条件和耕作制度播种。一般应掌握春播适时，夏播抢早的原则。春播气温稳定在北方春小豆在地表5cm，地温稳定在14℃以上时播种，一般在4月25日至 5 月 20 日之间，小豆子叶不出土，播种不宜过深，一般 3～5cm 为宜。每公顷播种量为 30～45kg，行距为 40～60cm，株距为 10～15cm，每公顷留苗 9 万～18 万株。小豆 1 片复叶期间苗，2～3 片复叶期定苗。结合定苗应进行中耕、除草、保墒，促进幼苗生长和根瘤的形成。小豆一般中耕 2～3 次。生长期间遇干旱天气，有条件的地方应灌水；肥力不足应结合补灌施肥。追肥应重点掌握在开花初期，追施氮肥施后及时覆土，花荚期也可采用叶面追肥的方式（于振文，2013）。

4. 收获　小豆荚成熟不一致，当田间 2/3 豆荚变黄时即为适宜收获期，收获后及时晾晒，促进籽粒后熟。

8.2.5　小豆病虫害防治

小豆病害有小豆褐斑病、小豆萎缩病、小豆炭疽病、立枯病、白粉病等，宜采用农业防治与化学防治相结合的综合防治方法。小豆的害虫有小豆蚜虫、小豆螟虫、绿豆象等。绿豆象主要危害籽粒，可于收获后用磷化铝或氯化苦熏蒸种子将其消灭（王荣栋和尹经章，2015）。

8.3　小豆产业发展前景

8.3.1　我国小豆产业发展现状

1. 生产与贸易　生产总体特点是小豆播种面积和产量呈现恢复性增长的趋势；单产波动较大；区域布局发生小幅变化。以 2016 年为例，中国小豆播种面积较多的省（自治区）包括黑龙江（8.253 万 hm^2）、陕西（2.786 万 hm^2）、内蒙古（2.333 万 hm^2）、安徽（1.310 万 hm^2）、山西（1.172 万 hm^2）和吉林（1.100 万 hm^2），上述六省（自治区）小豆播种面积占全国的比重达到了 74.23%。中国小豆的贸易国主要为周边国家，其中出口国为韩国、日本、马来西亚、美国和新加坡，主要进口国为朝鲜和泰国，进出口对象较为集中。长期以来，中国都是小豆的净出口国（韩昕儒和宋莉莉，2019）。

2. 加工食品　小豆加工在我国处于初级、小规模、家庭作坊式阶段。在国内外市场上还没有名牌产品，市场占有量很小。小豆以原粮或半成品形式大量用于食品中，特别是东亚和西式甜食中，如用豆沙作馅的面包圈、豆沙包、春卷、冰激凌、果冻等。我国以直接食用小豆为主，小豆与大米、小米、高粱米等煮粥做饭；与小麦面、玉米面、大米面、小米面等掺和配成杂面，能制作多种食品。近年来，红小豆制品越来越受到人们的重视，可作小豆羹、豆沙包、豆沙炸糕、豆沙汤圆、小豆粽子、小豆水晶包、什锦小豆粽子、小豆冰激凌、小豆雪条、多种中西糕点的夹馅及制品、沙仁饼、小豆蛋卷、小豆羊羹、椰蓉豆沙卷、玫瑰豆沙糕等，还可作小豆香肠、粉肠及咖啡和可可制品的填充料。近年来，大粒红小豆还用来制作小豆罐头等（柴岩和万富世，2007；薛效贤和薛芹，2010）。

3. 研究进展　我国小豆研究始于 20 世纪 70 年代，通过"六五"至"九五"的连续攻关，共搜集鉴定了小豆种质资源 4500 余份，完成了农艺性状鉴定并被编入《中国食用豆类品种资源目录》第 1～4 集，同时，研究人员对部分资源进行了品质分析、抗病性及抗逆性鉴定，编写了《中国食用豆类营养品质鉴定与评价》；"八五"期间又对优异种质进行了多年多点的鉴定评价，编写了《中国食用豆类优异资源》等，为我国小豆资源的合理利用提供了科学依据。因此，我国小豆种质资源初步鉴定与研究的规模居世界领先。但由于小豆在我国属于小作物，长期未受到各级部门重视，目前小豆类的研究仅限于北京、河北、吉林、辽宁、黑龙江和山西等省市的研究机构，主要从事资源的更新繁殖育种工作。我国小豆的整体研究水平落后于日本、韩国等国家。日本是世界上小豆研究较先进的国家，目前主要是通过分子标记进行遗传多样性，豇豆属各种间亲缘关系的分析，野生种、近缘野生栽培种间亲缘关系的分析，主要农艺性状基因定位、起源与演化、基因连锁图的建立等研究。日本育种目标抗病、抗寒、优质，适宜机械化收获。韩国的小豆抗虫研究居国际领先水平，已培育出小豆抗豆象新品系（柴岩和万富世，2007）。

4. 存在问题　　科研滞后，品种老化，商品率低下；产后加工技术滞后，市场体系不健全，产销脱节，产业化进程十分缓慢；小规模低效益的传统生产方式，制约了农民的生产积极性；生产水平低，栽培技术落后，管理粗放，削弱了竞争优势。

5. 发展策略　　组织联合攻关，建立小豆产业科技创新平台；依靠科技进步，促进小豆产业发展；立足资源和区域优势，集中建立优势产区；实现区域化生产、规模化种植、标准化管理；以企业为龙头，实现产业化经营。

8.3.2　我国小豆产业发展前景

在农业供给侧结构性改革的背景下，小豆产业迎来新的机遇并得到快速发展。研究发现，中国小豆生产呈现恢复性增长的趋势，区域布局发生小幅变化；出口量波动中平稳，进口量较为稳定。预计未来中国小豆需求量将持续增加，产品附加值不断提高，但市场风险也随之不断增强，科研支撑短期内无法满足产业发展需求。建议加大科研投入，建立规模化、标准化小豆生产基地，完善小豆产业财政支持政策，完善信息网络建设，实现小豆产业的健康可持续发展（韩昕儒和宋莉莉，2019）。

主要参考文献

柴岩，万富世. 2007. 中国小杂粮产业发展报告. 北京：中国农业科技出版社

盖钧镒. 2006. 作物育种学各论. 第二版. 北京：中国农业出版社

高义平，董福双，王海波. 2013. 红小豆生物技术研究进展. 生物技术通报，（3）：10-14

韩昕儒，宋莉莉. 2019. 我国绿豆、小豆生产特征及产业发展趋势. 中国农业科技导报，21（8）：1-10

金文林，陈学珍，喻少帆. 2000. $^{60}Co\gamma$ 射线对小豆种子辐射处理效应的研究. 核农学报，14（3）：134-140

金文林，蓬原雄三. 1993. 小豆外植体的愈伤组织诱导及直接植株再分化. 北京农学院学报，8（1）：95-99

林汝法，柴岩，廖琴，等. 2002. 中国小杂粮. 北京：中国农业科学技术出版社

刘建霞，温日宇，刘文英，等. 2017. EMS 不同处理浓度和时间对小豆诱变的影响. 山西农业科学，45（5）：715-717，72

鲁明塾，葛扣麟，杨金水. 1985. 赤豆子叶愈伤组织的诱导和植株再生. 上海农业学报，（4）：35-38

施巾帼，范庆霞，王琳清，等. 2000. 太空环境诱发小豆大粒突变. 核农学报，14（2）：93-98

王丽侠，程须珍，王素华. 2011. 基于 SSR 标记分析小豆及其近缘植物的遗传关系. 生物多样性，19（1）：17-23

王荣栋，尹经章. 2015. 作物栽培学. 北京：高等教育出版社

徐宁，王明海，包淑英，等. 2013. 小豆种质资源、育种及遗传研究进展. 植物学报，48（6）：676-683

许智宏，杨丽君，卫志明，等. 1984. 四种豆科植物组织培养中植株再生. 实验生物学报，（4）：483-486

薛效贤，薛芹. 2010. 食用豆的价值与饮食制作. 北京：科学技术文献出版社

于振文. 2013. 作物栽培学各论. 北方本. 第二版. 北京：中国农业出版社

杨月欣. 2018. 中国食物成分表. 第六版. (第一册). 北京: 北京大学医学出版社

张旭娜, 么杨, 任贵兴, 等. 2018. 小豆功能活性成分及加工利用研究进展. 食品安全质量检测学报, 9 (7): 1561-1566

Chaitieng B, Kaga A, Tomooka N, et al. 2006. Development of a black gram [*Vigna mungo* (L.) *hepper*] linkage map and its comparison with an azuki bean [*Vigna angularis* (Willd.) Ohwi and Ohashi] linkage map. Theor Appl Genet, 113(7): 1261-1269

Kaga A, Ohnishi M, Ishii T, et al. 1996. A genetic linkage map of azuki bean constructed with molecular and morphological markers using an interspecific population (*Vigna angularis, V. nakashimae*). Theoretical and Applied Genetics, 93(5): 658-663

Ozaki K. 1985. Plant regeneration from epicotyl culture of azuki bean(*Vigna angularis* Ohwi & Ohashi). 植物组织培养, 2 (2): 59-62

Wang X W, Kaga A, Tomooka N, et al. 2004. The development of SSR mar-kers by a new method in plants and their application to gene flow studies in azuki bean [*Vigna angularis* (Willd.) Ohwi & Ohashi]. Theor Appl Genet, 109 : 352-360

Yoshida Y, Marubodee R, Ogiso-Tanaka E, et al. 2016. Salt tolerance in wild relatives of adzuki bean, *Vigna angularis* (Willd.) Ohwi et Ohashi . Genet Resour Crop Evol, 63(4): 627-637

(刘建霞)

第9章 豌豆生产实践技术

9.1 豌豆概述

豌豆（*Pisum sativum* L.），英文名为 pea、field pea 和 garden pea，又名麦豌豆、雪豆、毕豆、寒豆、冷豆、荷兰豆等，是春播一年生或秋播越年生攀缘性草本植物，因其茎秆攀缘性而得名，属长日性冷季节豆类（傅立国等，2001）。作为人类食品和动物饲料，豌豆现在已经是世界第四大豆类作物，豌豆为自花传粉，闭花授粉植物，染色体 $2n=14$，在生产过程中豌豆形成了不同的栽培品种类型。

9.1.1 豌豆的分布及其生长环境

豌豆起源于数千年前的亚洲西部地中海地区和埃塞俄比亚、小亚细亚西部、外高加索地区，现主要散布在亚洲和欧洲。中国豌豆分布广泛，春豌豆区包括青海、宁夏、新疆、西藏、内蒙古、辽宁、吉林、黑龙江及甘肃大部和陕西、山西、河北北部；冬（秋）豌豆区包括河南、山东、江苏、浙江、云南、四川、贵州、湖北、湖南，以及甘肃、陕西、山西、河北南部及长江中下游、黄淮海地区（顾娟等，2006）。

豌豆为半耐寒性作物，不耐燥热，适宜生长在生态环境较好、气候较凉、湿润的环境中，抗旱性差。豌豆对土壤的适应性较广，对土质要求不高，以保水力强、通气性好并富含腐殖质的砂壤土和壤土最适宜，适宜生长的 pH 为 6.0～7.2。

9.1.2 豌豆的植物学特征

豌豆属被子植物门，双子叶植物纲，蔷薇目，豆科，蝶形花亚科，豌豆属植物，植株由根、茎、叶、花、荚、种子等组成（图 9-1）。

1. 根　豌豆的根系为直根系，初生根的入土深度可达土表下 1～1.5m，其上着生大量细长侧根，侧根主要集中在水分供应良好、结构疏松、透气性好的土壤耕作层（20cm）之内。

2. 茎　豌豆的茎为草质茎，通常由 4 根主轴维管束组成，外观呈圆形或方形轮廓，细软多汁，中空，质脆易折，呈绿色或黄绿色，少数品种的经常有花青素沉积，表面光滑无毛，多被以白色蜡粉。

图 9-1　豌豆形态特征（引自郑卓杰，1997）

1. 具叶和花序的枝；2. 旗瓣；3. 翼瓣；4. 翼瓣详图；5. 龙骨瓣；6. 龙骨瓣详图；7. 雄蕊鞘和雄蕊；8. 雌蕊；9. 花柱和柱头；10. 柱头；11. 柱头侧面；12. 花柱基部横切面；13. 花柱顶部横切面；14. 荚；15. 珠柄；16. 种子侧面；17. 种子及种脐；18. 幼苗

3. 叶 标准基因型豌豆的叶片是偶数羽状复叶，复叶互生，每片复叶由叶柄和1~3对小叶组成，顶端常有一至数条单独或有分叉的卷须，叶梗基部两侧各着生一片托叶。

4. 花 豌豆的花为叶腋单生或数朵排列为总状花序，是典型的蝶形花，花冠颜色多样，随品种而异，但多为白色和紫色，雄蕊10枚，其中9枚基部相连，1枚分离，即二体雄蕊（9+1），子房无毛，花柱扁，内面有绒毛，便于吸附花粉。

5. 荚果 豌豆的花受精后，子房迅速膨大成荚，经15~30天，荚果伸长达到最大程度。豌豆的荚果是由单心皮发育而成的两扇荚皮组成的，荚的形状呈扁平长形，但品种间有很大不同。

6. 种子 常熟的豌豆种子有种皮、子叶和胚组成，无胚乳，在两片发育良好的子叶中储藏着发芽时必需的营养物质，种皮表面上着生有种脐、种阜、种孔和合点等器官。

9.1.3 豌豆的营养与功能成分

豌豆富含蛋白质、碳水化合物、矿质营养元素等（表9-1），豌豆具有较全面而均衡的营养。豌豆籽粒由种皮、子叶和胚构成，其中干豌豆子叶中所含的蛋白质、脂肪、碳水化合物和矿质营养分别占籽粒中这些营养成分总量的96%、77%、89%。胚虽含蛋白质和矿质元素，但在籽粒中所占的比重极小，种皮中包含了种子中大部分不能被消化利用的碳水化合物，其中钙磷的含量也较多（蔡琳雅等，2013）。在豌豆荚和豆苗的嫩叶中富含维生素C和能分解体内亚硝胺的酶，可以分解亚硝胺，具有抗癌防癌的作用，豌豆所含的止杈酸、赤霉素和植物凝素等物质，具有抗菌消炎，增强新陈代谢的功能，在荷兰豆和豆苗中含有较为丰富的膳食纤维，可以防止便秘，有清肠作用（张乾元等，2012）。豌豆还能预防肥胖、糖尿病、结肠癌、高血脂、心脏病，可用于作为保健冲剂、减肥食品、低脂低糖食品、高纤维食品等功能性保健食品的原料。

表9-1 豌豆籽粒中的营养成分（g/100g）

成分	干豌豆	青豌豆	食荚豌豆
水分	8.0~14.4	55.0~78.3	83.3
蛋白质	20.0~24.0	4.4~11.6	3.4
脂肪	1.6~2.7	0.1~0.7	0.2
碳水化合物	55.5~60.6	12.0~29.8	12.0
粗纤维	4.5~8.4	1.3~3.5	1.2
灰分	2.0~3.2	0.8~1.3	1.1
热量值 /J	1348~1453	335~674	222

资料来源：宗绪晓，2002

9.2 常用豌豆生产实践技术

9.2.1 豌豆常规育种技术

根据不同生态区的生产、生态条件及现有种质资源基础，结合不同时期经济发展水平和市场需求，培育多类型、多用途的高产、优质、适应性广的豌豆新品种。

1. 直接鉴定、引种 中国豌豆资源在春、秋播区均具丰富类型，且具地区特殊适应性，对其进行广泛搜集、鉴定，可直接选育出适宜本地区种植的品种，此法在六七十年代曾被广泛采用，选育了一批地区适应性品种，如豌豆'宜宾粉红'等。中国豌豆引种成效较大，即使海拔、纬度差异较大也能成功。20世纪70年代从新西兰引进的'麦斯爱'在生产上应用至今，近年从日本、美国等国家和地区引进的多个食荚型品种，如'甜脆豌'正陆续在生产上应用，国内南北方优良品种多能互用，如'食荚大菜豌1号''中豌4号'等（杨晓明和任瑞玉，2005）。

2. 系统育种 中国豌豆类型多样，具各类变种及基因突变类型，为系统选择提供了广泛遗传基础，采用此法也育成了一些品种如'71029'，但成效并不显著。

3. 杂交育种 为目前普遍采用而最行之有效的方法，常与回交育种相结合。亲本选配根据育种目标，以遗传背景差异大为第一原则。杂交方式在1980年以前多采用单交，现多采用多亲本复合杂交。后代选择主要为系谱法和混合法，一般 $F_6 \sim F_8$ 代稳定。

9.2.2 豌豆诱变育种技术

通过理化因素诱发植物基因突变已成为育种和创新种质的有效手段，通过选择适宜的辐射剂量和化学诱变剂浓度可获得理想诱变结果。通常用 Co γ 射线或慢中子照射获得豌豆新种质。目前，化学诱变剂秋水仙素和 EMS 也大量用于豌豆种子及幼苗的诱变，以期为创制豌豆新种质、增加遗传变异和培育新品种奠定基础。例如，'扁茎豌豆'品种就是采用人工诱变育成的，21世纪航天育种技术已应用到豌豆资源和改良中，且正通过协作网的形式在全国主产区进行推广。

9.2.3 生物技术在豌豆育种中的应用

1. 分子标记辅助选育 随着分子生物学的发展，研究者利用分子标记等技术对豌豆基因组进行了比较深入的研究，并定位了多个基因，利用分子标记技术挖掘目的基因为分子标记辅助育种奠定了基础。在豌豆中已进行了大量的分子标记研究，RFLP早期应用较多，但是其成本高、技术难度大、操作繁琐，主导地位已被其他分子标记类型所取代。简便快速的 RAPD 技术应用最为广泛，并可以转化成更为准确的 SCAR 标记，而 AFLP 在豌豆数量性状位点的定位中应用较多，豌豆中也已开发了大量的 SSR 引物，并在法国建成了豌豆微卫星协会，另外，酶切扩增产物多态性标记（CAP）技术在豌豆中也有较多的应用（马明和武天龙，2006）。在目前所进行的研究中多为多种标记方法结合使用，通过各种标记技术的相互补充，能充分发挥分子标记的优势，获得更为准确的结果。自 Wellensiek 利用性状连锁关系构建了首张遗传图谱后，许多研究者一直在进行豌豆遗传图谱的研究，在最近的15年取得的成果最为显著，构建了多张遗传图谱，这主要得益于分子标记技术的发展。1990年 Weeden 和 Wolko 首先利用 RFLP 进行豌豆遗传图谱的构建，随后各种常用的分子标记技术在豌豆遗传图谱中都有应用，包括 RAPD、AFLP、ISSR、CAP、STS、SSR、SSAP 标记等技术，在进行豌豆遗传图谱的构建和比较整合的研究中，共显性的 SSR 技术是比较好的选择（宗绪晓等，2008；Lidia and Bogdan，2004）。在豌豆中，已使用 AFLP、RAPD 和 STS 构建了10个连锁群的遗传图，随着标记技术的不断改进和多种标记技术的综合运用，豌豆遗传图谱也不断地被补充和更新，在抗根腐病 QTL 的连锁图中有 331 个标记，包括 203 个 AFLP、100 个 RAPD、11 个 SSR、5 个 STS 及 2 个 ISSR 标记，其中有 27 个标记已经定位于其他遗传图中（杨晓明等，2006；Tar'an et al.，2004）。遗传图谱的建立将促进豌豆目的基因的分子定位及其在育种中的应用。

2．细胞融合与转基因　　自 20 世纪 70 年代以来，通过细胞融合已经得到了大豆与豌豆、蚕豆与豌豆等属间杂种细胞，融合率达到存活原生质体的 5%～40%。21 世纪初，科学家通过基因克隆、转导和植株再生技术将菜豆抗豆象基因成功转入豌豆中，并得到稳定表达，获得了遗传稳定的豌豆抗豆象品系。

9.2.4　豌豆栽培技术

1．种植方式

1）单作　　豌豆较耐瘠薄，对地块的要求不高，塬台地、梯田地、旱平地、山坡地等均能生长。豌豆单作主要是半干旱地区的山坡地种植较多。

2）间、套、轮作　　豌豆本身忌连作，白花豌豆比紫花豌豆对连作的反应更敏感。各种耕作制度中，除单作外，一些相对不披散、早熟、对光温不敏感的品种，还常用于轮作、间作、套种和混作。豌豆是一种重要的倒茬作物，豌豆苗期生长缓慢，覆盖度小，要求田间无杂草，在春播地区，豌豆常与马铃薯、玉米、向日葵等作物间作套种，或种于田边地角，也可与大麦、春小麦、燕麦等间作或混作（何世炜等，2000）。

2．播种

1）种子的选择和处理　　豌豆在半干旱地区大都是在旱地种植，应选择抗逆性强（抗旱、抗病虫、秋播区抗寒）、适应性广、适宜加工的高产优质品种，剔除病、虫、破碎粒、霉烂粒，减少病虫侵染的可能性，剔除小粒、秕粒，提高种子整齐度，确保出苗整齐一致，淘汰混杂粒、异色粒，提高种子纯度（陆益平和王忠辉，2008）。播前晒种 3～5d，可提高其发芽势和发芽率。

2）播期和密度选择　　播种过早，因气温过高，造成徒长，会降低苗期的抗寒能力，容易受冻，而播种过迟，因气温低，出苗时间延长，影响齐苗，冬前生长瘦弱，成熟期推迟，百粒重下降，产量也不高。合理密度的确定是为了协调群体与个体的关系，不同区域应根据地力水平、产量目标等，因地制宜确定各地的适宜密度，达到充分利用光、温、水、土和肥，取得高产的目的（谢建明和杨勤，2007）。豌豆最佳播种密度，既受地域和年季间降水量的限制，也受株型和生产目的的影响，还受到种子价格的制约，应因地制宜。

3）播种方法　　豌豆的播种方式有条播、点播和撒播。条播分人工播种和机械播种，点播适宜于秋播区，点播穴距一般 15～30cm，每穴 2～4 粒种子，需注意的是旋耕时要保持深度的一致，撒播行距一般 25～40cm（邹德根，2002）。

3．田间管理

1）中耕　　豌豆苗期生长缓慢，植株不能较快地遮盖地面，易发生草荒，应及时松土除草增温保墒，以促进植株生长，形成冠层后，杂草的生长将受到抑制。大田种植时，中耕两次一般能解决杂草危害，深度应掌握先浅后深，时间应在卷须缠绕前进行的原则。第一次在 3～4 叶时，着重松土，第二次在 7～8 叶时，着重锄草。

2）施肥　　可分为基肥和追肥。基肥要特别强调早施。北方春播区提倡在秋耕时施基肥，结合秋季整地，在结冻前将有机肥和 N、P、K 肥料混合放在土壤表面，通过耕翻耙耱将肥料放入土壤，一般施充分腐熟的家畜家禽等有机肥 15～22.5t/hm²、尿素 150kg/hm²、过磷酸钙 300～375kg/hm²、氯化钾 225kg/hm² 或草木灰 1500kg/hm²，追肥根据豌豆的长势和地力，一般在现蕾至开花结荚期进行，用量根据生长状况和地力条件而定，在开花结荚期采用根外喷施 B、Mg、Mo、Zn 等矿物元素，具有明显的增产效果，喷施浓度为 0.1%～0.2%（谢奎忠等，2007）。

3）灌水　豌豆一生需要 100～150mm 的降水量或灌溉量作保证。豌豆是需水较多的作物，豌豆发芽的临界含水量为 50%～52%，低于 50% 时，种子不能萌发。豌豆幼苗时期较耐旱，这时地上部分生长缓慢，根系生长较快，如果土壤水分偏多，往往根系下扎深度不够，分布较浅，降低其抗旱吸水能力。

9.2.5　豌豆病虫害防治

1. 常见病害防治　常见病害有根腐病和白粉病。根腐病常采用合理轮作倒茬、选用抗病品种、增施有机肥和磷肥，增强植株抗性，用多菌灵等广谱杀菌剂拌种或进行种子包衣，以保护幼根，发病初期可用 50% 本菌灵可湿性粉剂 800～1000 倍液进行喷灌（王志刚，2003）。白粉病可采用种植抗病品种，增施磷钾肥，用 25% 粉锈宁可湿性粉剂 2000 倍液，进行田间喷雾等措施进行防治。

2. 常见虫害防治　常见的虫害包括豌豆象、潜叶蝇和地下害虫。豌豆象是最严重的一种豌豆害虫。豌豆脱粒晒干后集中在仓库内，用氯化苦或磷化铝密封熏蒸，气温在 20℃以上，需熏蒸 2～3d，气温低于 20℃时，需熏蒸 4～5d。氯化苦用量为 30～40g/m³，磷化铝参考用量为 9～12g/m³。熏蒸两周后豌豆象残毒就能散尽；田间主要在开花期，卵孵盛期和初龄幼虫注入幼荚之前用 4.5% 氯氰菊酯乳油和 1.8% 阿维菌素乳油混合液等高效低毒杀虫剂进行喷雾防治，每隔 5～7d 防治一次，连续防治 3～4 次。潜叶蝇危害初期，叶片出现白色虫道，用 25% 斑潜净乳油 1500 倍液进行喷雾。地下虫害严重地块在播种前用高效低毒杀虫剂进行土壤处理或用 50% 辛硫磷 50g 兑水 1L，拌种 50kg（宗绪晓，2002）。

9.3　豌豆产业发展前景

9.3.1　我国豌豆产业发展现状及存在的问题

近年来，我国豌豆产业发展迅速，从消费者角度来看，人们对豌豆营养保健作用认识的逐步加强和生活水平的提高是豌豆产业发展的助推因素之一，专家与业界都普遍看好豌豆产业的发展，在其迅猛发展的同时也存有一些亟待解决的问题。

1. 品种混杂退化严重　调研发现，大多数地方种植的豌豆品种以地方品种为主，良种采用率不足 10%，缺乏优质、高产品种和专用品种；同时由于农民缺乏良种观念和商品意识，长期处于自产自食状态，播种、收获、储存时不注意品种保纯和留种，品种互混严重，达不到市场要求的商品质量标准，不能满足国内外出口及加工企业需求，影响豌豆的产品销售和市场竞争力。

2. 标准化生产难　我国豌豆生产以农户为单位分散种植居多，生产规模小，技术推广成本高，标准化生产技术推行困难，不能统一实施，同样由于分散种植，增加了流通成本，销售困难。

3. 加工产品种类较多，但产供销加工脱节、缺乏龙头企业引领 我国豌豆深加工产品种类较多，加工规模较大，技术含量高的产品主要有豌豆苗、豌豆粉丝、青豌豆罐头、速冻青豌豆、豌豆浓缩蛋白、豌豆膳食纤维等。目前，部分地区豌豆生产、流通、加工环节脱节，一是缺乏专业合作社组织农户进行豌豆生产、种植优质品种、生产符合加工企业和生产需求的产品；二是缺乏豌豆储运企业，以保证企业和市场的周年供应；三是缺乏加工龙头企业，豌豆加工企业普遍生产规模小，没有自己的品牌，没有稳定的市场和客户，多为间断性生产，对加工原料的标准质量没有要求，对加工原料的数量稳定供应没有要求，影响了豌豆的产业发展（李玲和孙文松，2009）。

9.3.2 我国豌豆产业发展对策与前景

1. 我国豌豆产业发展对策

1）加强新品种选育 根据地区资源状况、气候条件、生产水平、耕作制度、生态条件和种植特点，在积极培育新品种的同时，加大引种力度及新品种选育进程，选育出高产、早熟、直立、成熟一致、便于机械化收获、抗病、适应性广的优质品种，突出豌豆加工等性状。

2）加强栽培技术的研究和推广 大力开展高产、高效、抗旱栽培技术及病虫草害防控技术研究和推广，增加单产，提高品质，节约成本，研究豌豆与其他作物间套作模式，提高土地利用率。利用示范园为豌豆科技示范平台，通过示范、培训班、科普读物等多渠道、多层次杂粮信息传播途径，进行宣传与推广，提高农民对豌豆产业发展的认识及接受新品种、新技术的能力，着力推进农业机械入户，降低耕种劳动力成本，降低劳动强度，提高劳动生产率。

3）加强加工技术研究 研究豌豆精深加工，提高附加值，大力扶持农业产业化龙头企业，形成标准化、现代化加工技术体系，拓宽国内外消费市场。

4）加强行业联合 地方政府可鼓励豌豆种植区与企业进行交流合作，鼓励建立良好的、长期的互利机制。对于下游产业来说，应拓宽豌豆加工产品的销售渠道，规范销售秩序。加工企业应树立强烈的市场意识，以市场需求为导向安排生产，以营销需求为导向建立营销队伍，加强品牌建设，注重对品牌的营销与策划，挖掘和利用品牌的附加价值。

2. 我国豌豆产业发展前景 豌豆具有非常广阔的开发利用前景。首先，豌豆营养丰富，既是传统口粮，又是营养保健食品资源。由于杂粮大多种植在偏远地区，其产品是一种天然的无公害的绿色食品，豌豆作为医食同源，污染少、安全的有机食品更加受欢迎；随着人们对健康的需求和膳食结构的改善，对豌豆杂粮的需求将增加，未来豌豆市场将进一步扩大。面对国内外市场需求的不断增加，优质产品呈供不应求趋势，为豌豆经济效益的提升造就了一个较大的升值空间。其次，豌豆的出口创汇市场前景较好，当前发达国家的豌豆消费量日益增长，且国际市场上豌豆价格远高于国内，据调查，中国豌豆产品价格仅为日本及欧洲国家等市场价格的10%，经常供不应求。随着市场经济的发展，国外市场对豌豆的需求将不断增加，且消费者对优质无公害化豌豆的需求日益增长，促使豌豆杂粮的价格不断攀升。

主要参考文献

蔡琳雅，李友杰，刘慧. 2013. 豌豆营养价值探析. 宁夏农林科技，54（7）：71-72，83

傅立国，陈潭清，郎楷永，等. 2001. 中国高等植物. 第七卷. 青岛：青岛出版社

顾娟，吴克兰，吴军，等. 2006. 甜豌豆品种特性及栽培技术. 上海农业科技，（4）：89-90

何世炜，毛玉林，武得礼，等. 2000. 大豆、豌豆间作种植模式的生态经济效益研究. 草业科学，17（3）：23-27

李玲，孙文松. 2009. 辽宁豌豆产业现状及发展潜力分析. 杂粮作物，29（1）：59-60

陆益平，王忠辉. 2008. 秋豌豆不同播量对产量影响的试验. 上海蔬菜，（1）：56-57

马明，武天龙. 2006. 豌豆分子标记研究进展. 上海交通大学学报（农业科学版），（5）：489-493

王志刚. 2003. 豌豆资源类型筛选抗病性鉴定与利用评价. 内蒙古农业科技，（1）：12-13

谢建明，杨勤. 2007. 豌豆播期试验总结. 新疆农业科技，（1）：13-14

谢奎忠，黄高宝，李玲玲，等. 2007. 施钾对旱地豌豆产量、水分效应及土壤钾素的影响. 干旱地区农业研究，25（5）：15-19

杨晓明，安黎哲，党占海. 2006. 豌豆遗传图谱构建及 QTL 定位研究进展. 西北植物学报，26（10）：2159-2165

杨晓明，任瑞玉. 2005. 国内外豌豆生产和育种研究进展. 甘肃农业技，（8）：3-5

张乾元，韩冬，李铎. 2012. 黄豌豆营养成分和功能研究进展. 食品科学，37（6）：141-144

邹德根. 2002. 秋播矮生硬荚豌豆高产栽培技术试验初报. 江西农业科技，（4）：28-29

宗绪晓. 2002. 食用豆类高产栽培与食品加工. 北京：中国农业科学技术出版社

宗绪晓，关建平，王述民，等. 2008. 中国豌豆地方品种 SSR 标记遗传多样性分析. 作物学报，34（8）：1330-1338

郑卓杰. 1997. 中国食用豆类学. 北京：中国农业出版社

Lidia I, Bogdan W. 2004. Interval mapping of QTL controlling yield-related traits and seed protein content in *Pisum sativum*. J Appl Genet, 45(3): 297-306

Tar'an B, Warkentin T, Somers D J, et al. 2004. Identification of quantitative trait loci for grain yield, seed protein concentration and maturity in field pea (*Pisum sativum* L.). Euphytica, 136: 297-306

（殷丽丽）

第 10 章　蚕豆生产实践技术

10.1　蚕 豆 概 述

蚕豆（*Vicia faba* L.），又称罗汉豆、胡豆、南豆、竖豆、佛豆，豆科、野豌豆（*Vicia sepium* L.）属一年生草本。其豆荚状如老蚕，又成熟于养蚕时节，故取名为蚕豆。蚕豆既可作为传统口粮，又是现代绿色食品和营养保健食品，是富含营养及蛋白质的粮食作物和动物饲料（叶茵，2002）。

蚕豆是世界上第三大重要的冬季食用豆作物。蚕豆营养价值较高，其蛋白质含量为25%～35%。蚕豆还富含糖、矿物质、维生素、钙和铁。此外，作为固氮作物，蚕豆可以将自然界中分子态氮转化为氮素化合物，增加土壤氮素含量（陈海玲等，2007）。

蚕豆也是世界五大食用豆类作物之一，据宋代《太平御览》记载，蚕豆由西汉张骞自西域引入中原地区。中国是种植面积最大的国家，蚕豆在浙江省种植历史悠久，是冬季主要作物之一。近年来，鲜食蚕豆作为蚕豆的一种专用类型，在我国云南、江苏、上海、浙江等地发展较快，特别是在长江下游地区得到迅速发展（汪凯华等，2009）。

10.1.1　蚕豆的分布及其生长环境

蚕豆在全国大多数省份都可种植，长江以南地区以秋播冬种为主，长江以北以早春播为主。其中秋播区的云南、四川、湖北和江苏省的种植面积和产量较多，占85%，春播区的甘肃、青海、河北、内蒙古占15%。云南是蚕豆种植面积最大的省份，占全国的23.7%，常年种植在35万 hm² 左右，以秋播为主（田晓红等，2009；吴广辉和毕韬韬，2010）。

10.1.2　蚕豆的植物学特征

蚕豆属于豆科，豌豆属，一年生或越年生草本植物，植株特征如下（图10-1）。

1. 根　蚕豆根为圆锥形根系，主根强，入土100cm以上，土壤表层水平延伸35～60cm，许多侧根向下生长，根系主要分布在距地表30cm以内的耕作层。主根和侧根上有根瘤菌形成的结节，呈长椭圆形。蚕豆收获后，根瘤和根茎留在土壤中，可以提高土壤肥力。

2. 茎　蚕豆茎直立，中空，四边形，表面光滑，大部分维管束集中在边角。这种植物直立，抗倒伏。正常条件下，株高在100cm以上，品种间差异不显著。主茎和侧茎可以产生分枝。分枝

图10-1　蚕豆植株形态（引自于振文，2013）

数与株高、密度、土壤肥力和生长环境有关。在适宜的条件下，植株高大，枝条较多，一般为3～5条。

3. 叶 蚕豆是偶数羽状复叶，由托叶、叶柄和托叶互生组成。复叶区的第一花节最大，逐渐减至基部和上部。小叶椭圆形，叶绿色或深绿色，叶背浅，无卷须。植株两端的小叶很少，但在植株中部，大小改变，顶端退化成针。托叶2枚，较小，近三角形，贴附在茎和叶柄接合处两面，具紫色小点在退化的蜜腺背面。

4. 花 蚕豆每一个花序2～6朵花，最多可容纳4个豆荚，但当条件不适宜时，它们全部脱落，不长豆荚。花为蝴蝶形，由花萼、花冠、雄蕊和雌蕊组成。花是白色和紫色的，翅膀花瓣上的一个大黑点是鉴定品种的特征之一。每朵花有10雄蕊，双室；1雌蕊位于雄蕊的中部，柱头弯曲，具长柔毛。整个植株的开花期为15～20d，达10～15层。研究表明第10层花出现后，去除顶端生长点，控制花芽分化和植株生长，对提高开花结实率有显著作用。

5. 荚果和种子 授粉后子房迅速膨胀，约10d形成豆荚。豆荚为老蚕形，在不同品种间存在差异，如刀形、弓形、棍形和香蕉形。豆荚多汁且海绵状，幼时可食用。豆荚是绿色，成熟后通常是黑色的。一般来说，每个豆荚有2～6个种子，每个豆荚有7～8个种子。种子扁平，椭圆形，圆柱形，表面凹凸。

6. 生长发育 我国北方蚕豆生产区从播种到出苗需要15d的时间。由于气温低，土壤水分不足，播种时间最多可延长到20～25d。从出苗到开花，早熟品种35～40d，晚熟品种55～60d；从开花到成熟，早熟品种45～50d，晚熟品种60～70d。

10.1.3 蚕豆营养与功能分析

蚕豆营养极其丰富，蛋白质含量平均为30%，是食用豆类中仅次于大豆的高蛋白作物，被认为是植物蛋白的重要来源。蚕豆蛋白中氨基酸种类齐全，8种必需氨基酸中，除甲硫氨酸和色氨酸含量稍低外，其余6种含量均高，尤以赖氨酸含量丰富（表10-1）。

表10-1 蚕豆的营养成分（g/100g）

成分	蚕豆	蚕豆（带皮）	蚕豆（去皮）
水分	13.2	11.5	11.3
蛋白质	21.6	24.6	25.4
脂肪	1.0	1.1	1.6
碳水化合物	61.5	59.9	58.9
粗纤维	1.7	10.9	2.5
灰分	2.7	2.9	2.8

资料来源：杨月欣，2009

1. 蚕豆的营养价值

1）淀粉 含量高达48%，且以直链淀粉为主。

2）脂肪 含量较低，仅占0.8%，其中饱和脂肪酸占11.4%，不饱和脂肪酸占88.6%。

3）蛋白质 含量高、质量好，其营养价值接近于动物性蛋白质，是最好的植物蛋白。

4）糖类　蚕豆中的糖占50%～60%，所以供给的热量很高。

蚕豆中含有调节大脑和神经组织的重要成分钙、锌、锰、磷脂等，并含有丰富的胆石碱，有增强记忆力的健脑作用。现代研究认为蚕豆也是抗癌食品之一，对预防肠癌有良好的作用（张华华等，2014）。

2. 蚕豆中的植物化学物质　蚕豆有很多植物化学物质，如植物血凝血素、膳食纤维等。

1）植物血凝素　植物血凝素为低聚糖（由D-甘露糖、氨基葡萄糖酸衍生物所构成）与蛋白质的复合物，属于高分子糖蛋白类，存在于一些豆类种子中，对红细胞有一定凝集作用。蚕豆中含有植物凝血素，可附着于癌细胞，从而抑制癌细胞的生长，常用作癌症患者的食物（毛盼等，2014）。

2）膳食纤维　蚕豆中膳食纤维的含量很高，食用后会在胃肠内吸水膨胀，刺激胃肠蠕动，缓解便秘。

3. 蚕豆的功能分析

1）药用价值　蚕豆性平、味辛、甘，具有健脾利水、解毒消肿之功效，在内主膈食、水肿及疮毒的临床治疗中具有良好的效果。但是对蚕豆过敏、有遗传性血红细胞缺陷症的患者均不宜食用蚕豆（王春明和刘洋，2011）。

2）养殖饲料价值　在淡水养殖当中，通过实验方法从蚕豆中提取蚕豆苷，然后将蚕豆提取物与鱼粉、豆粕、棉粕、菜粕、大豆油、磷酸二氢钙及氯化胆碱等多种原料配制成饲料，用于喂养草鱼，其对于草鱼生长、肌肉成分和血清生化指标均有积极的影响，能够提高草鱼的增重率和成活率（吴康等，2015）。

10.2　常用蚕豆生产实践技术

10.2.1　蚕豆常规育种技术

1. 地方品种的筛选与引种　地方品种具有适应性广、抗逆性强、比较稳产的特点。各地可根据生产需要从搜集到的地方品种资源中筛选适合的资源材料，这是一种最快的选种方法。例如，浙江慈溪大白蚕和上虞田鸡青、青海湟源马牙、甘肃临夏马牙、云南昆明白皮豆等都是优良的蚕豆地方品种，它们不仅是当地生产上的当家品种，而且又是中国重要的出口商品。蚕豆引种鉴定也是推广蚕豆优良品种较为迅捷的途径。据不完全统计，在我国16个省（自治区、直辖市）中，引种成功的蚕豆品种有20多个。蚕豆是低温长日照作物，高纬度、高海拔的品种引向低纬度、低海拔种植会造成生育期延迟。

2. 自然变异选择育种　蚕豆天然异交率高，容易发生自然变异。试验表明，多品种、近距离种植的条件下异交率高；相反，在品种单一、品种间距离较远的条件下种植异交率低。在德国曾报道，将两个性状明显不同的品种相距20cm种植，异交率高达40%；相距100cm种植，异交率为25%；相距800cm种植，异交率仅有4.8%。由于蚕豆异交率较高，常引起蚕豆品种种质的变化，因而形成丰富多彩的变异类型，这些变异的个体遗传性比较稳定。可从变异中选出优良单株，优良单株要在避免蜜蜂等易引起杂交的条件下，自交产生种子，再经过一系列的选择和培育、比较试验而育成新的品种。这种方法在育种初期有重要的意义。据不完全统计，全国16个省（自治区、直辖市）自20世纪60年代以来，采用自然变异选择育种法已选育出20余个新品种，如四川省农业科学院先后选育出'成胡1号''成胡3号''成胡4号''成胡6号''成胡9号'等多个抗病、丰产性好的新品种；浙江省农业科学院从本地品种平湖皂荚种中选育出'利丰1号'，表现丰产、优质、抗病，已在浙江、江西、湖南、湖北等省推广应用；江苏省启东市农业科学研究所于1977年从本地品种荚荚四中选育出'启豆1号'，已在全国10多个省、市推广应用。除此之外，其他研究单位还选育出'胜利1号''拉萨1号''临蚕2号''临蚕3号'等新品种。因此，自然变异选择育种是多快好省的育种方法。从大田选株开始到新品种育成，一般仅需要6～7年时间。

10.2.2　蚕豆其他育种技术

1. 杂交育种　杂交育种是通过基因重组创造丰富的新类型，从中选育新品种。采用有性杂交方法，已选育出大面积推广应用的'成胡10号''成胡11号''成胡12号''临夏大蚕豆''临蚕2号''临蚕5号''青海3号'等各具特色的优良品种30多个。其中'成胡10号'是一个高抗赤斑病、丰产性好的品种，比当地品种增产56.8%。青海省农业科学院于1965年育成的'青海3号'蚕豆新品种，比当地品种增产10%～20%，百粒重达150～175g。

有性杂交是将目标基因定向转育重组改良品种的育种方法，目标明确，选择时具有针对性和定向性，是最有效的育种方法之一。然而蚕豆有其异质型高的特殊性，杂交育种时尽可能地控制自然杂交，防止自然异交的隔离技术有：①网室隔离；②采用"陷阱"作物隔离；③采用屏障作物隔离；④套袋隔离（吴春芳等，2015）。

2. 亲本材料选定与杂交组配　拥有丰富的原始材料是育种的基础，同时要对这些材料进行性状鉴定和遗传特性的研究。类型十分丰富的种质资源是育种的基因库，生产中很有推广价值的优良品种、优异杂交后代和系选材料都是育种的重要材料。例如，甘肃省临夏州农业科学研究所从征集到的国内外800多份蚕豆种质资源中筛选出了综合农艺性状优良的'临夏马牙''积石大白蚕''岷县羊腿豆'等地方品种，以及'青海好''胜利蛋豆''英175''出娃长荚''土耳其22'，还有特大粒型的'日本寸蚕'、多荚多粒型的饲用蚕豆'加拿大577'、复抗病的'渭源马牙'和'临蚕2号'、长荚大粒型的'葡萄牙144''西班牙268''土耳其212'等。

10.2.3　生物技术在蚕豆育种中的应用

DNA分子标记技术在蚕豆研究上的应用刚刚起步，有待于进一步的发展，其分子标记辅助育种主要集中在RAPD分子标记上，今后应在常规育种的基础上，应用AFLP、SSR等其他方法进行分析研究，进行目标基因的定位和克隆，种子纯度鉴定，不断丰富、深化研究内容，尽可能缩短育种周期，培育抗逆、抗病虫的蚕豆新品种，推动蚕豆遗传育种工作。

1. 蚕豆遗传图谱构建　Vande等（1991）在RFLP、RAPD、形态学和同工酶标记的基础上初步构建了一张蚕豆遗传连锁图谱，该图谱包括17个标记，分别位于7个连锁群上。Torres（1993）应用RFLP、RAPD、ISZ等方法对64株F_2代群体进行了分析，建立了第1张包含11个连锁群的蚕豆遗传图谱。Roman等（2003）利用Vf 6（感）×Vf 136（抗）获得的165个F6RIL单株所构建的图谱中包括277个标记（238个RAPD、5 EST、1个

SCAR、6 个 SSR、2 个 STS、4 个同工酶和 21 个跨内含子标记），共分为 21 个连锁群，其中 9 个位于特定的染色体上，总长度 2856.7cM，是目前所公布的蚕豆最饱和的遗传图谱。

2. 蚕豆种质资源分析 利用分子标记技术对蚕豆种质资源进行遗传多样性分析，可为新品种特异性检验和种质资源利用提供重要依据。Mahmoud（2003）用 AFLP 方法对亚洲、北非、欧洲蚕豆进行了遗传多样性研究。L. Wolfgang 等（1995）应用 RAPD 方法对欧洲和地中海地区的蚕豆种质资源进行了研究。Zong 等（2009），王海飞等（2011）利用 10 对 AFLP 引物对 204 份国内冬性蚕豆地方资源和 39 份国外冬性蚕豆资源进行了遗传多样性分析，通过聚类分析和主成分分析将中国蚕豆资源同国外蚕豆资源明显分开。Polignano 等（1998）利用草酰乙酸转氨酶（GOD）、过氧化物歧化酶（SOD）和苹果酸酶（ME）对 33 份蚕豆资源进行多样性研究，将 33 份蚕豆资源可以清楚地划分为 5 个组群。刘玉皎等（2011）应用 AFLP 分析了青海蚕豆种质资源并构建了核心种质。侯万伟等（2011）构建了青海主栽蚕豆品种的 RAPD 指纹图谱。

3. 性状基因连锁标记分析 在蚕豆性状标记方面，已开展了与锈病抗性、枯萎病、抗逆性等重要农艺性状紧密连锁的 AFLP、RAPD 与 SCAR 标记分析（Torres，2009）。Satovic 等（1996）利用 Vf 6（感）×Vf 136（抗）杂交获得的 139 个 F_2 植株首次定位出 3 个控制蚕豆抗列当的数量性状基因位点，分别为 $Oc\ 1$、$Oc\ 2$ 和 $Oc\ 3$，联合表型变异率为 74%。$Oc\ 1$ 为主效数量性状基因座（QTL），位于 RAPD 标记的 OPJ 13686 和 OPAC02730 之间，解释表型变异 37.3%，$Oc\ 2$ 和 $Oc\ 3$ 分别解释表型变异 11.2% 和 25.2%。Roman 等（2003）对蚕豆褐斑病 QTL 分析发现，控制蚕豆褐斑病的 QTL 有 2 个（Af 1 和 Af 2），分别定位在第 3 和第 2 号染色体上。Avila 等应用 RAPD 标记方法结合 BSA 法检测到与蚕豆抗锈病基因连锁的分子标记 OPI 20_{900}/OPL 18_{1032}。Diaz 等应用 RILs 群体标记得到与褐斑病连锁的 RAPD 标记。Roman 等应用 RAPD 标记方法研究了蚕豆枯萎病，得到与蚕豆枯萎病连锁的 RAPD 标记 OPA 11_{1045}/OPAB 07_{1026}，OPE 17_{1272}/OPJ 18。Arbaoui 等应用重组自交系对蚕豆抗寒性进行了研究，初步筛选到与耐寒性相关的遗传标记。Gutierrez 等通过研究获得与蚕豆低单宁连锁的 SCAR 标记 SCAD 16-B_{565}/SCAD 16-H_{385}。以上研究为蚕豆抗病育种及定向育种奠定了分子基础。

10.2.4 蚕豆栽培技术

1. 选茬整地 蚕豆最好的前茬是麦茬，其次是马铃薯茬，重茬易引起病虫害的发生，造成严重减产，甚至绝产，应实行蚕豆→马铃薯→小麦→蚕豆 3 年以上轮作制。

2. 选用良种及种子处理 选择高产优质、抗逆性强的优良品种。在中等和上等肥力田块，选用增产潜力大的‘青海 3 号’‘农 17 号’‘临夏大蚕’等。瘠薄地适宜种植矮秆的本地小蚕豆。在留种时选用粒大、饱满、色泽鲜艳、无病虫害的籽粒作种。种子应在日光下暴晒 2～3d，以提高种子的发芽率和发芽势。

3. 科学施肥 蚕豆是需肥较多较全的作物，应以有机肥与无机肥相结合，增施磷钾肥。每亩应施足优质农家肥 3500～5000kg，并增加一定量的炕灰等。每亩施用尿素 3～4kg，普磷 50kg，氯化钾 4～5kg。

4. 适时播种 在避开幼苗期受晚霜危害的前提下，应尽早播种，以利于降低荚位，增加粒数和粒重。当地温稳定通过 0～5℃时即可播种，一般应在 4 月 15 日左右播种，4 月 25 日前播种结束。

5. 合理密植　蚕豆是一种喜光、喜湿、喜凉爽的作物，且分枝力强，故密度应合适。一般'青海 3 号''农 17 号''临夏大蚕'每亩播量 22kg，每亩保苗 1.6 万~1.8 万株。同时应采用宽窄行种植，以改善光照条件，即扩大行距缩小株距，并使行距形成宽窄行相间，宽行 40cm，窄行 20cm，株距 12cm。也可以在高肥力田块采用撮苗种植法，即行距 25cm，撮距 45cm，每撮点籽 3 粒，并排列成三角形，撮内株距 5cm。

6. 收获及贮藏　一般在蚕豆植株上豆荚有 2/3 以上变为黑褐色，叶片枯黄脱落时即可收获，如过迟将造成落粒减产。蚕豆贮藏时的含水量应在 13% 左右为宜，以防霉烂。一般用硬物敲打籽粒，籽粒粉碎即达到收获的标准。2.5% 的敌杀死 10~20mL 喷雾防治成虫。

10.2.5　蚕豆的病虫防治

蚕虫是各地冬种粮肥兼收的重要作物。其主要病害以下几种。

1. 根腐病　是一种真菌病害，发病后，最明显的特征是植物下部叶片的叶缘变黑，严重时整叶变黑焦枯，可使蚕豆减产 30%~50%。在防治上，如果病害已发生，可及时用灰粪拌磷、钾肥点穴或开沟埋施，并用 50% 多菌灵或 70% 甲基托布津 1000 倍液淋穴，有很好的防治效果。

2. 赤斑病　发病初期，叶片上先产生赤色小斑点，稍后逐渐扩大成圆形赤色斑点，在冬春温暖潮湿时，病斑迅速扩展，病叶变枯萎，最后枯死。防治此病应采取轮作、开沟排渍水、增施磷钾肥或草木灰、火土灰等措施进行防治。药剂防治可选用 50% 多菌灵 10g 或 70% 甲基托布津 70g 对水 50kg 全面喷施。

3. 锈病　在冬春温暖潮湿天气时发病较为严重。首先浸染基部老叶，进而浸染上部嫩叶茎和花荚。发病后，一般可使蚕豆减产 10%~20%。幼荚受害后变黑色并局部腐烂，既影响产量又影响品质。防治上应及时拔除烧毁发病植株，用粉锈宁 600~800 倍液在发病初期喷施，防治 1~2 次效果最佳，并结合摘去蚕豆顶心，可促使蚕豆多结荚。

此外，还有青枯死秆病，这是因渍害而引起的一种生理性病害。春季雨水较多，特别是蚕豆开花结荚期如遇多雨天气，排水不良导致根系腐烂，应注意做好清沟排水，以减少根际水的侵害（武刚，2004）。

10.3　蚕豆产业发展前景

10.3.1　我国蚕豆产业发展现状及存在问题

中国蚕豆种植面积占世界播种面积的 44%，占世界总产量的 47.6%；平均单产略高于世界平均水平。由于我国大田生产区域生态环境条件复杂多样，形成了极其丰富的蚕豆品种类型。我国蚕豆大田品种在生产量、产品类型及上市时间上的供给力处于一个完全良好的组合态势。为了适应市场需求，许多科研单位专门选育适于鲜食、易贮运的蚕豆品种。据 FAO 统计数据可知世界上蚕豆种植面积为 $212.1 \times 104hm^2$，产量 403.5 万吨，主要国家中国、埃塞俄比亚、摩洛哥，分别占世界蚕豆的 33.07%、20.89%、9.00%。随着社会的进步，人们对生活质量和健康水平的要求都不断提高，市场对于蚕豆的需求也呈多样化（唐杰等，2013）。

近10年来，中国蚕豆生产面积达130多万 hm²，世界上大约有45个国家种植蚕豆。我国是蚕豆种植和生产大国。目前，我国对蚕豆的加工大多是以传统的蒸煮食品，豆芽，油炸食品为主。国外在蚕豆中提取抗癌物质方面已做了许多工作。关于蚕豆蛋白制品的生产利用在加拿大和美国研究比较多。相对而言，我国起步较晚。在蚕豆的营养加工技术上和蛋白质的开发利用方面，还需进一步的研究。

10.3.2　我国蚕豆产业发展对策与前景

近年来，国外的学者先后从蚕豆中分离提取了胰蛋白酶的抑制剂、抗微生物活性肽类、抗氧化活性的水溶性蛋白组分等物质。这些都说明了我国对蚕豆的利用率远远不够，因此为解决我国蚕豆的需求量，大力发展蚕豆产业迫在眉睫。

政府相关部门应该加大宣传力度，通过网络、报刊、新闻媒体等渠道对蚕豆的营养价值进行宣传、报道，让更多的人认识蚕豆，让其作为一种粮食进入大众的视野，出现在我们的餐桌，更多地突出蚕豆的营养价值，让其特异性服务到大众人群和有需求的人群，通过食用蚕豆吃出我们的健康。

<h2 style="text-align:center">主要参考文献</h2>

陈陈海玲，郭媛贞，李碧琼. 2007. 蚕豆外引品种生态适应性的综合评价. 江西农业学报，19（10）：32-33，37

侯万伟，刘玉皎. 2011. 蚕豆 RAPD 反应体系的建立与优化. 西南农业学报，24（1）：194-197

刘玉皎，侯万伟. 2011. 青海蚕豆种质资源 AFLP 多样性分析和核心资源构建. 甘肃农业大学学报，46（8）：62-68

毛盼，胡毅，郁志利，等. 2014. 投喂蚕豆饲料和去皮蚕豆饲料对草鱼生长性能、肌肉品质及血液生理生化指标的影响. 动物营养学报，26（3）：803-811

唐杰，薛文通，张惠. 2013. 蚕豆中抗营养因子的生理功能. 食品工业科技，34（5）：388-391

田晓红，谭洪卓，谭斌，等. 2009. 我国主产区蚕豆的理化性质分析. 粮油食品科技，17（2）：7-12

汪凯华，王学军，缪亚梅，等. 2009. 优质大粒鲜食蚕豆通蚕（鲜）6号选育及栽培技术. 安徽农业科学，37（14）：6406-6407，6410

王春明，刘洋. 2011. 蚕豆组成及加工利用进展. 农业机械，17：91-93

王海飞，关建平，孙雪莲，等. 2011. 世界蚕豆种质资源遗传多样性和相似性的 ISSA 分析. 中国农业科学，44（5）：1056-1062

吴春芳，林晶晶，卞晓春，等. 2015. 蚕豆营养粉作为组合主食的营养价值及其应用性研究探讨. 农业科学与技术. 16（6）：1280-1285

吴广辉，毕韬韬. 2010. 蚕豆的开发利用. 粮油加工，（6）：115-117

吴康，黄晓声，金洁南，等. 2015. 饲喂蚕豆对草鱼抗氧化能力及免疫机能的影响. 水生生物学报，39（2）：250-258

武刚. 2004. 蚕豆病虫害防治. 农药市场信息，6：19

于振文. 2013. 作物栽培学各论. 北方本. 第二版. 北京：中国农业出版社

叶茵. 2002. 中国蚕豆学. 北京：中国农业出版社

张华华，李放，李航宇，等. 2014. 基施硒肥对蚕豆籽粒硒含量、营养成分及抗氧化性的影响. 中国农业大学学报，19（5）：66-72

Mahmoud Z. 2003. Genetic diversity in recent elite faba bean lines using AFLP marker. Theoretical and Applied Genetics, 107: 1304-1314

Polignano G B, Quintano G, Bisignano V, et al. 1998. Enzyme polymer-phism in faba bean (*Vicia faba* L. *minor*) accessions. Genetic interpretation and value forclassification. Euphytica, 102(2): 169-176

Roman B, Satovic Z, Avila C M, et al. 2003. Locating genes associated with *Ascochyta fabae* resistance in *Vicia faba* L. Australian Journal of Agricultural Research, 54(1): 85-90

Ramon D R, Torres A M, Satovic Z, et al. 2009. Validation of QTLs for Orobanche crenataresistance in faba bean (*Vicia faba* L.) across environments and generations. Theoretical and Applied Genetics, 120 (5): 909-919

Satovic Z, Torres A M, Cubero J I. 1996. Genetic mapping of new morphological isozyme and RAPD markers in *Vicia faba* L. using trisomics. Theoretical and Applied Genetics, 93: 1130-1138

Torres. 1993. Linkage among isozyme, RFLP and RAPD markers in *Vicia faba*. Theoretical and Applied Genetics, 85: 937-945

Torres. 2009. Marker assisted selection in faba bean (*Vicia faba* L.). Field Crops Research, 115(3): 243-252

Vande V W, Waugh R, Duncan N, et al. 1991. Development of a genetic linkage map in *Vicia faba* using molecular and biochemical techniques. Aspects Applied Biology, 27: 49-54

Wolfgang L. 1995. Genetic diversity in European and *Mediterranean faba* bean Germ plasm revealed by RAPD marker. Theoretical and Applied Genetics, 90: 27-32

Zong X, Liu X, Guan J, et al. 2009. Molecular variation among Chinese and global winter faba bean germplasm. Theoretical and Applied Genetics, 118: 971-978

（杨　阳）

第11章 黑豆生产实践技术

11.1 黑豆概述

黑豆 [*Glycine max* (L.) Merr.],又名橹豆、冬豆子、乌豆,民间多称黑豆等,为一年生双子叶豆科草本植物,因种子颜色而得名。籽粒呈卵圆形或球形,按照籽粒大小分为小粒、中粒和大粒3种类型;按照粒形分为圆粒、椭圆粒、长椭圆粒和扁圆粒等类型;按照生长习性分为匍匐、半直立和直立等类型;按照进化程度又分为野生和半野生栽培型。黑豆起源于中国,种植历史悠久,《神农本草经》中就有黑豆种植的记载。我国保存的大豆资源中黑豆占30%,具有很重要的地位(刘学义,2007)。黑豆含有丰富的蛋白质、脂肪、维生素及卵磷脂等物质,对人体健康有着重要的意义。目前随着对黑豆营养和药用价值的逐渐认识,以及对黑豆的成分与药理作用关系的深入研究,人们对黑豆的开发、利用和研究将会更加广泛,黑豆无论药用或食用都会对人体的健康发挥着更大的作用(秦琦等,2015)。

11.1.1 黑豆的分布及其生长环境

黑豆适应生态环境的能力非常强,耐旱、耐瘠、耐盐碱,所以在我国从南到北、从东到西均有种植,但是随着黑豆在世界范围的传播,我国逐渐失去黑豆生产大国的地位。目前我国黑豆栽培面积较小,呈零星分布,而且没有正式做过栽培区划,所以暂分为5个区域来介绍:北部大豆区包括新疆、甘肃、青海、宁夏、内蒙古,以及陕西北部、山西北部、河北北部和东北各省,代表品种有'内蒙古黑豆''山西右玉圆黑豆''晋豆3号'等;黄淮海春、夏大豆交叉区包括河北长城以南及秦岭、淮河以北,山东、河南、河北中部和南部、山西南部、陕西关中平原、甘肃南部,以及江苏、安徽的北部,黑豆品种有'顺义黑豆''晋豆3号''鲁黑豆1号''豫豆4号'等;南方多期播种大豆区包括秦岭、淮河以南地区,长江中下游的江苏、安徽、江西、湖北、湖南,东南部的浙江、福建,以及广东、广西等地,代表品种有'乌皮青豆''泰春1号''秋黑豆'等;西南高原春大豆区包括云南、贵州、四川及广西部分地区,代表品种有黑黄豆、乌嘴豆、小粒黑豆、柳江黑豆等,一般植株矮小,多为有限结荚习性;华南四季播种大豆区有广东、广西、云南、福建等地及台湾、海南等省,黑豆品种有小粒黑豆、石龙黑豆、武鸣黑豆等。

由于各地的生态环境不同,如光照长短、光照强弱的差别,无霜期长短,气温高低的差别,土壤的肥沃或贫瘠及含水量多少的差别,各地降水量多少的差别等,形成了许多与环境相适应的品种类型(李莹,2002)。

11.1.2 黑豆的植物学特性

黑豆由根、茎、叶、花、荚及种子等器官组成(图11-1)。

1. 根 黑豆根系属直根系,由主根、侧根和根毛组成。主根向下垂直生长,深达30~50cm,有的可达1m以上,构成根系的主体。主根产生的分枝为侧根,侧根又继续分枝,形成三四级侧根,水平生长可达40~60cm。幼根密生根毛,根毛吸收土壤中的水分和养分,通过根运送到植株的各个部位。

2．**茎**　黑豆的茎包括主茎和分枝。主茎明显，坚韧，多为圆柱形，也有扁平茎，高度达50～100cm。主茎上有节和分枝，也有独秆无分枝的。幼茎有绿色与紫色，绿色的开白花，紫色的开紫花。成熟时茎色不一，有淡褐色、褐色、深褐色、紫色和绿色。茎上着生有棕色和灰色茸毛。这些特征都是鉴别品种的重要标志。茎除了起支撑和固定作用外，还有运送营养物质的功能。

3．**叶**　黑豆是双子叶植物，其叶片有子叶、单叶、复叶之分。幼苗出土后先展开1对子叶，受光照后出现叶绿素变为绿色，进行光合作用。随着幼苗的生长，子叶中贮存的养分耗尽后，自然枯黄脱落。之后从幼茎上长出2片对立的单叶。然后长出3出复叶。复叶为互生，由托叶、叶柄和叶片组成，叶片的大小形状因品种而异。一般无限结荚习性的品种，植株中部叶片较大，上部叶片较小，有利于株间透光，这种情况较多。有限结荚习性的品种，上部叶片较大，下部叶片较小，层次比较清楚。

图 11-1　黑豆植株形态
（图片由山西省农业科学院农作物品种资源研究所王燕副研究员提供）

4．**花**　黑豆为总状花序，着生在叶腋间或茎顶端。1个花序上许多花朵簇生在一起，叫作花簇。黑豆的花分白花和紫花两种，是鉴别品种的特征之一。每朵花都由苞片、花萼、花冠、雄蕊和雌蕊5部分组成。

5．**花序**　黑豆花很小，聚生在花轴上称为花序。不同品种的花簇依花轴长短分为3种类型。①长花序型：有限结荚习性的品种大多花序较长。②中长花序型：亚有限结荚习性及部分有限结荚习性的品种属于这种类型，如北京小黑豆。③短花序型：无限结荚习性的品种多属于这种类型，如应县小黑豆、兴县灰布支黑豆等。

6．**果**　黑豆是荚果类植物，它的果实就是荚，是胚珠受精后由子房发育而成。成熟的荚长2～6cm，宽0.5～1.5cm。荚的形态大多是弯镰刀形。荚色有淡褐色、褐色、绿色和黑色，荚的表面有灰色或棕色茸毛，这些特征因品种而异。每荚里有2～4粒种子。每株荚数和每荚粒数多少对产量的影响很大。

7．**种子**　黑豆种子由胚珠发育而成。种子包括种皮、子叶和胚3部分，属于无胚乳种子。种皮起保护作用，分黑和乌黑2种。种皮外侧凹陷处有褐色或黑色脐，是鉴别品种的重要标志性状之一。种脐下方有种孔，种子发芽时，胚根由此伸出。黑豆种子的胚由胚芽、胚根、胚轴和子叶构成。

8．**生育期**　黑豆开花前25～30d开始花芽分化。不同品种花芽分化始期和经历时间长短不同。早熟、无限结荚习性品种花芽分化始期较早，经历时间也短；晚熟、有限结荚品种花芽分化始期较晚，经历时间也长。花芽分化过程分为花芽分化期、花萼分化期、花瓣分化期、雄蕊分化期、雌蕊分化期，以及胚珠、花药、柱头形成期。不同地区、品种及不同播期黑豆的开花时间差异很大。花期长的品种，适应干旱少雨的生态环境，在较长的开花期里，只要遇雨就能增产；如果花期短，一旦花期无雨产量就会受到影响。

11.1.3　黑豆的营养与功能成分

黑豆中含有丰富的生物活性物质，如蛋白质、不饱和脂肪酸、维生素及微量元素和人体必需的氨基酸等（丛建民，2008）。黑豆及其加工制品具有清除自由基、延缓衰老、改善营养性贫血、增强免疫力、镇静和改善睡眠等保健功能。

1. 蛋白质　黑豆中蛋白质含量高达 45% 以上，比黄豆高出 1/4 左右，居于豆类之首，因此赢得了"豆中之王"的美誉。与蛋白质丰富的肉类相比，其蛋白质含量相当于肉类的 2 倍、鸡蛋的 3 倍、牛奶的 12 倍，被誉为"植物蛋白肉"。

2. 脂肪　黑豆中的脂肪主要含有不饱和脂肪酸（张晓波，2005），此外还含有磷脂，所以常食黑豆能软化血管、滋润皮肤、延缓衰老，特别是对高血压、心脏病，以及肝脏和动脉等疾病有一定的益处。

3. 多糖类物质　黑豆多糖属于非还原性、非淀粉性多糖，具有清除人体自由基的作用。此外还可以促进骨髓组织的生长，具有刺激造血功能再生的作用。

4. 黑豆灰分　人体需要的各种无机盐均来自食品的灰分，因此灰分含量的多少可以反映食品的营养价值。黑豆中灰分含量明显高于其他豆类。对黑豆灰分的成分进行分析，可以发现含有多种矿物质及微量元素，如锌、铜、镁、钼、硒、磷等，而且含量都比较高。

5. 皂苷　皂苷是一种存在于植物细胞内结构复杂的化合物，同时也是一种具有重要药用价值的植物活性成分。黑豆皂苷对遗传物质 DNA 损伤具有保护作用，在清除活性氧方面，皂苷同样有良好作用。

6. 维生素　黑豆中富含多种维生素，尤其是维生素 E 的含量相当于肉的 7 倍以上，利于提高生育能力，能使大脑抗衰，保持活性（陆恒，2003）。

7. 异黄酮　异黄酮是黄酮类化合物中的一种，主要存在于豆科植物中，所以被称为大豆异黄酮，由于其是从植物中提取，与女性雌激素结构相似，所以异黄酮又有"植物雌激素"之称。黑豆的异黄酮含量比黄豆的要高。

11.2　常用黑豆生产实践技术

11.2.1　黑豆常规育种技术

1. 育种目标　我国黑豆和其他小杂粮作物一样，存在着品种研究和品种资源利用的弱项（杨振廷等，2016）。培育并利用新品种是黑豆的育种目标。因为黑豆中含有抗孢囊线虫的基因，所以尤其在大豆抗孢囊线虫病新品种的选育方面，黑豆发挥了重要的作用，如应县小黑豆、哈尔滨小黑豆等均可以作为抗原品种（颜清上等，1997）。

2. 育种技术　黑豆新品种选育应该坚持以生态型育种为主，应用传统技术和现代技术相结合的方法，开展专用型品种研究，并紧密联系产业化开发实际，此外黑豆育种还应兼具特色。

11.2.2　黑豆栽培技术

1. 土壤　选择土壤中等偏上肥力的、不重茬、不迎茬的地块种植黑豆，而且土壤应肥沃、疏松、平整，浇灌水、排水方便。

2. 选种　据当地生态类型和市场需求选择熟期适宜、高产、优质、抗逆性强的、已通过审（认）定的品种，才能为黑豆的稳产奠定基础。

3. 施肥　除了施足基肥外，还应追施壮苗肥。在初现花蕾时施一次攻粒肥，促进正常结实，以满足黑豆对各种养分的需求和提高产量。

4. 播种　一般在5cm土层、日平均温度达到10～12℃时进行播种，穴播为主，每穴播三四粒种子。一般利用地膜覆盖或者建立大棚来解决早春播种和冬季播种出苗生长的问题。

5. 生育期管理　黑豆齐苗且第1片复叶全展期进行间苗、定苗。定苗时，拔除弱苗、病苗和杂草，按规定株距留健壮苗。在整个生育期，至少要中耕3次：第一次中耕一般在第一片复叶出现、子叶未脱落时进行；第二次中耕在苗高20cm左右、搭叶未封行的时候进行；黑豆封垄前进行第三次中耕，同时注意结合中耕适度培土。开花期追施尿素；鼓粒期用磷酸二氢钾混合尿素溶于水中，充分过滤后，进行叶面喷洒追肥（谷洪军等，2009）。苗期至分枝期，小水灌溉；开花前，及时浇水；鼓粒期，适时浇好鼓粒水（魏玉琪等，2010）。

6. 适时收获　人工收获时的指标为当落叶达90%时即可进行；机械联合收割于黑豆叶片全部落净、豆粒鼓圆时进行。收获后要及时脱粒，以防大豆食心虫为害。

11.2.3　黑豆病虫害防治

黑豆在生长过程中，苗期的虫害主要为蚜杆虫，结荚期有豆荚螟、食心虫等；病害主要是叶斑病。对病虫害必须及时预测预报和用药防治，各地区根据病虫害的不同选择不同的药剂进行防治，原则上要选用无公害、无残毒的农药。

11.3　黑豆产业发展前景

11.3.1　我国黑豆产业发展现状、对策

1. 我国黑豆产业发展现状

1）黑豆生产加工设备　虽然我国不断引进先进的设备来进行技术革新，但黑豆加工仍然多以传统的半机械化、机械化生产技术为主。另外，在黑豆组织蛋白的生产上，我国仍没有理想的蛋白膨化机。在生产黑豆磷脂方面我国仍采用生产周期较长、蒸发效率低、工艺操作没有规范化的间歇式脱胶法（房丽敏，2009）。

2）黑豆加工产品　随着人们生活水平的提高，高蛋白低脂肪的食品备受人们的喜爱。现在，黑豆的加工主要是黑豆粉、黑豆油，制作豆腐、酱油等食品。另外，黑豆粉、黑豆干、酥香炒黑豆、黑豆咖啡、黑豆冰激凌等都受到人们的青睐。在女性保健领域，大豆异黄酮的研究和利用受到了广泛的重视，所以由大豆蛋白制成的干酪，其消费量日趋增长（李文斌，2010）。黑豆的茎叶、籽粒及加工后的副产品都是优质饲料来源。

3）单产、经济效益　黑豆单产不高，单位面积的种植效益较玉米等作物相对较差，导致人们对黑豆的重视度不够，黑豆的科学研究方面相对较少。

4）生产水平和技术　高产、优质黑豆品种少，现有品种产量低，生产技术与营销体系不健全，栽培技术知识欠缺，农机农艺配套不健全，机械化水平较低（赵志刚等，2016）。

5）产品加工深度及精度　　目前，虽然各类豆制品生产均已逐渐实现了工业化和规模化，但许多黑豆食品的生产技术仍然比较传统，特别是豆腐和腐竹。此外，新兴黑豆食品加工深度与精度不够，与国外先进水平相比存在着较大差距。

6）市场　　黑豆是我国供出口的杂豆之一。随着人们对黑豆营养保健价值认知的提高，出口量不断扩大，特别是在东南亚市场，黑豆很受欢迎。

2．我国黑豆产业发展对策

1）选育优质黑豆品种　　结合本地区的生态特点及企业对黑豆精深加工的需要，选育优质、高产、抗旱、早熟或极早熟品种。

2）健全体系，提高效益　　组建以专家为主体的农业技术推广体系，提高服务质量，更好地为黑豆产业化服务。通过依靠科技进步，增强黑豆特色产业的发展和持续高效的发展能力。

3）标准化生产，树立品牌　　建立、建设优质黑豆原种、良种基地，形成稳定的黑豆生产基地，实现标准化生产。根据地方优势，制定无公害黑豆生产技术规程，积极申报无公害和绿色食品品牌。

11.3.2　我国黑豆产业发展前景

随着人们对黑色食品的青睐及其餐饮业的繁荣，黑豆及黑豆类产品必将占领未来的市场。目前市场上的黑豆类产品多以黑豆腐、腐竹、豆浆、豆粉等产品形式存在。由于对黑豆发酵产物功能性的不断研究，黑豆发酵产品的开发和研究也必将成为新的热点，如黑豆酸奶、黑豆奶酪、黑豆酒。黑豆还可与其他黑色食品，如黑米、黑麦等混合共同研发出针对市场的产品（秦琦等，2015）。将来，无论黑豆作为功能食品还是作为药品开发，前景都将十分广阔。

主要参考文献

丛建民. 2008. 黑豆的营养成分分析研究. 食品工业科技，（4）：256-258，262
房丽敏. 2009. 黑龙江大豆食品加工业发展对策研究. 北京：中国农业科学院. 3-8
谷洪军，孙伟国，王忠玉，等. 2009. 汉枫缓释肥料与大豆专用肥的对比试验. 内蒙古农业科技，（3）：34
李文斌. 2010. 黑豆营养保健功能的研究与产品开发. 食品工程，（4）：19-20
李莹. 2002. 黑豆种植与加工利用. 北京：金盾出版社
刘学义. 2007. 研究发展趋势. 北京：中国杂粮产业发展论坛
陆恒. 2003. 黑豆蛋白质的营养价值优势及利用对策. 中国商办工业，（2）：40-42
秦琦，张英蕾，张守文. 2015. 黑豆的营养保健价值及研究进展. 中国食品添加剂，（7）：145-150
魏玉琪，孟建明，高彤军，等. 2010. 黑豆无公害高产栽培技术. 现代农业科技，（10）：73-74
颜清上，王连铮，陈品三. 1997. 中国小黑豆抗原对大豆孢囊线虫4号生理小种抗病的生化反应. 作物学报，（5）：19-27
杨振廷，杨召丽，黄晓娜. 2016. 高产优质黑豆新品种宝黑豆2号的选育及栽培要点. 现代农业科技，（10）：30-31
张晓波. 2005. 气相色谱-质谱法测定黑豆籽脂肪酸含量. 粮食与油脂，（1）：25-26
赵志刚，罗瑞萍，郝吉兵，等. 2016. 宁夏南部旱作区发展黑豆特色产业浅析. 中国种业，253（4）：16-18

（白　静）

第12章 / 胡麻生产实践技术

12.1 胡 麻 概 述

胡麻是亚麻的俗称，属亚麻科（Linaceae）亚麻属（*Linum*）普通亚麻种群（*Linum usitatissmum* L.）自花授粉二倍体植物（谢亚萍和牛俊义，2017）。通常按其植株性状分成纤维用亚麻、油用亚麻和油纤兼用亚麻。人们一般习惯上把纤维用亚麻叫亚麻，把油用亚麻和油纤兼用亚麻叫"胡麻"。目前，世界上大田生产栽培的亚麻约有 15 个种和亚种。生产最为广泛的为普通亚麻栽培种，其有 5 个变种类型，即油用型、油纤兼用型、纤维用型、大粒种型，具有较广泛的栽培价值。

12.1.1 胡麻的分布及其生产环境

亚麻籽全世界分布较广，据联合国粮食及农业组织统计，亚洲、北美洲、拉丁美洲、欧洲、大洋洲、非洲 6 个洲的 46 个国家都有胡麻栽培。其中面积较大的有印度、苏联、阿根廷、加拿大、中国、美国、波兰和罗马尼亚等国。

胡麻主要分布于温带和寒温带（国家胡麻产业技术体系，2016）。我国胡麻主要分布在华北、西北等高寒、干旱地区。其中以内蒙古、山西、甘肃、河北、新疆、宁夏等省（自治区）的种植面积较大，陕西、天津、青海、四川、云南、辽宁等省（自治区、直辖市）也有少量种植（宋冬明等，2013）。

胡麻阶段发育通过春化和光照作用来完成植物体内质的变化。胡麻要求的积温为 1400～2200℃，种子在 2～3℃的低温条件下可发芽，最适温度为 20～25℃，幼苗阶段可以忍耐 –6℃ 的短暂低温。胡麻生育期间的温度以 18℃ 最为适宜，开花后温度为 20℃ 时有利于种子的生长发育和油分积累，特别是胡麻酸的形成和积累（伊六喜等，2017；彭晓勇，2008）。胡麻对土壤的适应性较强，所以生产实践中通常将胡麻安排在较为瘠薄的莜麦、谷子等作物茬口上。胡麻属长日照作物，在 8h 的短光照处理下，分枝增多，枝叶繁茂，但始终不能现蕾开花；在光照时数大于 8h 的光照处理下，提早进入现蕾期。一般胡麻通过光照阶段需 26～36d，于枞形期结束光照阶段（伊六喜等，2017）。

12.1.2 胡麻的植物学特征

胡麻全株由根、茎、叶、花、蒴果、种子几部分构成（安维太等，2009）。

1. 根 胡麻的根属于直根系，由主根和侧根组成。主根细长，入土深度可达 100～150cm，侧根多而纤细，每条侧根可以生出 4～5 条支根，大部分根系分布在土壤 20～30cm 的耕作层中。

2. 茎 胡麻茎为圆柱形，浅绿色，成熟时呈黄色，表面光滑并带有蜡质，能起抗旱作用。一般茎高 35～70cm，茎粗 1～4mm。胡麻主茎上的分枝有上部分枝和下部分枝两种。下部分枝又叫分茎。

3. 叶 胡麻的叶片细小而长。浅绿色至绿色，互生，无叶柄和托叶，全缘。叶面具有蜡质，有抗旱作用。茎下部的叶片较小，互生，呈匙状；中部的叶片较大，呈纺锤形；

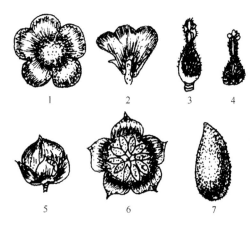

图 12-1 胡麻的花、蒴果和种子（引自于振文，2013）

1. 花；2. 花的纵剖面；3. 雄蕊；4. 雌蕊；5. 蒴果；6. 果实的横剖面；7. 种子

上部的叶片细长，呈披针形。叶片稠密地分布于茎上，呈螺旋状排列。一株胡麻的茎上着生 90～120 片叶，叶片一般宽 0.2～0.5cm，长 2～3cm，叶片成熟后，由下而上变黄脱落。

4. 花　胡麻花为伞形总状花序，着生在主茎及分枝的顶端。花的颜色因品种不同有蓝、紫、白、红、黄等颜色，一般栽培的胡麻品种以蓝花或白花为多。每朵花有花萼、花瓣各 5 片，各花瓣下部连成一体，形如漏斗（图 12-1）。

5. 果实　胡麻的果实叫蒴果。圆形，上部稍尖，形如桃状，所以有些地方也叫"桃"。成熟时蒴果呈黄褐色，一般直径为 0.5～1.0cm，每果内有 5 室。各室又由半隔膜分为 2 个小室，发育完全的胡麻蒴果每小室内应有 1 粒种子。一般每个蒴果有种子 8～10 粒。

6. 种子　胡麻种子扁平卵形，由种皮、胚乳和胚组成，颜色有褐、棕、黄、白等。种皮下面的胚乳层是胚生长时的养料。种子的中心是胚，由两片子叶、胚芽、胚根组成。

12.1.3　胡麻的营养与功能成分

胡麻的种子和纤维有很高的经济价值，它的副产品也有很多用途。胡麻种子含油率一般为 35%～40%，最高可达 45%。胡麻油中含有较多的不饱和脂肪酸，碘值很高，与空气接触容易氧化而干燥，是一种很好的干性油，在油漆、油墨、涂料、皮革、橡胶等工业中有广泛的用途。经过精制的胡麻油，可以制造高级油墨，用于印制钞票、邮票、画报等。胡麻种皮内含有 6%～10% 的亚麻胶，是一种良好的黏合剂，在制革、食品加工、医药及国防上应用广泛。

作为功能性食品，胡麻籽已成为潜在的功能性食品，是 α-亚麻酸、木酚素、高优质蛋白质、可溶性纤维和酚类化合物的良好来源（Oomah，2001）。亚麻籽中 α-亚麻酸含量，以及 ω-3 与 ω-6 脂肪酸的比例与诸多油料种子相比具有显著优势（Tonial et al.，2012；禹晓等，2011）。胡麻籽中的植物甾醇是一种存在于植物细胞膜中的重要成分，具有降胆固醇、抗癌、抗炎、抗菌等功能（Herchi et al.，2009）。胡麻还可以作为矿物质的良好来源，其中含有磷（650mg/100g）、镁（350～431mg/100g）、钙（236～250mg/100g）和非常低的钠（27mg/100g）（Morris，2007）。钾的含量可达到 5600～9200mg/kg，是各种食物中含量最高的（Carter，1993）。胡麻籽含有少量的水溶性和脂溶性维生素，如维生素 A、维生素 E、维生素 B$_1$ 等，其中维生素 E 以 γ-生育酚的形式存在，达 39.5mg/100g（Morris，2007）。胡麻油是品位较高的食用油，其中含亚油酸 16.7%，α-亚麻酸 40%～60%，还含有人体必需的 8 种氨基酸和多种微量元素及膳食纤维等。胡麻籽中含有较高的酚类化合物，如酚酸、黄酮和木酚素。这些酚类化合物是公认的抗癌和抗氧化物质。国内外营养保健专家把胡麻油誉为"高山上的深海鱼油"。

胡麻籽榨油后饼粕的粗蛋白质含量达33.3%，脂肪含量达8.6%，无氮浸出物为31.7%，纤维素为7.8%，可作为牲畜的饲料，也是加工配合饲料的重要原料。胡麻饼粕含有氮、磷、钾三种营养成分，经过沤制发酵，是农作物的优质有机肥料。油纤兼用的胡麻品种，麻秆可生产纤维，一般出麻率为12%～15%。胡麻纤维的坚韧性和抗腐性很强，可以作为纺织原料，制成高级亚麻布、帆布、传动带、麻袋等，也可用来制造绳索。加工纤维时剩下的麻屑，可以压制纤维板，代替木料。剩下的麻秆和乱麻是造纸的好原料。胡麻脱粒后剩下的果壳和秕粒，俗称"胡麻衣"，可作饲料。

12.2　常用胡麻生产实践技术

12.2.1　胡麻常规育种技术

胡麻品种选育目标应根据不同的自然条件、耕作制度、栽培技术而确定。一般选育胡麻新品种的目标是：早熟或中早熟、耐旱、耐寒、高产、耐水肥、抗倒伏、抗病、耐盐碱、含油率高等。常规育种技术有以下几种。

1. 引种鉴定法　将不同地区引入的品种通过试验鉴定，选择在本地条件下表现优良的品种，直接在生产上推广应用。

2. 系统选育法　也称"单株选择法"或"一株传"。这是优中选优的一种育种方法。单株选择法可一次单株选择和多次单株选择。

3. 有性杂交法　有性杂交是目前胡麻育种工作中应用最广泛的一种方法。将两个或多个品种的优良性状通过有性杂交，把它们的优良性状重组或累加在一起，再经过选择和培育，获得新品种的方法。

12.2.2　胡麻诱变育种技术

诱变育种是采用物理或化学因素诱导胡麻的遗传特性发生变异，再从变异群体中选择符合目的要求的单株，进而培育出新品种的育种方法。根据人工诱变因子不同分为化学诱变与物理诱变。

1. 化学诱变　采用化学试剂作为诱变因子，最常用秋水仙碱和抗生素等。以秋水仙碱处理种子、胚等组织，产生多倍体或多胚性突变，再获得植株。植株多倍化后，多个等位基因互作产生了更多的组合和更多样的功能变化，比二倍体亲本拥有更高的杂合性和更迅速的环境适应力，表现为抗逆性增强及克服远缘杂交的不育性。

2. 物理诱变　利用X射线、γ射线和热中子等照射亚麻的种子、植株、花粉、愈伤组织等，因高能射线造成染色体结构变异，诱发基因突变，变异幅度扩大，从而育成新品种。

12.2.3　生物技术在胡麻中的应用

从20世纪80年代末开始出现应用生物技术开展胡麻育种工程，起步相对较晚，在胡麻抗病育种及抗除草剂育种等几方面研究中有相关报道。

Basiran最早利用农杆菌介导法将野生胭脂碱合成酶基因转入到胡麻中，在获得的愈伤组织和再生芽中高效表达（Basiran et al., 1987）。黑龙江省农业科学院经济作物研究所在1993 年开展了胡麻花粉管通道法导入外源 DNA 技术的研究工作，确定了在胡麻开花当天 11时 30 分前后为较适宜的导入时期，花柱基部切割滴注法为最佳导入方法（刘燕等，1997）。

1997 年我国通过多倍体培育技术获得较多农艺性状的植株。例如，雄性不育、感病、矮秆等变异植株。育种后期化学诱变剂也常与传统杂交育种相结合。

2000 年 Oh 等以 2 个杂交组合 F$_2$ 群体为作图群体，运用分子标记技术制作遗传图谱，该图谱总长度为 1000cM，包括 15 个连锁群（Oh et al., 2000）。利用高感枯萎病胡麻品种"Glenelg"和抗枯萎病的 DH 系（CRZY8/RA91）杂交，以相同的方法获得遗传图谱，该图谱包括 18 个连锁群（Sandal et al., 2002）。利用遗传图谱寻找可克隆的基因，目前胡麻育种技术已经和其他主要作物的培育技术成熟度一致（Cloutier et al., 2011）。

12.2.4 胡麻栽培技术

1. 选地轮作 胡麻一般应实行 3 年以上轮作，宜与小麦、玉米、马铃薯、豆类、绿肥作物等轮作倒茬，枯萎病发生严重的地块则需要更长的轮作间隔，轮作周期一般在 5 年以上。

2. 整地保墒 胡麻种子小，幼芽出土能力弱，要求耕层深厚、疏松、含水量适宜的土壤，才能顺利发芽出苗，健壮生长。

3. 施肥 胡麻是种需肥较多的作物，要从土壤中吸收氮、磷、钾等多种营养元素，其中对氮素的需要量最大。可采取重施基肥、种肥等方式补充肥料。

4. 播种 根据土壤、生态、气候等自然条件及市场需求，选择抗逆、高产、优质、适宜加工的品种。应将种子进行精选，消除杂质、秕粒和因收获、贮藏时受潮而变质的种子。播种时应采用楼播或机播，使下籽均匀，覆土深浅一致，出苗率提高，也便于进行除草等田间管理。

5. 田间管理 主要是破除板结，中耕除草，适时追肥、灌水和防治病虫害。

6. 收获 收前应拔除结籽的杂草，以提高胡麻种子的纯度。收获胡麻时动作要轻，装车拉运时也要防止蒴果脱落或开裂落粒。许多地方胡麻收获时正值雨季，因此要抓紧时机收获，及时拉运脱粒，以防发霉变质（安维太等，2009）。

12.2.5 胡麻病虫害防治

胡麻病虫害发生是影响胡麻高产稳产的重要因素之一。由于病虫为害，正常年份减产 5% 左右，严重年份达 10%~20%。因此，及时防治病虫害，是保证高产丰收的重要环节之一（安维太等，2009）。

1. 主要病害 主要病害有胡麻立枯病、胡麻炭疽病、胡麻枯萎病、胡麻锈病、胡麻白粉病、胡麻茎褐斑病、胡麻褐斑病等。可通过科学播种、轮茬、合理选田等方式防治，也可喷洒百理通、粉扑清、三唑酮（粉锈宁）乳油、代森锰锌、百菌清等药物达到防治效果。

2. 主要虫害 主要虫害有胡麻漏油虫、苜蓿夜蛾、小地老虎、黏虫、胡麻蚜虫、灰条夜蛾、金龟子（朝鲜金龟子、无翅黑金龟子、黑绒金龟）、菟丝子等。可采取喷洒溴氰菊酯、高效氯氰菊酯、氰戊菊酯、快杀灵乳油、毒死蜱乳油、杀螟松乳油等药物防治虫害。

12.3 胡麻产业发展前景

12.3.1 我国胡麻产业发展现状及存在问题

胡麻是世界十大油料作物之一，产量居世界油料产量的第七位，居我国油料产量的第四位。目前我国胡麻种植区域相对集中，主要在河北、山西、内蒙古等省（自治区），尽管胡麻种植面积呈下滑趋势，但胡麻单产水平有所提高。由于胡麻的独特功效，我国已经开发出了胡麻产品，如胡麻胶，一种多糖物质和植物蛋白果胶，是国际上流行的第六大营养要素之一，可广泛用于食品、医药、化妆等行业；营养、保健、风味的胡麻油产品最为广泛常见，内含丰富的 α-亚麻酸、ω-3 型脂肪酸等；木酚素饮品、胡麻籽保健胶囊、胡麻籽蛋白等产品在市场也崭露头角。

虽然胡麻的市场被业界看好，但我国胡麻产业仍存在以下问题：①胡麻基础性和应用性研究薄弱，缺乏高水平的研究成果；②育种目标单一，缺乏加工企业所需的专用型品种，不能满足市场的多种需求；③育种手段落后，在品种改良方面，利用现代生物技术辅助育种的研究较少，在资源创新等方面与国外相比，存在较大差距；④种植技术落后，机械化程度较低，管理较粗放；⑤在防病、防虫等方面的研究投入少，缺乏相应的高产高效配套栽培技术。

12.3.2 我国胡麻产业发展对策与前景

1. 国家发展油料生产的政策将激励胡麻产业的发展 国务院办公厅确定对油料生产实行奖励，加快油料生产基地建设，开展油料作物保险试点，促进油料产业化经营等扶持政策及意见的全面落实将有力激励胡麻产业的发展。

2. 科技成果的应用将促进胡麻生产 我国胡麻科研工作取得了显著进展，特别是选育成功了一批高产稳产、品质优良、抗逆性强的胡麻新品种，研究制定了相应的配套栽培技术，这些无疑对我国胡麻产业的发展发挥了重要的促进作用。

3. 新产品开发将带动胡麻产业的发展 随着科学技术的进步，胡麻加工的高科技、高层次、高附加值趋势十分明显。胡麻功能食品和保健食品的开发，使得胡麻加工的利润空间成倍增长，其原料价格提升的空间增大，必将带动胡麻产业持续发展。

4. 消费增长将拉动胡麻产业的发展 胡麻高科技产品的开发，促使胡麻消费观念由低劣向高优转变，消费方式由单一向多元转变，消费人群由产区农民向大中城市高消费者扩展。同时，农民生活水平不断提高，食用植物油的消费量持续增加，多方面的消费增长定将带动胡麻产业进一步发展（党占海，2008）。

主要参考文献

安维太，曹秀霞，岳国强. 2009. 胡麻栽培及病虫害防治技术. 银川：宁夏人民出版社
党占海. 2008. 胡麻产业现状及其发展对策. 农产品加工，（7）：20-21
国家胡麻产业技术体系. 2016. 中国现代农业产业可持续发展战略研究胡麻分册. 北京：中国农业出版社
刘燕，王玉富，关凤芝，等. 1997. 亚麻外源 DNA 导入的适宜时期与方法的研究. 中国麻作，19（3）：13-15

彭晓勇. 2008. 亚麻特征特性及高产栽培技术. 现代农业科技, (16): 197-199

宋冬明, 贺梅, 李春光. 2013. 水稻耐盐研究进展及展望. 北方水稻, 43 (1): 74-77

谢亚萍, 牛俊义. 2017. 胡麻生长发育与氮营养规律. 北京: 中国农业科学技术出版社

伊六喜, 斯钦巴特尔, 贾霄云, 等. 2017. 胡麻种质资源、育种及遗传研究进展. 中国麻业科学, 39 (2): 81-87

禹晓, 邓乾春, 黄凤洪, 等. 2011. 不同 α-亚麻酸含量油脂对高脂模型大鼠脂质水平及氧化损伤的影响. 营养学报, (02): 31~35, 39

于振文. 2013. 作物栽培学各论. 北方本. 第二版. 北京: 中国农业出版社

Basiran N, Armitage P, Scott R J, et al. 1987. Genetic transformation of flax (*Linum usitatissimum*) by agrobacterium tumefaciens: regeneration of transformed shoots via a callus phase. Plant Cell Reports, 6(5): 396-399

Carter J F. 1993. Potential of flaxseed and flaxseed oil in baked goods and other products in human nutrition. Cereal Foods World, 38(10): 753-759

Cloutier S, Ragupathy R, Niu Z X, et al. 2011. SSR-based linkage map of flax (*Linum usitatissimum* L.) and mapping of QTLs underlying fatty acid composition traits. Molecular Breeding, 28(4): 437-451

Herchi W, Harrabi S, Sebei K, et al. 2009. Phytosterols accumulation in the seeds of *Linum usitatissimum* L. Plant Physiology and Biochemistry, 47(10): 880-885

Morris V J. 2007. Fermentation-derived polysaccharides for use in foods. Journal of Chemical Technology & Biotechnology, 58(2): 199-201

Oh T J, Gorman M, Cullis C A. 2000. RFLP and RAPD mapping in flax (*Linum usitatissimum*). Theoretical and Applied Genetics, 101(4): 590-593

Oomah B D. 2001. Flaxseed as a functional food source. Journal of the Science of Food and Agriculture, 81(9): 889-894

Sandal N, Krusell L, Radutoiu S, et al. 2002. A genetic linkage map of the model legume Lotus japonicus and strategies for fast mapping of new loci. Genetics, 161(4): 1673-1683

Tonial I B, Matsushita M, Furuya W M, et al. 2012. Fatty acid contents in fractions of neutral lipids and phospholipids of fillets of tilapia treated with flaxseed oil. Journal of the American Oil Chemists Society, 89(8): 1495-1500

（米　智）

第二篇

实验实训篇

第13章 | 生物性原料制备的基础实验

实验一 植物器官形态与结构观察

一、实验目的

观察并掌握各种植物器官，根、茎、叶、花、果实、种子的结构。

二、实验原理

光学生物显微镜是利用光学的成像原理，将准备好的永久切片进行观察，可以通过不同的切片来观察植物的不同器官。

三、材料和仪器

花生、绿豆、高粱等小杂粮的根、茎、叶、花、果实和种子永久切片标本和新鲜样品等；光学显微镜、载玻片、盖玻片、刀片、镊子、放大镜等。

四、实验操作

1. **根的观察** 使用放大镜观察萌发花生种子根的外形，特别注意根毛着生的部位及其下方伸长区和生长点的特征。使用刀片，按照徒手切片方法对花生根系进行横切。用镊子选取适合的切片置于载玻片中央水滴中，盖上盖玻片，置于光学显微镜下观察根的构造，表皮、皮层和中柱等结构。

2. **茎的观察** 利用切片和模型来观察茎的结构及其初生和次生生长。

3. **叶的观察** 通过观察标本，可以看到叶的组成，叶片、叶柄和托叶，还可以观察不同形状的叶片。取叶片的切片于显微镜下观察叶片的内部构造有厚角组织、表皮、栅栏组织、海绵组织、气孔器等。

4. **花的观察** 通过对标本进行观察，可以观察到花的构造。

5. **种子的观察** 通过对花生、绿豆切片和实物的观察，可以观察到不同形态的种子，以及种子的构造——种皮、胚和胚乳。

五、注意事项

（1）显微镜的使用方法。
（2）用高倍镜观察时注意取一个典型的区域进行观察。
（3）切实物的时候注意材料的完整性。

六、思考题

（1）绘制所观察到的各器官构造和细胞图，并注明其名称。
（2）列举生活中常见的植物，描述其器官。

七、实验结果与分析

绘制植物不同器官的结构和细胞图，并注明其名称。

（杨俊霞　李　朕）

实验二　植物细胞形态结构的观察与显微测量

一、实验目的

（1）熟悉植物细胞的基本形态结构；
（2）掌握临时装片的制作方法；
（3）掌握显微测量的原理和方法；
（4）掌握生物绘图的方法。

二、实验原理

细胞是生物体结构功能的基本单位，其形态与功能相适应。不同类型的细胞具有不同的大小、形态和结构，以适应其功能。通过制作临时装片，可以观察很多细胞的结构，并借助测微尺测量细胞直径，进而获得细胞的体积。

三、材料和仪器

花生等小杂粮叶片下表皮；1% 碘液、手术刀、镊子、滴管、光学显微镜、载玻片、盖玻片等。

四、实验操作

1. 花生叶片表皮细胞的观察　　用滴管预先在载玻片中央滴一滴 1% 碘液。使用手术刀在花生叶片下表面画一个边长 3～5mm 的方框，用镊子撕下表皮，在碘液中铺平。盖上盖玻片，用吸水纸吸去多余碘液（也可帮助排除气泡），在显微镜下观察。

2. 显微测量

（1）将镜台测微尺放入光学显微镜载物台上，转动目镜，使二者平行。选择一处让二者重合，然后向右侧寻找再次重合处，记下二者的数值，并按照目镜测微尺和镜台测微尺的精度关系换算目镜测微尺每小格实际代表的刻度值。

（2）将镜台测微尺取下，换上花生叶表皮细胞涂片，用目镜测微尺测量出其长度和宽度。

（3）应用 $V=4/3\pi ab^2$（a 为长半径，b 为短半径）计算出观察细胞的体积（V）。

五、注意事项

绘图是生物实验报告的一种重要形式，基本要求如下。

（1）准备铅笔、橡皮、刀、尺子及报告纸，将报告纸放在观察物的右边、纸下不要垫书或纸张。

（2）绘图时，特别注意观察物的形状、各部分的位置、比例和毗邻关系；

（3）每幅图的大小、位置在纸面上必须安排得当，通常图占报告纸左上方 2/3 的面积，并考虑注字的位置。

（4）观察清楚后，选择典型的细胞或组织，左眼看显微镜，右眼配合右手，先用铅笔在纸上轻轻描出轮廓，使形状正确，然后再用清晰的线条绘出，线条粗细要均匀，不要重复。注意纸面的整洁。

（5）用铅笔绘图，线条要明确清晰，图的深浅明暗和立体感一律以点的疏密来表示，点要圆而一致，不得涂暗影或进行其他美术加工。

（6）图绘好后，要在图的右侧注明各部分结构的名称，引线要直而平行，长短适度，各引线不能交叉，各线右端上下对齐，注字要用正楷，不能潦草，要自左向右书写。

（7）每一个图下面要注明图的名称、放大倍数。

（8）绘图纸上所有注字（包括姓名、实验日期、题目等）均用铅笔书写，不能用其他笔书写。

六、思考题

（1）结合实验分析细胞形态结构的特点及其与功能的适应性。

（2）测量细胞时应注意哪些问题？

（3）绘图：花生叶片表皮细胞。

七、实验结果与分析

绘制观察到的细胞，并标注观察到的细胞结构。

（杨俊霞　李　朕）

实验三　植物细胞组分的分离与观察

一、实验目的

（1）掌握细胞组分的分离方法（差速离心法）的原理及操作步骤；

（2）掌握离心机、组织捣碎机的使用方法；

（3）掌握细胞组分的鉴定方法。

二、实验原理

差速离心是指低速与高速离心交替进行，使各种沉降系数不同的颗粒先后沉淀下来，达到分离的目的。沉降系数差别在一个或几个数量级的颗粒，可以用此法分离。样品离心时，在同一离心条件下，沉降速度不同，通过不断增加相对离心力，使一个非均匀混合液内的大小、形状不同的粒子分步沉淀。操作过程中一般是在离心后用倾倒的办法把上清液与沉淀分开，然后将上清液加高转速离心，分离出第二部分沉淀，如此往复加高转速，逐级分离出所需要的物质。将细胞充分破碎后，可用差速离心法分离细胞各组分。例如，用一定的介质进行组织匀浆，然后通过差速离心，先用较低的转速把相对密度较大的细胞核从细胞质组分及其他碎片的悬浮液中分开，再经过反复洗涤，就能得到纯净的细胞核。再用较高的转速把上清液中的较小颗粒沉淀下来（如线粒体），从而使各种细胞结构得以分离。为了保护细胞组分的活性，全部操作过程应在 0～4℃下进行，试剂应置冰箱预冷备用。

叶绿体是植物细胞中较大的一种细胞器，能发生特有的能量转换。利用低速离心机可以分离叶绿体，其分离在等渗溶液（0.35mol/L 氯化钠或 0.4mol/L 蔗糖溶液）中进行，目的是防止渗透压的改变引起叶绿体的损伤。将匀浆液在 1000r/min 离心，去除其中的组织残渣和一些未被破碎的完整细胞，然后，3000r/min 离心，可获得沉淀的叶绿体（混有部分细胞核）。在室温下进行分离要迅速。

某些物质在一定短波长的光（如紫外光）的照射下吸收光能进入激发态，从激发态回到基态时，就能在极短的时间内放射出比照射光波长更长的光（如可见光），这种光就称为荧光。若停止供能，荧光现象立即停止。有些生物体内的物质受激发光照射后，可直接发出荧光（称为自发荧光），如叶绿素的火红色荧光。有的生物材料本身不发荧光，但它吸收荧光染料后同样也能发出荧光（称为间接荧光），如叶绿体吸附吖啶橙后可发橘红色荧光。本实验利用荧光显微镜对发荧光的叶绿体进行观察。

三、材料和仪器

花生叶片；冷冻离心机、组织捣碎机、荧光显微镜、普通光学显微镜、烧杯、量筒、载玻片、盖玻片、纱布等；0.35mol/L 氯化钠溶液、0.01% 吖啶橙等。

四、实验操作

叶绿体的分离与观察。

（1）选取新鲜的花生嫩叶，洗擦干后去除叶梗及粗脉，称 3g 于 0.35mol/L 氯化钠溶液 15mL 中，并置组织捣碎机中。

（2）利用组织捣碎机低速（5000r/min）匀浆，3～5min。

（3）用 6 层纱布过滤，滤液盛于烧杯中。

（4）取滤液 4mL 在于冷冻离心机 1000r/min 离心 2min，弃去沉淀。

（5）将上清液在 3000r/min 离心 5min，弃去上清液，沉淀即为叶绿体（混有部分细胞核）。

（6）沉淀用 0.35mol/L 氯化钠溶液悬浮。

（7）取叶绿体悬液 1 滴置于载玻片上，加盖玻片后用普通光学显微镜观察。使用荧光显微镜观察时，将叶绿体悬液滴在无荧光的载玻片上，再滴加 1 滴 0.01% 吖啶橙荧光染料，盖上无荧光的盖玻片后即可观察。

（8）观察叶绿体的形态结构及叶绿体发射荧光的现象。

五、注意事项

（1）为了保护细胞组分的活性，全部操作过程应在 0～4℃下进行，试剂应置冰箱预冷备用。

（2）荧光镜下观察细胞时，由于荧光易淬灭，观察时要尽量快。

（3）荧光探针都有一定的毒性，因此操作时要注意防止污染皮肤和环境，如弄到手上或桌子上，应及时冲洗。

六、思考题

（1）要获得高活性的细胞组分，在分离过程中有哪些注意事项？

（2）细胞内各组分如何分离？分离原理是什么？

七、实验结果与分析

绘制观察到的细胞结构并标注。

（杨俊霞　李　朕）

实验四　活体染色及不同细胞结构的观察

一、实验目的

（1）掌握活体染色的基本原理和一般方法；

（2）观察液泡和线粒体的形态及其在细胞中的分布；

（3）观察胞间连丝及叶绿体的形态及其在细胞中的分布。

二、实验原理

活体染色是利用某些无毒或毒性较小的染色剂显示出细胞内某些天然构造存在的真实性，而不影响细胞的生命活动和产生任何物理、化学变化以至引起细胞死亡的一种染色方法。其主要特征是染料的堆积，即染料的胶粒固定、堆积在细胞内某种特殊的构造里面。这种堆积主要是受染料分子的电荷影响。因为碱性染料的胶粒表面带有阳离子，酸性染料的胶粒表面带有阴离子，它们彼此之间会发生电吸附作用（静电吸附）。活体染色的另一特征是专一性。例如，中性红只染液泡系，詹纳斯绿 B 只染线粒体，而细胞质和细胞核在活体染色过程中并不被染色。只有当细胞死亡或开始死亡时，细胞质和细胞核才能被染成均匀一致的颜色。

三、材料和仪器

绿豆幼根根尖、花生叶、胞间连丝永久装片；Ringer 氏液、1/3000 浓度的中性红溶液、1/5000 浓度的詹纳斯绿 B 溶液；普通光学显微镜（带油浸物镜）、双面刀片、滴管、载玻片、盖玻片等。

四、实验操作

1. 液泡系的活体染色及观察

（1）用双面刀片把初生的绿豆幼根根尖（1～2cm 长）小心地切成一纵断面薄片，放在预先滴有一滴 1/3000 浓度的中性红溶液的载玻片中央，染色 15min。

（2）用滴管吸去染液，滴加一滴 Ringer 氏液，盖上盖玻片，光学显微镜下镜检。

2. 线粒体的活体染色及观察

（1）用镊子撕下一小块花生嫩片叶表皮，放在预先滴有一滴 1/5000 浓度的詹纳斯绿 B 溶液的载玻片中央，染色 30min。

（2）用滴管吸去染液，滴加一滴 Ringer 氏液，盖上盖玻片，光学显微镜下镜检。

3. 叶绿体的观察　　取一小块花生叶，放在预先滴有一滴 Ringer 氏溶液的载玻片中央，用镊子将花生叶夹碎，盖上盖玻片，光学显微镜下镜检。

4. 胞间连丝的观察　　取一片胞间连丝永久装片，置显微镜下认真观察。

五、注意事项

（1）为保证观察效果，实验材料应选择新鲜绿豆幼根根尖和花生叶片。

（2）为保持各细胞结构完整性，染色时应在 0~4℃下进行。

六、思考题

用一种活体染色剂处理细胞，为什么不能同时看到多种细胞器被染色？

七、实验结果与分析

1. 绘图示绿豆幼根根尖细胞液泡系。
2. 绘图示花生叶片表皮线粒体。

（杨俊霞　李　朕）

实验五　叶绿体分离纯化及荧光观察

一、实验目的

（1）通过植物细胞叶绿体的分离与纯化，了解细胞器分离与纯化的原理和方法；

（2）熟悉荧光显微镜的使用方法，观察叶绿体的自发荧光和间接荧光。

二、实验原理

真核细胞由细胞膜、细胞核和细胞质组成。细胞质中含有若干细胞器和细胞骨架，这些结构被称为亚细胞组分。对于细胞的结构和功能的研究，是细胞生物学的基本课题。其重要的研究手段之一是分离、纯化各种亚细胞组分，然后观察它们的结构，对它们的功能进行生化分析。分离亚细胞组分的主要方法有差速离心和密度梯度离心两种。

1. 差速离心　　差速离心（differential centrifugation）是在密度均一的介质中由低速到高速的逐级离心，用于分离不同大小的物体。离心速度逐渐提高，样品会按先大后小的顺序沉淀。在差速离心中细胞器沉降的顺序为：细胞核、线粒体、溶酶体与过氧化物酶体、内质网与高尔基体，最后为核糖核蛋白复合体。由于各种细胞器在大小和密度上可能相互重叠，一般重复差速离心 2~3 次，分离效果会好一些。差速离心只用于分离密度和大小悬殊的细胞或细胞器，并且得到的产物纯度较低。若对纯度的要求较高，则需要用密度梯度离心来分离与纯化。

2. 密度梯度离心　　密度梯度离心（density gradient centrifugation）是用一定的介质在离心管内形成连续的密度梯度，将细胞悬浮液或匀浆置于介质的顶部，通过离心力的作用使细胞或细胞器分层、分离，最后不同密度的细胞或细胞器位于与自身密度相同的沉降区带中，这种离心技术又可分为速度沉降和等密度沉降两种。速度沉降主要用于分离密度相近而大小不同的物体，而等密度沉降主要用于分离密度不同的物体。

叶绿体是植物细胞所特有的能量转换细胞器，光合作用就是在叶绿体中进行的。由于具有这一重要功能，所以它一直是植物生理学、细胞生物学和分子生物学的重要研究对象。叶绿体是一种比较大的细胞器，利用差速离心即可分离收集，然后用密度梯度离心纯化，便可用于各种研究。

三、材料和仪器

1. 材料　　新鲜藜麦叶。

2. 试剂

（1）提取缓冲液：0.35mol/L 山梨糖醇、50mol/L Tris-HCl（pH8.0）、0.1% 牛血清白蛋白（用前加入）。

（2）60%、40% 和 20% 的蔗糖溶液（蔗糖溶于提取缓冲液）。

（3）0.01% 吖啶橙（acridine orange）。称取 0.1% 吖啶橙加蒸馏水 100mL 作母液，储存于棕色瓶，置 4℃冰箱保存。临用前取 1mL 母液加 15mol/L 磷酸缓冲液（pH4.8）9mL。

3. 仪器　　普通或高速离心机、电子天平、普通光学显微镜、荧光显微镜、剪刀、刀片、研钵、纱布、烧杯、镊子、滴管、10mL 离心管等。

四、实验操作

1. 材料处理

（1）选取新鲜的藜麦嫩叶，洗净擦干后，去除叶梗及粗脉并剪碎，用电子天平称取 20g 左右，置于预冷的研钵中；

（2）加 100mL 的提取缓冲液研磨，匀浆；

（3）用 6 层纱布过滤匀浆液，滤液盛于烧杯中；

（4）取滤液 10mL 于高速离心机上 4℃，200r/min 离心 2min，弃去沉淀；

（5）将上清液于高速离心机上 4℃，1500r/min 离心 10min，弃去上清液，沉淀即为叶绿体；

（6）沉淀用适量提取缓冲液悬浮，以备进一步纯化。

（7）从 10mL 离心管的底部往上，依次加入 3mL 的 60%、40% 和 20% 的蔗糖溶液，最后加上 1mL 的叶绿体悬浮液。4℃，4000r/min 离心 30min 或 4℃，10 000r/min 离心 15min。

（8）用滴管小心地将位于 40% 蔗糖梯度的叶绿体转移至新的离心管中，加 2 倍体积的提取缓冲液悬浮稀释。4℃，1500/min 离心 10min，加适量提取缓冲液悬浮沉淀，备用。

2. 叶绿体的观察

（1）滴一滴叶绿体悬浮液于载玻片上，加盖玻片。在普通光学显微镜下观察，注意观察所分离的叶绿体的形态以及是否完整。

（2）滴一滴叶绿体悬浮液于无荧光载玻片上，加无荧光盖玻片在荧光显微镜下观察叶绿体有无自发荧光，颜色如何。

（3）滴一滴叶绿体悬浮液在无荧光载玻片上，再滴加一滴 0.01% 吖啶橙荧光染料，加无荧光盖玻片。在荧光显微镜下观察叶绿体的次生荧光。

3. 完整细胞中的叶绿体观察

（1）用镊子撕取一片藜麦叶，平铺于载玻片上，滴加一滴提取缓冲液，加盖玻片后轻压，备用。

（2）用镊子撕去藜麦叶的表皮，用刀片刮下一些叶肉细胞，放于载玻片上，滴加一滴提取缓冲液，加盖玻片后轻压，备用。

（3）将以上两种制片通过以下 3 种方式进行观察。①在普通光学显微镜下观察；②在荧光显微镜下观察；③滴加一滴 0.01% 吖啶橙荧光染料，加无荧光盖玻片后，在荧光显微镜下观察。

五、注意事项

（1）要得到完整的、有活性的叶绿体，须在低温下迅速提取，涂片后立即观察。

（2）利用荧光显微镜对可发荧光的物质进行观察时，会受到许多因素的影响，如温度、光、淬灭剂等。因此在进行荧光观察时应抓紧时间，必要时应立即拍照。

（3）在制作荧光显微标本时最好使用无荧光载玻片、无荧光盖玻片和无荧光香柏油。

六、思考题

（1）在荧光显微镜下观察叶绿体的自发荧光时，更换滤片系统，叶绿体的颜色是否有变化？

（2）游离叶绿体和完整细胞内的叶绿体，在荧光显微镜下颜色和荧光强度有什么不同？为什么？

（3）根据观察到的实验现象，描述自发荧光和次生荧光的区别。

（4）叶绿体分离的原理是什么？操作过程中应注意什么？

七、实验结果与分析

1. 叶绿体的观察

（1）普通光学显微镜下，可看到叶绿体为绿色、橄榄形，在高倍镜下可看到叶绿体内部含有颜色较深的绿色小颗粒，即基粒。

（2）以 OLympus 荧光显微镜为例，在选用 B（blue）激发滤片，B 双色镜和 O530（orange）阻断滤片的条件下，叶绿体发出火红色荧光。

（3）加入吖啶橙染色后，叶绿体可发出橘红色荧光。

2. 完整细胞中的叶绿体观察

（1）在普通光学显微镜下可以看到 3 种细胞及叶绿体。①表皮细胞为边缘呈锯齿形的鳞片状细胞。②保卫细胞为构成气孔的成对存在的肾形细胞。③叶肉细胞为多边形或椭圆形细胞。④叶绿体呈绿色、橄榄形，在高倍镜下可以看到其中绿色的基粒。在荧光显微镜下，叶绿体发出火红色荧光，但其荧光强度要比游离叶绿体的弱，气孔为绿色荧光，两个保卫细胞内的叶绿体呈火红色荧光，且环绕气孔排列成一圈。表皮细胞内的叶绿体数量要比叶肉细胞的少。

（2）用吖啶橙染色后，在荧光显微镜下观察叶绿体发出橘红色荧光，细胞核发出光，气孔仍发出绿色荧光。

（刘建霞）

实验六 小杂粮作物真菌类病害症状及病原形态观察

一、实验目的

（1）利用肉眼、放大镜和显微镜观察实物标本及图片，并通过切片标本和自制病原菌玻片，掌握小杂粮作物病害症状及其病原物的特点；

（2）重点识别谷子白发病、高粱炭疽病等病原真菌的菌丝形态特征、产孢结构和菌丝侵害部位，能够掌握一般小杂粮病害的典型症状。

二、实验原理

小杂粮泛指生育期短、种植面积少、种植地区和种植方法特殊，有特种用途的多种粮豆。高粱和谷子是重要的杂粮作物。高粱是禾本科一年生草本植物，糯高粱因其具有特有单宁、微量元素、蛋白质和淀粉等成分，是酿造名酒的重要原料。高粱的主要病害有黑穗病、叶斑病（炭疽病和紫斑病）。高粱炭疽病是高粱的重要病害，苗期可危害叶片，导致叶枯、苗死，成株期主要危害叶片、叶鞘和穗。病原菌无性态为禾生炭疽菌［*Colletotrichum graminicola*（Ces.）Wilson］，属半知菌亚门，腔孢纲，黑盘孢目，炭疽菌属，从苗期到成株期均可染病。苗期染病为害叶片，导致叶枯，造成高粱死苗。叶片染病病斑梭形，中间红褐色，边缘紫红色，病斑上现密集小黑点，即病原菌分生孢子盘。炭疽病多从叶片顶端开始发生，严重的造成叶片局部或大部枯死。叶鞘染病病斑较大，椭圆形，后期也密生小黑点。高粱抽穗后，病菌还可侵染幼嫩的穗颈，受害处形成较大的病斑，其上也生小黑点，易造成病穗倒折。此外还可为害穗轴和枝梗或茎秆，造成腐败。

谷子的主要病害为白发病。白发病原为谷子白发病菌。谷子白发病病原为禾生指梗霉（*Sclerospora graminicola*），属鞭毛菌亚门，卵菌纲，霜霉科，指梗霉属真菌。一般发生率在5%～10%，严重时可达50%，导致谷子产量损失达30%左右，严重影响谷子生产与产业发展。病菌的侵染主要发生在谷子的幼苗时期。种子上沾染的卵孢子及土壤、肥料中的卵孢子发芽后，用芽管侵入谷子幼芽芽鞘，随着生长点的分化和发育，菌丝达到叶部和穗部，病原菌以卵孢子混杂在土壤中、粪肥里或黏附在种子表面越冬。

荞麦的主要病害是立枯病和白霉病。荞麦感染立枯病，其幼苗茎基部会出现水浸状病斑，颜色多为红褐色及黑褐色，之后病菌扩大致腐烂，病害围绕茎一圈，病斑处出现凹陷干缩，被感染的植株枯蔫，根部出现黑褐色腐烂，幼病苗倒折死掉。如果大苗期、成株期出现立枯病，病发后以后枯死，但不会倒伏，茎干呈直立状态；当荞麦患白霉病的时候，一般在几日之内就可以发生患病特征。明显的特征是叶片上呈现黄色、淡绿色的斑驳，无明显边缘，背面是白色霉状物，即病原子实体。

三、材料和仪器

病害标本和病原菌玻片标本。病害特征挂图或多媒体幻灯片。天平、吸管、三角瓶、显微镜、载玻片、盖玻片、解剖针、镊子等实验常规用具。

四、实验操作

1. 高粱病害

1）高粱黑穗病　　病原：高粱坚轴黑粉菌（*Sphacelotheca sorghi*）。

症状观察：本病在抽穗时症状开始显著。小穗中的子房和内外颖均变为黑粉，中轴（中轴是由寄主组织形成）突出，护颖伸长，病株一般较健株矮小。

病原观察：病灶处开始在黑粉外面包被一层灰白色薄膜，薄膜是由病菌细胞所形成，以后薄膜破裂，黑粉飞散。观察冬孢子的形态。

2）高粱叶斑病

（1）高粱炭疽病。病原：禾生炭疽菌（*Colletotrichum graminicola*）。

症状观察：从苗期到成株期均可染病。苗期染病为害叶片，导致叶枯，造成高粱死苗。叶片染病病斑梭形，中间红褐色，边缘紫红色，病斑上现密集小黑点，即病原菌分生孢子盘。

病原观察：分生孢子盘黑色，散生或聚生在病斑的两面。刚毛直或略弯混生，褐色或黑色，顶端较尖，具3～7个隔膜，分散或成行排列在分生孢子盘中。分生孢子梗单胞无色，圆柱形，分生孢子镰刀形或纺锤形，略弯，单胞无色。

（2）高粱紫斑病。病原：高粱弯孢病菌（*Cercospora sorghi*）。

症状观察：生长后期发生。叶、叶鞘等皆能受害。最初产生深紫红色病斑。后扩大相互愈合成云纹状病斑。

病原观察：分生孢子梗5～12根，橄褐色，顶端色稍浅，丛生无分枝，正直或具膝状节1～3个，有隔膜0～7个，孢痕明显。分生孢子倒棒形或圆柱形，无色，直或稍弯，顶端较尖，基部截形，具隔膜3～9个。

2. 谷子病害

谷子白发病　　病原：禾生指梗霉（*Sclerospora graminicola*）。

症状观察：病菌的侵染主要发生在谷子的幼苗时期。种子、土壤、肥料中的卵孢子发芽后，用芽管侵入谷子幼芽芽鞘，随着生长点的分化和发育，菌丝达到叶部和穗部，又称"灰背"（灰白色霉状物）、白尖、"白发"、"看谷老"（刺猬头）等。

病原观察：挑取黄褐色粉末制片，镜检病原菌的卵孢子形状和色泽（观察孢子囊梗、孢子囊的形状）。

3. 荞麦病害

1）荞麦立枯病　　病原：立枯丝核菌（*Rhizoctonia solani*）。

症状观察：荞麦立枯病主要侵害幼苗。初期在茎基部生红褐色凹陷斑，影响荞麦生长发育，严重时导致死亡。

病原观察：在土壤中形成薄层蜡质状或白粉色网状至网膜状子实层，产生的担子筒形至亚圆筒形，比支撑担子的菌丝略宽一些，担子具3～5个小梗，其上着生担孢子；担孢子椭圆形至宽棒状，由单一菌丝尖端的分枝密集而形成或是由尖端紧密地和菌丝密集而形成菌丝结。

2）荞麦白霉病　　病原：异形柱隔孢（*Ramularia anomala*）。

症状观察：主要侵害叶片。初发病时在叶面产生浅绿色或黄色无明显边缘的斑驳，病斑扩展有时受叶脉限制。叶背面生白色霉层，即病菌分生孢子梗和分生孢子。

病原观察：子实体生在叶背，子座仅数个细胞；分生孢子梗无色，密集，无隔膜，顶端偶尔分枝，无膝状节，顶端圆形；分生孢子数个串生，单胞端尖，无色透明，最上部的分生孢子顶端呈钝圆形。

五、注意事项

注意观察每一种病害的病害症状。

六、思考题

（1）绘制谷子白发病卵孢子形态图。

（2）比较高粱炭疽病和高粱紫斑病的致病菌侵染方式和形态差异。

（3）荞麦立枯病和白霉病产生的原因是什么？

七、实验结果与分析

高粱黑穗病病灶处开始在黑粉外面包被一层灰白色薄膜；高粱炭疽病和高粱紫斑病的区别；谷子白发病孢子囊梗、孢子囊的形状；荞麦立枯病和荞麦白霉病孢子的特点。

（刘建霞）

实验七　高粱根的初生结构观察

一、实验目的

（1）了解高粱根的根尖外部形态和内部结构；

（2）掌握高粱根初生构造的基本特点。

二、实验原理

植物从根的顶端到着生根毛的部位叫作根尖。根尖是根中生命活动最活跃的部分，根的生长和根内组织的形成都是在根尖进行的。植物细胞的增生和成熟所引起的生长过程，称为初生生长。初生生长形成的各种成熟组织都属于初生组织，它们共同组成的器官结构称为初生结构。根的初生结构由外至内分别为表皮、皮层和维管柱。

三、材料和仪器

高粱刚萌发的幼根、高粱根尖纵切制片、高粱根横切制片；显微镜、放大镜、镊子、载玻片等。

四、实验操作

1. 高粱根的根尖外部形态观察　　取高粱刚萌发、生长良好而直的幼根，截取端部1cm，镊子夹取放在干净的载玻片上，用肉眼或放大镜观察它的外形和分区。幼根上有一区域密布白色绒毛，即根毛区或称成熟区。根最先端略为透明的部分是根冠，呈帽状，罩在略带黄色的分生区外。位于根毛区和分生区之间的一小段是伸长区，洁白而光滑。

2. 高粱根的根尖内部结构观察　　取高粱根尖纵切制片，在显微镜下观察，由根尖逐渐向上辨认以下各区，注意各区内部的细胞特点。

1）根冠　　位于根尖最前端，略呈三角形，由一群薄壁细胞组成，套在生长点之外，排列疏松，不规则。当外部有些细胞从根冠表面脱落时，根冠内部贴近生长点的一些细胞，是特殊的分生组织，形小而质浓，能为根冠不断地产生新细胞。

2）分生区　　位于根冠之内，长仅1～2mm，由排列紧密的小型多面体细胞组成。细胞壁薄、核大、质浓，属顶端分生组织，细胞分裂能力很强，在此区常可见到有丝分裂的分裂相。

3）伸长区　　位于分生区上方，由分生区细胞分裂而来，长2～5mm。此区细胞一方面沿长轴方向迅速伸长，另一方面逐步分化成不同的组织，向成熟区过渡。一般细胞内均有明显的液泡，有的切片中能见到一种特别宽大的成串细胞，是正在分化中的幼嫩的导管细胞。

4）根毛区（成熟区）　　伸长区上方，细胞伸长已基本停止，并已分化成各种成熟组织，表面密生根毛。注意根毛不是一个完整细胞，而是一种表皮细胞外壁的突起物，根毛含有细胞质和细胞核，壁很薄。此区是根的主要吸收部位。

由于上述各区是逐渐变化并不断向前推进的，因此各区之间没有明显的界线。

3. 高粱根的初生结构观察　　取高粱根横切制片，先在低倍物镜下区分出表皮、皮层和维管柱三大部分，再换高倍物镜仔细由外向内逐层观察。

1）表皮　　位于根的最外层，由排列整齐的薄壁细胞构成，常见有突起的根毛。

2）皮层　　主要由薄壁细胞组成。靠近表皮的1～2层细胞较小，排列紧密，为外皮层，部分外皮层细胞的细胞壁木质化与栓质化，以后可代替表皮起保护作用，常被染成红色。其内皮层细胞多为五面增厚，并栓质化，仅外切向壁是薄的，在横切面上呈"马蹄"形，但有个别在正对原生木质部处的内皮层细胞常不加厚，仍保留薄壁状态，称通道细胞，这是内外物质传递的通道。

3）维管柱（中柱）　　维管柱最外层为中柱鞘，由一层薄壁细胞组成。

可观察到6束初生木质部。紧接通道细胞内方的原生木质部仅有1～2个小型导管，后生木质部往往为一个大型导管。初生木质部与初生韧皮部相间排列，由数个小型筛管、伴胞组成，在切片中被染成绿色。初生木质部与初生韧皮部之间的薄壁细胞，以及髓部的薄壁细胞，在发育后期，细胞壁增厚，形成厚壁组织。

五、注意事项

（1）不要在高倍镜下取换玻片，以免损伤镜头和玻片。

（2）高粱根尖特别幼嫩，用夹子观察时要注意轻拿轻放，以免损坏根尖结构。

六、思考题

（1）高粱根的不断伸长是根尖的哪部分结构生长发育的结果？

（2）分析高粱根的初生结构的发育过程？

七、实验结果与分析

（1）绘制高粱根尖纵切结构，并标注各部分名称。

（2）绘制高粱根的横切初生结构，并标注各部分名称。

（高志慧）

实验八　蚕豆根的初生结构观察

一、实验目的

（1）掌握蚕豆根初生构造的基本特点；

（2）了解蚕豆根与高粱根初生结构的异同。

二、实验原理

植物根尖顶端分生细胞的增生和成熟所引起的生长过程，称为初生生长。初生生长形成的各种成熟组织都属于初生组织，它们共同组成的器官结构称为初生结构。根的初生结构由外至内分别为表皮、皮层和维管柱。

三、材料和仪器

蚕豆幼根横切制片；显微镜等。

四、实验操作

蚕豆根的初生结构观察　取蚕豆幼根横切制片，置显微镜下观察。可清楚看到根的初生构造，自外向内包括表皮、皮层和维管柱三大部分（图 13-1），注意各部分所占的比例，然后换高倍物镜仔细观察各部分的细胞特点。

1）表皮　幼根最外层细胞，常染成绿色，由排列整齐而紧密的薄壁细胞组成，外壁一般较薄。表皮上有向外突出形成的根毛，但多数在制片过程中损坏成为根毛残体。

2）皮层　表皮以内为皮层，占幼根横切面的大部分，由多层薄壁细胞组成。皮

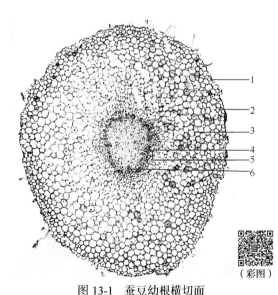

图 13-1　蚕豆幼根横切面

1.表皮；2.外皮层；3.皮层薄壁细胞；4.初生韧皮部；

5.内皮层；6.初生木质部

（彩图）

层由外向内可分为外皮层（1～2层细胞）、皮层薄壁细胞（多层细胞）和内皮层（一层细胞）三部分，由基本组织构成，具有较大的细胞间隙，均被染成绿色。表皮之下，皮层最外的1～2层细胞一般形状较小，排列紧密，为外皮层，当根毛枯死后，它们的细胞壁常栓质化，起暂时的保护作用。皮层最内的一层为内皮层，细胞排列整齐，壁比较特殊，其径向壁和上、下横壁常局部增厚并栓质化，连成环带状，叫凯氏带，但在横切面上仅见其径向壁上有很小的增厚部分——凯氏点，被染成红色。这种结构对水分和物质的吸收起限制作用。

3）维管柱（中柱）　内皮层以内就是维管柱，一般细胞较小而密集，由中柱鞘、初生木质部、初生韧皮部和薄壁细胞构成。

（1）中柱鞘：紧贴内皮层，是中柱的最外层，由1～2层细胞组成。它们的细胞小而排列紧密。

（2）初生木质部：在中柱鞘以内呈放射状排列，主要由导管组成，在切片上常被染成红色。蚕豆的初生木质部为4或5束，棉花的初生木质部为4束，它们的初生木质部中靠近中柱鞘的导管最先发育，口径小，着色较深，是一些螺纹和环纹加厚的导管，为原生木质部；靠近中央位置的导管，发育较迟，口径大，着色淡，甚至不显红色，是一些梯纹、网纹或孔纹导管，称为后生木质部，两者无明显界限，合称为初生木质部。这种导管发育顺序的先后，说明根的初生木质部是外始式的，这是根初生构造的特征之一。

（3）初生韧皮部：位于初生木质部的两个辐射角之间，被染成绿色的部分，与初生木质部相间排列，束的数目与木质部束数相同，由筛管、伴胞等构成，是输送同化产物的组织。细胞较小，壁较薄，多角形，但根的初生韧皮部中筛管与伴胞不易区分。在蚕豆初生韧皮部外方还可见到成堆的厚壁细胞，这是韧皮纤维。

（4）薄壁细胞：在初生木质部与初生韧皮部之间，为未分化的薄壁细胞，在根进行次生生长前，它将分化成维管形成层的一部分。另外，在蚕豆根的中央为薄壁细胞组成的髓部，但是大多数双子叶植物根中是没有髓部的。

五、注意事项

（1）不要在高倍镜下取换玻片，以免损伤镜头和玻片。

（2）注意观察蚕豆幼根初生结构与高粱根初生结构在维管柱结构的不同。

六、思考题

（1）如何区别蚕豆根中初生木质部的原生木质部和后生木质部？

（2）根的初生木质部的外始式分化有何生物学意义？

（3）比较蚕豆根的初生结构与高粱根的初生结构有哪些区别？

七、实验结果与分析

（1）绘制蚕豆根的初生结构，并标注各部分名称。

（2）绘制蚕豆根初生结构中维管柱的结构图，并标注各部分名称。

（高志慧）

实验九　蚕豆根的次生结构观察

一、实验目的

（1）掌握蚕豆根次生构造的形成过程和基本特点；

（2）比较蚕豆根初生结构与次生结构的异同；

（3）了解蚕豆侧根的形成过程。

二、实验原理

多数双子叶植物的根，在完成了由顶端分生组织活动形成的初生生长之后，并不停留在初生生长这一阶段，而是由于维管形成层和木栓形成层的发生与分裂活动，不断地产生根的次生结构。

三、材料和仪器

蚕豆根结构横切制片（示形成层）、蚕豆老根横切制片、蚕豆侧根横切制片；显微镜等。

四、实验操作

1. 蚕豆根维管形成层产生的过程　　将蚕豆根横切片（示形成层）在显微镜下观察，找出中柱部位的初生韧皮部与初生木质部之间的薄壁细胞，可见其中部分细胞已恢复分生能力，这是一部分形成层，称为束中形成层；另外在原生木质部顶端所对中柱鞘细胞的部分亦分裂出新细胞，这是另一部分形成层，称为束间形成层；二者逐渐再分裂，向两端延伸，连成弯曲的环形，开始时呈波浪形，随着形成层细胞的进一步分裂，逐渐发育形成圆环形，即维管形成层。

2. 蚕豆根木栓形成层产生的过程　　观察蚕豆根横切片（示形成层），在根的最外层是周皮，它由中柱鞘细胞演化形成的木栓形成层向内、向外分裂分别形成的栓内层和木栓层构成。木栓层细胞排列紧密，细胞壁木栓化，被染成红色，可有效保护根不受外界侵害。木栓形成层是由中柱鞘细胞演化形成的分生组织。栓内层由薄壁组织构成。

3. 蚕豆根的次生结构　　取蚕豆老根横切制片置显微镜下观察，先用低倍物镜观察，由外向内分别为周皮、次生韧皮部（包括韧皮射线）、形成层、次生木质部（包括木射线）、初生木质部。其中形成层已变成圆形，分别向内侧和外侧进行细胞分裂产生次生木质部和次生韧皮部。而中柱鞘细胞则分化形成木栓形成层，分别向内侧和外侧进行细胞分裂产生栓内层和木栓层，三者共同构成周皮。换高倍物镜仔细观察，可看到以下构造（图 13-2）。

（1）周皮：位于蚕豆老根的最外部，由多层细胞构成。最外面的几层细胞呈扁平状，被染成红色，这就是由死细胞所构成的木栓层。木栓层内方为一层活的、排列整齐的细胞，即木栓形成层。木栓形成层以内还有一到几层细胞，呈薄壁细胞性质，即栓内层。

（2）韧皮部和韧皮射线：周皮内被染成绿色的部分为韧皮部，由筛管、伴胞、韧皮纤维、韧皮薄壁细胞构成。在韧皮部中还分布着由薄壁组织构成的呈漏斗状的结构，即韧皮射线，它是根内外物质交流的通道。

（3）维管形成层：由几层形状小、排列整齐、紧密的细胞构成。

（4）次生木质部和木射线：位于形成层之内，由染成红色的、孔径较大的细胞及其他小细胞构成，口径较大者是导管，较小者是木纤维和木薄壁组织。次生木质部导管一般有3～5个细胞大小，很容易区分。导管之间还可见到一些切向排列的整齐薄壁细胞，由内向外呈射线状，这就是木射线。

（5）初生木质部：初生木质部呈放射状排列，同样被染成红色，初生木质部与次生木质部的不同在于初生木质部导管比较小，初生木质部中也没有木射线。

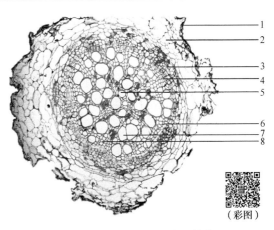

（彩图）

图 13-2 蚕豆老根的次生结构
1. 周皮；2. 破坏的皮层；3. 韧皮部；4. 韧皮射线；
5. 初生木质部；6. 维管形成层；7. 次生木质部；8. 木射线

4. 侧根发生的部位 取蚕豆侧根横切制片置显微镜下观察，可见根中中柱鞘局部分裂，向外隆起成圆锥状（即侧根生长锥），侧根生长锥进一步细胞分裂，生长锥伸长，依次突破内皮层、中皮层、外皮层、表皮，伸出根外。

侧根发生常有一定的规律，如二原型根，侧根发生于初生木质部与初生韧皮部之间；三原型、四原型根，侧根正对着初生木质部发生；多原型根，侧根正对着初生韧皮部发生。注意蚕豆是几原型？侧根发生于什么部位？

五、注意事项

（1）不要在高倍镜下取换玻片，以免损伤镜头和玻片。

（2）注意观察蚕豆幼根初生结构与蚕豆根次生结构在维管柱结构的不同。

六、思考题

（1）比较蚕豆根的次生结构与初生结构有哪些区别？

（2）根毛和侧根有何区别？它们是如何形成的？

七、实验结果与分析

绘制蚕豆根的次生结构，并标注各部分名称。

（高志慧）

实验十　蚕豆茎的初生结构观察

一、实验目的

（1）掌握蚕豆茎初生构造的基本特点；

（2）比较蚕豆根初生结构与茎的初生结构的异同。

二、实验原理

茎的初生结构是由茎顶端分生组织细胞分裂、生长和分化所产生的。双子叶植物茎的初生结构可分为三个部分，即表皮、皮层和维管柱。

三、材料和仪器

蚕豆幼茎横切制片；显微镜等。

四、实验操作

取蚕豆幼茎横切制片置显微镜下观察，先用低倍物镜观察整体，由外向内可看到表皮、皮层、维管柱。换高倍物镜观察以下各部分。

1）表皮　　位于最外层的一层细胞，细胞排列整齐而紧密，细胞外覆盖有角质层，同时也可看到气孔。

2）皮层　　表皮以内、维管柱以外的部分，主要由薄壁细胞组成。在靠近表皮的几层细胞中常有叶绿体，并在细胞角隅处增厚，形成厚角组织，厚角组织被染成深色。厚角组织以内是细胞外形较大的基本组织，细胞多层且细胞间隙较大。

3）维管柱　　皮层以内为维管柱，由维管束、髓和髓射线组成。

（1）维管束：维管束在横切面上呈一圈排列，由初生韧皮部、初生木质部和形成层组成。初生韧皮部位于维管束外面，其中呈多角形的细胞为筛管，伴胞小而紧贴筛管，其余是韧皮薄壁细胞。初生木质部位于维管束里面（向心部位），其中成行排列被染成红色的为导管，由切片上可看出，导管直径是由内而外逐渐增大的，木质部薄壁细胞分布于导管之间。在初生韧皮部和初生木质部之间有时也可看到几层呈扁平长方形的细胞，即形成层。

（2）髓：位于茎中央，由大型薄壁细胞组成，细胞中常含贮藏物质。

（3）髓射线：髓射线为维管束之间的一些薄壁细胞，它们贯通皮层和髓部。

五、注意事项

（1）不要在高倍镜下取换玻片，以免损伤镜头和玻片。
（2）注意观察蚕豆幼根初生结构与蚕豆茎初生结构的不同。

六、思考题

（1）比较蚕豆根的初生结构与茎的初生结构有哪些区别？
（2）分析茎的初生结构中髓射线的来源和细胞特点？

七、实验结果与分析

绘制蚕豆茎的初生结构，并标注各部分名称。

（高志慧）

实验十一　高粱茎的初生结构观察

一、实验目的

（1）掌握高粱茎初生构造的基本特点；
（2）比较蚕豆茎初生结构与高粱茎的初生结构的异同。

二、实验原理

茎的初生结构是由茎顶端分生组织细胞分裂、生长和分化所产生的。单子叶植物茎的初生结构可分为三个部分，即表皮、基本组织和维管束。单子叶植物的维管束由木质部和韧皮部组成，不具形成层（束中形成层）。

三、材料和仪器

高粱幼茎横切制片；显微镜等。

四、实验操作

取高粱幼茎横切制片置显微镜下观察，先用低倍物镜观察整体，由外向内可看到表皮、基本组织、维管束。换高倍物镜观察以下各部分。

（1）表皮：位于最外层，是一层扁平的、排列紧密的细胞，外壁被有角质膜。

（2）基本组织：表皮以内充满基本组织，紧靠表皮的部位有一到三层被染成红色的厚壁组织，在厚壁组织靠近表皮的部位中，散布着含有叶绿体的绿色同化组织。厚壁组织以内是细胞大而胞间隙较大的薄壁组织。

（3）维管束：高粱茎中维管束散乱分布在基本组织中。每个维管束由初生木质部、初生韧皮部和维管束鞘组成，是有限外韧维管束。韧皮部位于茎外方，由横切面呈多边形、细胞口径较大的筛管和与筛管相连、横切面呈三角形的伴胞组成。木质部在韧皮部内侧，呈"V"字形，紧接韧皮部的两个大型孔纹导管和中间的管胞是后生木质部，其下方两个小型的环纹导管和螺纹导管是原生木质部；在原生木质部中也有小型的薄壁细胞，在两个导管的下方有较大的空腔，这是由原生木质部薄壁组织破裂形成的，称气隙。包围维管束的机械组织是维管束鞘，常被染成红色。

五、注意事项

（1）不要在高倍镜下取换玻片，以免损伤镜头和玻片。
（2）注意观察高粱茎的初生结构与蚕豆茎初生结构的不同。

六、思考题

（1）比较蚕豆茎的初生结构与高粱茎的初生结构有哪些区别？
（2）比较高粱茎的初生结构与高粱根的初生结构有哪些区别？

七、实验结果与分析

绘制高粱茎的初生结构，并标注各部分名称。

（高志慧）

实验十二　蚕豆茎的次生结构观察

一、实验目的

（1）掌握蚕豆茎次生构造的基本特点；

（2）比较蚕豆茎初生结构与蚕豆茎的次生结构的异同。

二、实验原理

双子叶植物茎维管形成层产生于初生木质部和初生韧皮部之间，由位于维管束中的初生木质部与初生韧皮部之间的形成层和位于维管束之间的薄壁组织构成。维管形成层由纺锤状细胞和射线状细胞构成，维管形成层活动时，纺锤状原始细胞分裂向内产生次生木质部，加在初生木质部外方；向外分裂产生次生韧皮部，加在初生韧皮部内方。射线状细胞分裂向内产生木射线，向外产生韧皮射线。

三、材料和仪器

蚕豆老茎横切制片；番红；显微镜等。

四、实验操作

取蚕豆老茎横切制片，置显微镜下观察，先用低倍物镜观察整体，由外向内可看到表皮、皮层、维管柱。换高倍物镜观察各部分（图13-3）。

（1）表皮：蚕豆老茎仍保持表皮层，表皮细胞在横切面上排列整齐，是板状的长方形细胞组成的保护组织。

（2）皮层：靠近表皮的皮层细胞是厚角组织细胞，含有叶绿体。在厚角组织细胞以内是皮层薄壁细胞，但层数不多。

（3）维管柱：韧皮部外方，有成堆的厚壁细胞，细胞壁明显木质化，称为纤维，制片过程中被番红染成红色，这就是韧皮纤维。蚕豆老茎的横切制片中，很清楚观察到韧皮部和木质部之间形状扁长的细胞，就是形成层细胞。另外，还可看到比较小的维管束，

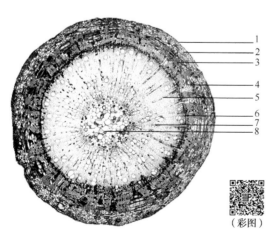

（彩图）

图13-3　蚕豆老茎的次生结构
1.表皮；2.皮层；3.韧皮纤维；4.韧皮射线；5.木射线；
6.维管形成层；7.次生木质部；8.髓

是次生性的,它们是由一部分束间的髓射线薄壁细胞恢复分裂能力组成的束间形成层活动的结果。在大的维管束之间仍有髓射线,不过已经很窄了。在维管束内还有由薄壁细胞组成的维管射线。蚕豆老茎存在着明显的髓和髓射线。

五、注意事项

(1)不要在高倍镜下取换玻片,以免损伤镜头和玻片。
(2)注意观察蚕豆幼茎的初生结构与蚕豆老茎次生结构的不同。

六、思考题

(1)比较蚕豆茎的初生结构与蚕豆茎的次生结构有哪些区别?
(2)如何区别髓射线与维管射线?

七、实验结果与分析

绘制蚕豆茎的次生结构,并标注各部分名称。

(高志慧)

实验十三 蚕豆叶片结构观察

一、实验目的

(1)掌握蚕豆叶片结构的基本特点;
(2)了解双子叶植物叶的组成。

二、实验原理

双子叶植物叶片的结构由表皮、叶肉(栅栏组织、海绵组织)和叶脉三部分组成。表皮有上下表皮之分,其上有表皮及附属物,属初生保护组织,起保护作用。叶肉属同化组织,是植物进行光合作用的场所。叶脉是叶片内的维管束属复合组织。

三、材料和仪器

蚕豆叶横切制片;显微镜等。

四、实验操作

取蚕豆叶横切制片置显微镜下观察,先用低倍物镜观察,可看到蚕豆叶片由表皮、叶肉和叶脉三部分组成,然后转换高倍物镜,仔细观察每一部分的特点。

(1)表皮:位于叶的上下表面,分别称为上表皮和下表皮。上下表皮均为一层细胞组成,横切面呈长方形,外壁有透明角质层。气孔在上下表皮中均有分布,但下表皮为多,并能见到保卫细胞的横切面,在其内侧可看到有明显的气室。

(2)叶肉:位于上下表皮之间,细胞中含有大量叶绿体。靠近上表皮,与其垂直的一层（或2层）排列整齐的长圆柱形薄壁细胞称为栅栏组织，细胞内含叶绿体较多。在栅栏组织和下表皮之间，有许多形状不规则、排列疏松的薄壁细胞称为海绵组织，细胞内含叶绿体较少。

（3）叶脉：主脉在叶片上明显隆起，靠上表皮的木质部染成红色，靠下表皮的韧皮部染成绿色，形成层居于二者之间，但不发达。维管束四周有薄壁组织，其上下为厚角或厚壁组织与上下表皮相连。叶肉中还有侧脉和细脉，大小不等，纵横排列。

五、注意事项

（1）不要在高倍镜下取换玻片，以免损伤镜头和玻片。
（2）注意观察蚕豆叶的叶脉中主脉、侧脉和小细脉的结构区别。

六、思考题

（1）如何区分蚕豆叶片的上下表皮？
（2）分析植物叶片表皮的气孔与蒸腾作用的关系？

七、实验结果与分析

绘制蚕豆叶片横切结构，并标注各部分名称。

（高志慧）

实验十四　高粱叶片结构观察

一、实验目的

（1）掌握高粱叶片结构的基本特点；
（2）了解单子叶植物叶的组成。

二、实验原理

单子叶植物叶由叶片和叶鞘组成。叶片的结构由表皮、叶肉和叶脉三部分组成。表皮有上下表皮之分，其上有表皮及附属物，属初生保护组织，起保护作用。在上表皮有泡状细胞，叶肉无栅栏组织和海绵组织的分化，属同化组织，是植物进行光合作用的场所。单子叶植物叶片叶脉是平行脉，叶脉是叶片内的维管束属复合组织。

三、材料和仪器

高粱叶横切制片；显微镜等。

四、实验操作

取高粱叶横切制片置显微镜下观察，先用低倍物镜观察，可看到高粱叶片由表皮、叶肉和叶脉三部分组成，然后转换高倍物镜，仔细观察每一部分的特点。

（1）表皮：高粱叶片表皮由表皮细胞、气孔器、泡状细胞构成。表皮分上、下表皮，各为一层细胞组成。表皮由表皮细胞、表皮毛、气孔器、上表皮泡状细胞（或称运动细胞）构成。表皮细胞外壁角质层增厚，并高度硅化，形成一些硅质和栓质乳突及附属毛。泡状细胞位于两个维管束之间，呈扇形，外壁无角质层增厚。上、下表皮均有气孔分布，可见保卫细胞和副卫细胞的横切面。

（2）叶肉：叶肉细胞没有栅栏组织和海绵组织之分，属等面叶。叶肉细胞不规则，其细胞壁向内皱褶，形成具有"峰、谷、腰、环"结构的叶肉细胞。

（3）叶脉：叶脉是有限维管束，叶脉上下方都有机械组织将叶肉隔开而与表皮相连。维管束外只有一层由较大薄壁细胞组成的维管束鞘，构成维管束鞘的细胞内含有大而浓密的叶绿体。围绕维管束鞘有一层呈放射状紧密排列的细胞，这些细胞中所含的叶绿体较维管束鞘细胞中的小一些，这种结构称为"花环形"结构，这是 C4 植物所独有的构造。注意比较 C3 植物与 C4 植物维管束鞘的差异，有无花环形结构。

五、注意事项

（1）不要在高倍镜下取换玻片，以免损伤镜头和玻片。
（2）注意比较蚕豆叶片结构与高粱叶片结构的不同。

六、思考题

（1）从植物的叶片结构如何区分 C3 植物与 C4 植物？
（2）比较蚕豆叶片结构与高粱叶片结构有哪些区别？

七、实验结果与分析

绘制高粱叶片横切结构，并标注各部分名称。

（高志慧）

实验十五　植物基因组 DNA 提取（CTAB 法）

一、实验目的

掌握运用 CTAB 法从植物叶片提取 DNA 的原理与方法。

二、实验原理

CTAB 法是由 Murray 和 Thompson（1980）修改而成的简便方法。CTAB（十六烷基三甲基溴化铵，cetyl trimethyl ammonium bromide）是一种阳离子型表面活性剂（去污剂），具有从低离子强度的溶液中沉淀核酸和酸性多聚糖的特性。但在这种条件下，蛋白质和中性多糖仍留在溶液里。在高离子强度的溶液中，CTAB 能与蛋白质和大多数酸性多聚糖以外的多聚糖形成复合物，但不能沉淀核酸。本试验就是利用含有 CTAB 的高盐溶液提取植物基因组 DNA，经过氯仿-异戊醇抽提除去 CTAB/ 多聚糖 / 蛋白质复合物，再经异丙醇或无水乙醇沉淀上清液而获得基因组 DNA。

三、材料和仪器

新鲜的小杂粮植株的叶片；研钵、不锈钢钥匙、1.5mL 离心管、移液器（20μL、200μL、1000μL）、微量移液器吸头、高速冷冻离心机、恒温水浴锅、紫外分光光度计等。

2×CTAB 溶液：2% CTAB、1.4mol/L NaCl、20mmol/L EDTA（pH 8.0）、100mmol/L Tris-HCl（pH 8.0）、1% 聚乙烯吡咯烷酮（PVP）。（将以上溶液灭菌备用，没灭菌前呈黏稠状，灭菌后变成澄清的溶液。）

其他试剂：异戊醇（24∶1）、无水乙醇或异丙醇、70% 乙醇。

四、实验操作

（1）在 1.5mL 离心管中，加入 500μL 的 2×CTAB 溶液，65℃预热。

（2）取干净的、幼嫩的、新鲜的小杂粮植株的叶片 0.5g，放入 1.5mL 离心管中，用小型研磨棒研碎（可加少量石英砂），将（1）中预热好的 2×CTAB 溶液倒入此离心管中，混匀后置于 65℃水浴中保温 30min，并不时轻轻转动离心管。

（3）加入等体积的异戊醇（约 500mL），轻轻地颠倒混匀，室温下 10 000r/min 离心 10min，转移上清液至另一新离心管中。

（4）加入 2 倍体积的无水乙醇或 0.7 倍体积的异丙醇，会出现絮状沉淀，−20℃放置 30min 或者 −80℃放置 10min，12 000r/min 离心 5min，回收 DNA 沉淀。

（5）用 500mL 70% 乙醇清洗沉淀一次，待乙醇挥发后溶于 4mL 蒸馏水（先用 100mL 溶解，再加到 4mL），制成稀释 40 倍的 DNA 溶液。

（6）用蒸馏水做空白对照，在紫外分光光度计上测 260nm 和 280nm 下的吸光值。

五、注意事项

（1）吸取 DNA 溶液时，微量移液器吸头一定要用剪刀剪去尖部，防止机械剪切力对 DNA 的损伤。

（2）混匀 DNA 溶液时动作要轻缓，防止造成 DNA 断链降解。

六、思考题

（1）CTAB、EDTA 的作用是什么？

（2）吸取样品和抽提时应注意什么，为什么？

七、实验结果与分析

（1）用紫外分光光度计检测提取的 DNA 纯度及浓度。

（2）纯 DNA 的 OD_{260}/OD_{280}＝1.8，大于 1.8 含有 RNA，小于 1.8 含蛋白质。

（3）DNA 浓度：1 个 OD_{260} 相当于 50μg/mL 双链 DNA 或 40μg/mL 单链 DNA。

（戎婷婷　武　娟）

实验十六　载有苦荞基因的质粒 DNA 的提取

一、实验目的

学习和掌握碱裂解法提取载有苦荞基因质粒的方法和技术。

二、实验原理

质粒 DNA 为共价闭合环状 DNA，分子质量小，碱裂解后可迅速恢复。

三、材料与仪器

载有苦荞基因质粒的大肠杆菌 *E. coli* DH5α；LB 液体培养基；1.5mL 离心管、质粒小量提取试剂盒、冷冻离心机等。

四、实验操作

（1）将载有苦荞基因质粒的大肠杆菌 *E. coli* DH5α 于 LB 液体培养基 37℃振荡培养过夜。
（2）将培养液置于 1.5mL 离心管中，用冷冻离心机 4000g 离心 1min，去上清。
（3）按质粒小提试剂盒操作步骤提取质粒 DNA。

五、注意事项

（1）菌体培养时间不宜过长，以免影响质粒提取。
（2）离心转数不宜过高，以免影响菌液重悬。

六、思考题

质粒 DNA 的提取的影响因素有哪些？

七、实验结果与分析

描述每一步实验操作后的结果并加以分析。

（崔乃忠）

实验十七　载有苦荞基因的质粒 DNA 的电泳分析

一、实验目的

琼脂糖凝胶电泳检测载有苦荞基因的质粒 DNA，了解载有苦荞基因的质粒 DNA 在电泳时表现出来的性质和泳动特点。

二、实验原理

DNA 分子在高于等电点 pH 溶液中带负电荷，向正极移动，速率取决于分子筛效应。

三、材料和仪器

载有苦荞基因的质粒 DNA；琼脂糖、上样缓冲液；凝胶成像仪、Marker、电泳仪等。

四、实验操作

（1）用琼脂糖制备 1.2% 琼脂糖凝胶。

（2）样品按比例加入上样缓冲液，混匀，加入凝胶加样孔，同时设置 Marker。

（3）在 80V 恒压下电泳，当溴酚蓝移动到合适位置时，停止电泳。

（4）在 254nm 下，用凝胶成像仪观察并记录电泳结果。

五、注意事项

（1）凝胶制备时，凝胶浓度需按检测 DNA 片段大小调整。

（2）上样缓冲液与样品需混匀，否则影响样品沉孔。

六、思考题

电泳检测 DNA 失败的原因可能有哪些？

七、实验结果与分析

图解分析电泳结果并注明电泳片段大小。

（崔乃忠）

实验十八　苦荞基因聚合酶链反应（PCR）扩增

一、实验目的

学习 PCR 反应的基本原理和实验技术。

二、实验原理

适宜条件下，DNA 模板和引物在酶的作用下，经变性、退火、延伸多个循环，DNA 扩增 2^n 倍。

三、材料与仪器

载有苦荞基因的质粒 DNA、特异性引物、PCR 反应试剂盒、PCR 反应管、PCR 仪等。

四、实验操作

（1）按苦荞基因的质粒 DNA 目的基因序列设计并合成特异性引物。

（2）按 PCR 反应试剂盒说明，在 PCR 反应管中建立 50μL PCR 扩增反应体系。

（3）采用 PCR 仪对载有苦荞基因的质粒 DNA 目的基因片段扩增。

（4）扩增产物于 –20℃冻存。

五、注意事项

（1）建立 PCR 扩增反应体系时需准确称量各组成分。

（2）设定 PCR 扩增反应循环参数需依据引物 T_m 值。

六、思考题

PCR 扩增失败的原因可能有哪些？

七、实验结果与分析

描述每一步实验操作后的结果并加以分析。

（崔乃忠）

实验十九　苦荞基因 PCR 扩增产物回收

一、实验目的

学习 PCR 扩增产物胶回收技术。

二、实验原理

PCR 扩增产物经琼脂糖凝胶电泳分离后，经切胶、溶胶和柱回收，获得较纯净的 PCR 扩增产物。

三、材料与仪器

苦荞基因 PCR 扩增产物；DNA 胶回收试剂盒、冷冻离心机、凝胶成像仪、琼脂糖、电泳仪等。

四、实验操作

（1）用琼脂糖制备 1.2% 琼脂糖凝胶并利用电泳仪电泳分离苦荞基因 PCR 扩增产物。

（2）凝胶成像仪观察并进行切胶。

（3）采用 DNA 凝胶回收试剂盒，利用冷冻离心机进行溶胶和柱回收。

（4）胶回收产物用 1.2% 琼脂糖凝胶电泳检测。

五、注意事项

（1）凝胶成像仪观察并进行切胶时，尽量切去无效胶块。

（2）溶胶和柱回收是需充分溶胶，溶胶液需冷却后上柱，以免影响回收率。

六、思考题

使 PCR 扩增产物胶回收率下降的原因可能有哪些？

七、实验结果与分析

图解分析 PCR 扩增产物胶回收后产物电泳结果并注明电泳片段大小。

（崔乃忠）

主要参考文献

丛娟，李晓玲，宫莉，等. 2007. 菠菜基因组 DNA 提取方法与条件的研究. 长春工业大学学报，28（4）：467-472

关雪莲，王丽. 2003. 植物学实验指导. 北京：中国农业大学出版社

李洪连，徐敬友. 2007. 农业植物病理学实验实习指导. 第二版. 北京：中国农业出版社

李志勇. 2016. 细胞工程实验教程. 北京：高等教育出版社

刘进元，张淑平，武耀廷. 2006. 分子生物学实验指导. 第二版. 北京：高等教育出版社

王崇英，侯岁稳，高欢欢. 2016. 细胞生物学实验. 北京：高等教育出版社

王元秀. 2013. 普通生物学实验指导. 第二版. 北京：化学工业出版社

吴乃虎. 1998. 基因工程原理. 北京：科学出版社

Boffey S A, Lloid D. 1989. Division and Segregation of Organelles. Cambridge: Cambridge University Press

第 14 章 / 工艺过程控制实验

实验二十　小杂粮组织培养——外植体灭菌及其初代培养物的建立

一、实验目的

通过外植体灭菌处理、超净工作台上外植体接种等无菌操作训练，掌握植物（小杂粮）组织培养材料灭菌的基本方法及无菌操作技术，建立初代无菌培养体系。

二、实验原理

植物（小杂粮）组织培养过程中，外植体带菌是污染的主要原因之一。因此，外植体的灭菌是组织培养过程中重要的工作环节之一。灭菌后的外植体经无菌操作接到合适的培养基上，就可以诱导材料生长，从而建立初代无菌培养体系。从田间或温室中选取的外植体，都不同程度地带有各种微生物。这些微生物一旦带入培养基，就会迅速生长，造成培养基和培养材料污染。因此，外植体必须经过严格的表面灭菌处理。外植体的灭菌是利用各种化学药剂（灭菌剂）对外植体所带的杂菌进行杀灭，从而实现无菌。在实验中要根据材料特点选择合适的灭菌剂及相应浓度与时间进行灭菌处理。常用灭菌剂的使用浓度和灭菌时间见表 14-1。灭菌后外植体需在无菌条件下接种到培养基上。无菌操作所使用的器皿、植物材料操作及操作环境均需无菌化。将接种到培养基上的无菌外植体放在培养室（一定的光照、温度、湿度）里，使之生长，就可以建立起初代培养物的无菌体系。

表 14-1　植物组织培养中常用灭菌剂

名称	使用浓度	清除难易	灭菌时间 /min	灭菌效果
次氯酸钠	2%	易	5~30	很好
次氯酸钙	9%~10%	易	5~30	很好
漂白粉	饱和溶液	易	5~30	很好
过氧化氢	10%~12%	最易	5~15	好
溴水	1%~2%	易	2~10	很好
氯化汞	0.1%~1%	较难	2~15	最好
乙醇	70%~75%	易	0.2~2	好
抗生素	4~50mg/L	中	30~60	较好
硝酸银	1%	较难	5~30	好

三、材料和仪器

1. **实验材料**　小杂粮（藜麦、荞麦、绿豆、红小豆等）的茎、叶、种子等。
2. **实验用品**　多种培养基的成分、75% 乙醇、2% 次氯酸钠、吐温 -80、0.1% 氯化汞、无菌水等。

3．培养基　　配制多种不同成分的培养基，用于接种外植体。

4．实验用具　　超净工作台、无菌滤纸、无菌培养皿、烧杯、镊子、解剖刀、剪刀、镊子架、酒精灯、记号笔、废液罐、酒精喷壶（内装 75% 乙醇）、培养基器皿（内装配置好的培养基）、火柴、脱脂棉等。

四、实验操作

（1）将需要灭菌的植物材料做适当切割（去掉不需要部分），置烧杯中用流水冲洗干净。易漂浮或细小的材料，可装入纱布袋内冲洗。污染严重时可加入洗衣粉（洗洁精）清洗。

（2）超净工作台用 75% 的乙醇擦拭干净，将解剖刀（或剪刀）、镊子和镊子架浸入 75% 乙醇中，再将培养基、无菌滤纸（或无菌培养皿）、无菌水、废液罐、酒精灯一同放入超净工作台中。打开超净工作台的紫外灯进行灭菌处理 15min。

（3）操作人员用肥皂洗净双手，再用 75% 乙醇喷洗双手和盛放植物材料的烧杯外壁，将烧杯带入超净工作台上。点燃酒精灯，把镊子、解剖刀（或剪刀）、镊子架等接种用具在酒精灯火焰上灼烧灭菌，待冷凉后将镊子架置超净工作台上，镊子和解剖刀放在镊子架上备用。

（4）烧杯中的植物材料先用 75% 乙醇灭菌 30s（不断搅拌），倒掉乙醇，用无菌水冲洗三次后，再用 2% 次氯酸钠灭菌 15min 左右（灭菌时间长短与植物材料特性有关）。为了使植物表面灭菌彻底和均匀，可以在灭菌溶液中滴加几滴吐温 -80，不断搅拌使植物材料和灭菌溶液充分接触。

（5）将烧杯中的次氯酸钠倒入废液罐，灭菌材料用无菌水冲洗 3~5 次。用镊子取出无菌滤纸。取出外植体置于无菌滤纸上，用镊子和解剖刀（或剪刀）对外植体进行分割，叶片为 0.5cm^2 左右，茎段约 0.5cm^2 大小。

（6）打开培养基器皿的盖子，瓶口在酒精灯上烧一下。将切割好的外植体接种到培养基中，操作在酒精灯周围进行。

（7）接种材料后的培养基器皿口再放到酒精灯上烧一下，盖上盖子，标记植物材料名称、接种日期等。

（8）接种后的植物材料放入具有控制温度、光照和湿度等条件的培养室中，诱导外植体的生长，建立起初代无菌培养体系。

五、注意事项

（1）外植体的消毒非常的重要，是实验成功与否的关键。
（2）实验材料的每一个环节都要保证无菌的操作环境。

六、思考题

（1）植物（小杂粮）材料灭菌时常用哪些灭菌剂？它们的灭菌效果有哪些差异？
（2）简述无菌操作的一般过程。

七、实验结果与分析

每个人在已配制的培养基中，接种叶片和茎段外植体，每瓶接种 10 个外植体。置培养室中培养，10d 后统计污染率。

分析染菌的原因，哪一种灭菌试剂效果更好。

（刘建霞）

实验二十一　紫外吸收法测定蛋白质含量

一、实验目的

（1）了解紫外吸收法测定蛋白质含量的原理；
（2）掌握紫外分光光度计的使用方法。

二、实验原理

蛋白质分子中的酪氨酸、色氨酸和苯丙氨酸等氨基酸的侧基含有苯环或杂环，在 280nm 波长下具有最大吸收值。由于各种蛋白质中都含有酪氨酸，因此 280nm 的吸光度是蛋白质的一种普通性质。在一定浓度范围（0.1～1.0mg/mL）内蛋白质溶液在 280nm 吸光度与其浓度成正比，故可用做蛋白质定量测定。核酸在紫外区也有吸收，可通过校正加以消除。紫外吸收法的优点是定量过程中无试剂加入，蛋白质可回收。特别适用于柱层析洗脱液的快速连续检测。

三、材料和仪器

在暗箱 18～25℃培养 8～10d 的绿豆芽下胚轴；紫外分光光度计、离心机、分析天平、研钵、容量瓶、移液管；0.05mol/L Tris-HCl 缓冲液（pH7.5）等。

四、实验操作

1. 提取蛋白　　称取绿豆芽下胚轴 0.5g 置研钵中，加少量石英砂和 2mL Tris-HCl 缓冲液充分研磨，定容至 50mL，取 5mL 离心（4000r/min）5min 后，取上清液稀释至 20 倍（根据材料不同可调整稀释倍数）。在做样品测量的同时，做空白对照，比色时以空白对照调零。

2. 比色　　在紫外分光光度计上，于 280nm 和 260nm 波长下分别测其吸光值。

五、注意事项

不同蛋白质酪氨酸的含量有所差异，蛋白质溶液中存在核酸或核苷酸时会影响紫外吸收法测定蛋白质含量的准确性，尽管利用"实验结果与分析"中的公式进行校正，但由于不同样品中干扰成分差异较大，致使 280nm 紫外吸收法的准确性稍差。

六、思考题

（1）紫外吸收法测定蛋白质含量的原理是什么？此方法的主要用途是什么？

（2）比较紫外吸收法、双缩脲法、Folin-酚法、考马斯亮蓝 G-250 法测定蛋白质含量的优、缺点。

七、实验结果与分析

$$蛋白质含量（mg/mL）=（1.45A_{280}-0.74A_{260}）\times 稀释倍数$$

式中：A_{280} 为蛋白质溶液在 280nm 处测得的吸光度；A_{260} 为蛋白质溶液在 260nm 处测得的吸光度。

（戎婷婷）

实验二十二　小杂粮营养成分分析——水分、脂肪及总糖测定

实 验 目 的

（1）了解小杂粮中的主要营养成分；

（2）掌握小杂粮中各种营养成分测定的原理及方法；

（3）学会自己查阅资料设计实验方案及数据处理，准确测定出各种营养成分的含量。

Ⅰ . 水分含量的测定

一、实验目的

（1）了解水分测定的意义；

（2）掌握直接干燥法测定水分的方法；

（3）掌握恒温干燥箱的正确使用方法。

二、实验原理

在一定温度（100～105℃）和压力（常压）下，将样品放在烘箱中加热，样品中的水分受热以后，产生的蒸汽压高于空气在恒温干燥箱中的分压，使水分蒸发出来，同时，由于不断地加热和排走水蒸气，将样品完全干燥，干燥前后样品质量之差即为样品的水分量，以此计算样品水分的含量。

三、材料和仪器

小杂粮及其产品，甜炼乳或酱类；常压恒温干燥箱、烘箱玻璃称量皿或带盖铝皿、电子天平（万分之一）、干燥器、细海砂、玻璃棒、蒸发皿等。

四、实验操作

（1）将称量皿洗净、烘干，置于干燥器内冷却，再称重，重复上述步骤至前后两次称量之差小于 2mg。记录空皿质量 m_3。

（2）称取 3.00g 样品于已恒重的称量皿中，加盖，准确称重，记录质量 m_1。

（3）将盛有样品的称量皿置于 100～105℃ 的常压恒温干燥箱中，盖斜倚在称量皿边上，干燥 2h（在干燥温度达到 100℃ 以后开始计时）。

（4）在干燥箱内加盖，取出称量皿，置于干燥器内冷却 0.5h，立即称重。

（5）重复步骤（3）（4），直至前后两次称量之差小于 2mg。记录质量 m_2。

（6）计算结果

$$水分含量（\%）=\frac{m_1-m_2}{m_1-m_3}\times100$$

式中：m_1 为干燥前样品与称量皿（或蒸发皿加海砂、玻璃棒）的质量（g）；m_2 为干燥后样品与称量皿（或蒸发皿加海砂、玻璃棒）的质量（g）；m_3 为称量皿（或蒸发皿加海砂、玻璃棒）的质量（g）。

五、注意事项

（1）固态样品必须磨碎，全部经过 20～40 目筛，混合均匀后方可测定。水分含量高的样品要采用二步干燥法进行测定。

（2）油脂或高脂肪样品，由于油脂的氧化，而使后一次的质量可能反而增加，应以前一次质量计算。

（3）对于黏稠样品（如甜炼乳或酱类），将 10g 经酸洗和灼烧过的细海砂及一根细玻璃棒放入蒸发皿中，在 95～105℃ 干燥至恒重。然后准确称取适量样品，置于蒸发皿中，用细玻璃棒搅匀后放在沸水浴中蒸干（注意中间要不时搅拌），擦干皿底后置于 95～105℃ 干燥箱中干燥 4h，按上述操作反复干燥至恒重。

（4）根据样品种类的不同，第一次干燥时间可适当延长。

（5）易分解或焦化的样品，可适当降低温度或缩短干燥时间。

六、思考题

（1）液体样品如何测定水分含量？

（2）不同样品的干燥时间如何控制？

七、实验结果

计算样品的水分含量。

<h2 style="text-align:center">Ⅱ．脂肪的测定</h2>

一、实验目的

（1）了解索氏抽提法测定脂肪的原理；

（2）掌握索氏抽提法测定脂肪的方法，学习使用索氏抽提器。

二、实验原理

根据脂肪能溶于乙醚等有机溶剂的特性，将样品置于连续抽提器——索氏抽提器中，用乙醚反复萃取，提取样品中的脂肪后，回收溶剂所得的残留物，即为脂肪或称粗脂肪。因为提取物中除脂肪外，还含有色素、蜡、树脂、游离脂肪酸等物质。

三、材料和仪器

小杂粮（高粱、谷子、莜麦、荞麦、苦荞、芝麻、绿豆等）；索氏抽提器、电热鼓风干燥箱、海砂（粒度 0.65～0.85mm，二氧化硅的质量分数不低于 99%）、烘箱、滤纸、蒸发皿、玻璃棒、棉花等；无水乙醚或石油醚（沸程 30～60℃）。

四、实验操作

1. 滤纸筒的制备　将滤纸剪成长方形（8cm×15cm），卷成圆筒，直径为 6cm，将圆筒底部封好，最好放一些脱脂棉，避免向外漏样。

2. 索氏抽提器的准备　索氏抽提器由三部分组成，即回流冷凝管、提取筒、提取瓶。提取瓶在使用前需烘干并称至恒重，其他部件要干燥。

3. 上样　精确称取烘干磨细的样品 2.00～5.00g，放入已称重的滤纸筒（半固体或液体样品取 5.00～10.00g 于蒸发皿中，加 20g 海砂，在水浴上蒸干，再于 100～105℃烘干，研细，全部移入滤纸筒内，蒸发皿及附有样品的玻璃棒用蘸有乙醚的棉花擦净，棉花也放入滤纸筒内），封好上口。

4. 抽提　将装好样品的滤纸筒放入提取筒，连接已恒重的提取瓶，从提取筒冷凝管上端加入乙醚，加入的量为提取瓶体积的 2/3。接上冷凝装置，在恒温水浴中抽提，水浴温度为 55℃左右，一般样品抽提 6～12h，坚果样品抽提约 16h。抽提结束时可用滤纸检验，接取 1 滴抽提液，无油斑即表明抽提完毕。

5. 回收乙醚　取下提取瓶，回收乙醚。待提取瓶内乙醚剩下 1～2mL 时，在水浴上蒸干，再于 100～150℃烘箱烘至恒重，记录重量。

6. 结果计算

$$脂肪含量（\%）=\frac{m_2-m_1}{m}\times100$$

式中：m_2 为提取瓶和脂肪的质量（g）；m_1 为提取瓶的质量（g）；m 为样品的质量（g）。

五、注意事项

（1）索氏抽提法适用于脂类含量较高、结合态的脂类含量较少、能烘干磨细、不宜吸湿结块的样品的测定。此法只能测定游离态脂肪，结合态脂肪需在一定条件下水解转变成游离态的脂肪方能测出。

（2）样品含水分会影响溶剂抽提效果，而且溶剂会吸收样品中的水分造成非脂成分溶出。装样品的滤纸筒要严密，不能往外漏样品，也不要包得太紧影响溶剂渗透。放入滤纸筒时高度不要超过回流弯管，否则样品中的脂肪不能提尽，会造成误差。

（3）对含多量糖及糊精的样品，要先以冷水使糖及糊精溶解，经过滤除去，将残渣连同滤纸一起烘干，再一起放入提取筒中。

（4）抽提用的乙醚或石油醚要求无水、无醇、无过氧化物，挥发残渣含量低。

（5）抽提时水浴温度不可过高，以每分钟从冷凝管滴下 80 滴左右、每小时回流 6 次左右为宜，抽提过程应注意防火。

（6）抽提时，冷凝管上端最好连接一个氯化钙干燥管。这样可防止空气中的水分进入，也可避免乙醚挥发在空气中，如无此装置可塞一团干燥的脱脂棉球。

（7）抽提是否完全，可凭经验，也可用滤纸或毛玻璃检查，由提取筒下口滴下的乙醚滴在滤纸或毛玻璃上，挥发后不留下油迹表明已抽提完全，若留下油迹说明抽提不完全。

（8）在挥发乙醚或石油醚时，切忌用直接火加热，应该用电热套、电水浴等。烘前应驱除全部残余的乙醚，因乙醚稍有残留，放入烘箱时都有发生爆炸的风险。

（9）反复加热会因脂类氧化而增重。重量增加时，以增重前的重量作为恒重。

（10）对大多数样品来说，索氏抽提法的测定结果比较可靠，但需要周期长，溶剂量大。

六、思考题

（1）哪些样品的脂肪含量比较高？哪些食品的脂肪含量比较高？

（2）抽提过程中抽提几次比较合理？

七、实验结果与分析

计算样品的脂肪含量。

Ⅲ．总糖及还原糖的测定

一、实验目的

（1）掌握总糖测定的基本原理；

（2）学习比色法测定还原糖的操作方法和分光光度计的使用。

二、实验原理

利用糖的溶解度不同，可将植物样品中的单糖、双糖和多糖分别提取出来，对没有还原性的双糖和多糖，可用酸水解法使其降解成有还原性的单糖进行测定，再分别求出样品中还原糖和总糖的含量（还原糖以葡萄糖含量计）。

还原糖在碱性条件下加热被氧化成糖酸及其他产物，3,5-二硝基水杨酸则被还原为棕红色的 3-氨基-5-硝基水杨酸。还原糖的量与棕红色物质颜色的深浅成正比关系，利用分光光度计，在 540nm 波长下测定光密度值，查标准曲线并计算，便可求出样品中还原糖和总糖的含量。

三、材料和仪器

1. 实验材料　　小麦面粉（1.00g）。

2. 试剂和仪器

（1）1mg/mL 葡萄糖标准液：准确称取 80℃烘至恒重的分析纯葡萄糖 100mg，加少量蒸馏水溶解后，转移到 100mL 容量瓶中，用蒸馏水定容至 100mL。

（2）3,5-二硝基水杨酸（DNS）试剂：将 6.3g DNS 和 262mL 2mol/L NaOH 溶液加到 500mL 含有 185g 酒石酸钾钠的热水溶液中，再加 5g 结晶酚和 5g 亚硫酸钠，搅拌溶解，冷却后加蒸馏水定容至 1000mL，贮于棕色瓶中备用。

（3）6mol/L HCl 和 6mol/L NaOH 各 100mL。（分别取 59.19mL 37% 浓盐酸和 24g NaOH 定容至 100mL。）

（4）具塞刻度试管、三角瓶、容量瓶、分光光度计等。

四、实验操作

1. 制作葡萄糖标准曲线　取 7 支 20mL 具塞刻度试管编号，按表 14-2 分别加入浓度为 1mg/mL 的葡萄糖标准液、蒸馏水和 DNS 试剂，配成不同葡萄糖含量的反应液。

表 14-2　葡萄糖标准曲线制作

试管号	1mg/mL 葡萄糖标准液 /mL	蒸馏水 /mL	DNS/mL	葡萄糖含量 /mg	光密度值（OD$_{540nm}$）
0	0	2	1.5	0	
1	0.2	1.8	1.5	0.2	
2	0.4	1.6	1.5	0.4	
3	0.6	1.4	1.5	0.6	
4	0.8	1.2	1.5	0.8	
5	1.0	1.0	1.5	1.0	
6	1.2	0.8	1.5	1.2	

将各管摇匀，在沸水浴中准确加热 5min，取出，用冷水迅速冷却至室温，用蒸馏水定容至 20mL，加塞后颠倒混匀。调分光光度计波长至 540nm，用 0 号管调零点，待后面 7～10 号管准备好后，测出 1～6 号管的光密度值。以光密度值为纵坐标，葡萄糖含量（mg）为横坐标，绘出标准曲线。

2. 样品中还原糖和总糖的测定

（1）总糖的水解和提取。准确称取 1.00g 食用面粉，放入 100mL 三角瓶中，加 15mL 蒸馏水及 10mL 6mol/L HCl，置沸水浴中加热水解 30min，冷至室温后加入 1 滴酚酞指示剂，以 6mol/L NaOH 溶液中和至溶液呈微红色，并定容至 100mL，过滤取滤液 10mL 于 100mL 容量瓶中，定容至刻度，混匀，即为稀释 1000 倍的总糖水解液，用于总糖测定。

（2）显色和比色。取 4 支 20mL 具塞刻度试管，编号，按表 14-3 所示分别加入小麦面粉的待测液和 DNS 显色剂，将各管摇匀，在沸水浴中准确加热 5min，取出，冷水迅速冷却至室温，用蒸馏水定容至 20mL，加塞后颠倒混匀，在分光光度计上进行比色。调波长 540nm，用 0 号管调零点，测出 7～10 号管的光密度值。

表 14-3　样品还原糖测定

管号	还原糖待测液 /mL	总糖待测液 /mL	蒸馏水 /mL	DNS/mL	光密度值（OD$_{540nm}$）	查曲线葡萄糖量 /mg	平均值
7	0.5		1.5	1.5			
8	0.5		1.5	1.5			
9		1	1	1.5			
10		1	1	1.5			

3. 结果与计算　　计算出 7、8 号管光密度值的平均值和 9、10 号管光密度值的平均值，在标准曲线上分别查出相应的葡萄糖毫克数，按下式计算出样品中还原糖和总糖的百分含量（以葡萄糖计）。

$$还原糖（\%）=\frac{查曲线所得葡萄糖毫克数×提取液总体积}{样品毫克数×测定时取用体积}×100$$

$$总糖（\%）=\frac{查曲线所得葡萄糖毫克数×稀释倍数}{样品毫克数}×0.9×100$$

五、注意事项

（1）标准曲线制作与样品测定应同时进行显色，并使用同一空白调零点和比色。

（2）面粉中还原糖含量较少，计算总糖时可将其合并入多糖一起考虑。

六、思考题

（1）为什么总糖含量计算时需要乘以 0.9 的系数？

（2）总糖含量比较多的样品显色之前应怎样进行稀释处理？

七、实验结果与分析

计算样品的总糖及还原糖含量。

（刘小翠）

实验二十三　苦荞中总黄酮、淀粉、游离氨基酸及蛋白质的系列测定

一、实验目的

（1）掌握从植物组织中系统分离和测定总黄酮、淀粉、氨基酸及蛋白质等多种成分的方法；

（2）培养综合实验的设计和操作能力；

（3）掌握从一种资源中分离多种高附加值物质的方法。

二、实验原理

1. 系列分步分离的原理 在 80%～85% 的乙醇中，植物组织中的总黄酮、可溶性糖、蔗糖及游离氨基酸等溶解，而淀粉及蛋白质沉淀，通过向沉淀中加入 9.2mol/L 高氯酸溶液可溶解淀粉（蛋白质沉淀），最后通过向沉淀中加入 0.1mol/L 氢氧化钠溶液可溶解蛋白质。对分步分离的组分选用适当的方法进行各组分含量测定。

2. 各组分的测定原理

（1）三氯化铝比色法——总黄酮测定。黄酮类化合物固有的结构可以与 Al^{3+} 结合形成络合物，并且在不同条件下具有不同的紫外吸收峰，黄酮类化合物直接与 $AlCl_3$ 络合时，在 415nm 可以检测到总黄酮的最高吸光值。

（2）茚三酮比色法——氨基酸含量测定。氨基酸的游离氨基与水合茚三酮作用后，产生二酮茚胺的取代盐等蓝紫色化合物，在 570nm 处有最大光吸收，在一定范围内，其颜色深浅与氨基酸的含量成正比。

（3）蒽酮比色法——淀粉含量测定。碳水化合物及其衍生物经浓硫酸处理，生成糠醛，再与蒽酮脱水缩合而生成蓝绿色复合物，该物质在 620nm 处有最大光吸收值。在 10～100μg 范围内，其颜色深浅与碳水化合物含量呈线性关系。

（4）考马斯亮蓝 G-250 结合法——蛋白质含量测定。考马斯亮蓝 G-250 在游离状态时呈红色，当与蛋白质结合后呈蓝色，后者最大光吸收在 595nm 处，在一定范围内（0～1000μg/mL）其颜色深浅与蛋白质的含量成正比。

三、材料和仪器

1. 仪器

（1）25mL 刻度试管，试管（10ml、15ml）；

（2）离心管（10mL、15mL）；

（3）三角瓶（25mL、50mL）；

（4）容量瓶（10mL、25mL、50mL、100mL）；

（5）移液管（0.1mL、1mL、2mL、5mL）；

（6）量筒（10mL、50mL、100mL、250mL、1000mL）；

（7）吸耳球，恒温水浴锅，离心机，电子天平，研钵，可见光分光光度计，高功率数控超声波清洗仪，电热套等。

2. 试剂

80% 乙醇、9.2mol/L 高氯酸、4.6mol/L 高氯酸、0.1mol/L 氢氧化钠。

3. 各组分测定所需试剂

1）总黄酮含量测定所需试剂

（1）用 60% 乙醇配制 0.2mg/mL 的芦丁标准溶液。

（2）配制 1% 三氯化铝溶液。

2）氨基酸含量测定所需试剂

（1）水合茚三酮：向 1.2g 茚三酮中先加入 30mL 正丙醇，搅拌使其溶解，再加入 60mL 正丁醇和 120mL 乙二醇，最后加入 18mL pH 5.4 的乙酸-乙酸钠缓冲液，混匀，储存于棕色瓶中，4℃冰箱中保存。

（2）乙酸-乙酸钠缓冲液（pH5.4）：乙酸钠54.4g，加入100mL蒸馏水，在电炉上加热至沸腾，使体积蒸发至原体积的一半，冷却后加30mL冰乙酸，用蒸馏水稀释至100mL。

（3）标准氨基酸（200μg/mL）：取80℃下烘干的亮氨酸20mg，溶解在10%的异丙醇中，并用10%异丙醇稀释至10mL，取5mL，用蒸馏水稀释至50mL。

3）淀粉含量测定所需试剂

（1）100μg/mL的葡萄糖标准溶液，4℃冰箱保存。

（2）0.2%硫酸-蒽酮试剂：向蒽酮中缓缓加入浓硫酸，边加入边搅拌，溶解后成黄色透明溶液，储存于棕色瓶中，4℃冰箱中保存。

4）蛋白质含量测定所需试剂

（1）牛血清白蛋白标准液（100μg/mL）：4℃冰箱保存。

（2）考马斯亮蓝G-250试剂：100mg考马斯亮蓝G-250溶解于50mL 95%的乙醇中，加入85%（m/V）磷酸100mL，用蒸馏水定容至1000mL。

4. 材料　苦荞。

四、实验操作

1. 分离提取

分离提取过程见图14-1。

2. 各组分测定步骤

1）总黄酮含量的测定

（1）制作芦丁标准曲线。精确吸取芦丁标准液0.5mL、1.0mL、1.5mL、2.0mL和2.5mL分别置于50mL容量瓶中，对应加入1%三氯化铝溶液2.5mL，再加入60%乙醇定容至50mL，摇匀，415nm处比色，测定吸收值，以吸收值为纵坐标，芦丁浓度为横坐标绘制芦丁标准曲线。

（2）样品测定。取1mL总黄酮抽提液于100mL容量瓶中，向其中加入1%三氯化铝溶液5mL，再加入80%乙醇定容，摇匀，415nm处比色。

（3）计算

$$总黄酮含量 = \frac{查标准曲线（μg）×稀释倍数}{样品重量（mg）×1000} ×100\%$$

2）游离氨基酸含量的测定

（1）按表14-4制作亮氨酸标准曲线。

在各管加入3mL水合茚三酮，加完试剂后混匀，置沸水浴加热15min，然后取出放在冷水中，迅速冷却并摇动，使加热时形成的红色逐渐被氧化而褪色，直至溶液成紫色，570nm处测吸光值。

（2）样品测定。吸取上述样品提取液1mL，稀释10倍后，取2mL，显色与标准曲线相同。

（3）计算

$$氨基酸含量 = \frac{查标准曲线（μg）×稀释倍数}{样品重量（mg）×1000} ×100\%$$

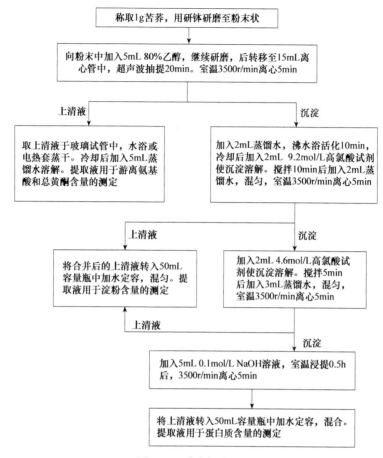

图 14-1　分离提取过程

表 14-4　亮氨酸标准曲线的制作

试管号	1	2	3	4	5	6
蒸馏水	2	1.8	1.6	1.4	1.2	1.1
亮氨酸标准液 / (200μg/mL)	0	0.2	0.4	0.6	0.8	1
亮氨酸含量 /μg	0	40	80	120	160	200

3）淀粉含量的测定

（1）按表 14-5 制作葡萄糖标准曲线。

表 14-5　葡萄糖标准曲线的制作

试管号	1	2	3	4	5	6	7
葡萄糖标准液 /mL	0	0.1	0.2	0.3	0.4	0.5	0.6
蒸馏水	1.0	0.9	0.8	0.7	0.6	0.5	0.4
葡萄糖含量 /μg	0	10	20	30	40	50	60

上面 7 支试管按照标准曲线要求分别加完葡萄糖标准液、蒸馏水后再向每支试管中分别

加入 0.2% 硫酸-蒽酮试剂 4.0mL，全部加完后将 7 支试管一起浸入沸水浴中，管口加盖，以防蒸发。自水浴重新煮沸起，煮沸 10min 取出。流水冲洗冷却，室温放置 10min，在 620nm 波长下比色。以标准葡萄糖含量（μg）为横坐标，以吸光值为纵坐标，做标准曲线。

（2）样品测定。吸取上述淀粉提取液 0.1mL，稀释 1000 倍后，取 1mL 用测定标准曲线的方法测定。

（3）计算

$$淀粉含量 = \frac{查标准曲线（μg）×稀释倍数}{样品重量（mg）×1000}×100\%$$

4）蛋白质含量的测定

（1）按表 14-6 制作牛血清蛋白标准曲线。

表 14-6 牛血清蛋白标准曲线的制作

试管号	1	2	3	4	5	6
蒸馏水	1	0.8	0.6	0.4	0.2	0
牛血清白蛋白标准液 /（100μg/mL）	0	0.2	0.4	0.6	0.8	1
牛血清白蛋白含量 /μg	0	20	40	60	80	100

各管中分别加入 5mL 考马斯亮蓝 G-250 试剂，混匀，室温放置 2min 后，595nm 处测吸光值。

（2）样品测定。准确吸取蛋白质提取液 1mL，显色与标准曲线相同。

（3）计算

$$蛋白质含量 = \frac{查标准曲线（μg）×稀释倍数}{样品重量（mg）×1000}×100\%$$

五、注意事项

（1）超声提取技术能避免高温高压对有效成分的破坏，但对容器壁的厚薄及容器放置位置要求较高。

（2）超声提取中应注意掌握超声的功率、时间和温度。

（3）标准曲线的制作一定要准确。

（4）检测不同物质要严格控制显色时间。

六、思考题

（1）为什么测定黄酮含量用芦丁标准品做标准曲线？植物的黄酮类化合物都包括哪些？

（2）从植物样品中进行总黄酮、淀粉、氨基酸及蛋白质系列提取和测定应注意哪些问题？

七、实验结果与分析

$$总黄酮含量 = \frac{查标准曲线（μg）×稀释倍数}{样品重量（mg）×1000}×100\%$$

$$游离氨基酸 = \frac{查标准曲线（\mu g）\times 稀释倍数}{样品重量（mg）\times 1000} \times 100\%$$

$$淀粉含量 = \frac{查标准曲线（\mu g）\times 稀释倍数}{样品重量（mg）\times 1000} \times 100\%$$

$$蛋白质含量 = \frac{查标准曲线（\mu g）\times 稀释倍数}{样品重量（mg）\times 1000} \times 100\%$$

（戎婷婷　武　娟）

实验二十四　胡麻油酸价的测定

一、实验目的

（1）熟悉食用油酸价测定的原理；

（2）掌握食用油酸价测定的方法。

二、实验原理

油脂暴露于空气中一段时间后，在脂肪水解酶或微生物繁殖所产生的酶的作用下，部分甘油酯会分解产生游离的脂肪酸，使油脂变质酸败。通过测定油脂中游离脂肪酸的含量来反映油脂的新鲜程度。游离脂肪酸的含量可以用中和 1g 油脂所需的氢氧化钾毫克数，即酸价来表示。通过测定酸价的高低来检验油脂的质量。

三、材料和仪器

胡麻油；锥形瓶、移液管、碱式滴定管；氢氧化钾标准溶液、中性乙醚-乙酸（2：1）混合溶剂、酚酞指示剂等。

四、实验操作

（1）称取均匀待测试样 3～5g 注入锥形瓶中，加入中性乙醚-乙酸混合溶液 50mL。

（2）摇动使试样完全充分溶解。

（3）再加 2～3 滴酚酞指示剂。

（4）用 0.1mol/L 碱液滴定至出现粉色，并且在 30s 内不消失，记下消耗的碱液毫升数（V）。

（5）计算

油脂酸价（X）：mg（KOH）/g（油）按如下公式计算

$$X = V \times C \times 56.1 / W$$

式中：V 为滴定消耗氢氧化钠溶液体积（mL）；C 为氢氧化钾溶液的浓度（0.1mol/L）；56.1 为氢氧化钾的摩尔值（g/mol）；W 为待测油的质量（g）。

五、注意事项

（1）滴定时一定要成滴，切不可成股。
（2）滴定时边摇边观察，粉色出现的时候滴定要慢。

六、思考题

（1）食用油打开以后请尽快使用，为什么？
（2）食用油应该如何保存？

七、实验结果与分析

（1）计算待测油样中酸价值。
（2）与国家标准相比较，哪些油不符合标准。

（米　智）

实验二十五　胡麻油脂过氧化值的测定

一、实验目的

（1）熟悉油脂过氧化值价测定的原理；
（2）掌握油脂过氧化值测定的方法。

二、实验原理

油脂氧化过程中产生过氧化物与碘化钾作用，生成游离碘，以硫代硫酸钠溶液滴定碘，可计算过氧化值。

三、材料和仪器

胡麻油；锥形瓶、碘量瓶、移液管、滴定管；饱和碘化钾溶液（称取 149g 碘化钾，加 10mL 水溶解，必要时微热使其溶解，冷却后贮于棕色瓶中）、三氯甲烷-冰乙酸混合物（量取 40mL 三氯甲烷加 60mL 冰乙酸，混匀）、0.01mol/L 硫代硫酸钠标准溶液、1% 淀粉试剂（将淀粉 0.5g 用少量冷水调成糊状，倒入 50mL 沸水中调匀，煮沸，临时用现配）等。

四、实验操作

称取 2～3g 油样（称准至 0.0002g）于碘量瓶中，加 30mL 三氯甲烷-冰乙酸混合液，使样品完全溶解，加入 1mL 饱和碘化钾溶液，塞好瓶盖，并轻轻振摇 0.5min，然后在暗处放置 3min，取出加 100mL 蒸馏水，摇匀，立即以淀粉试液为指示剂，用 0.01mol/L 硫代硫酸钠标准溶液滴定至蓝色消失为终点。同时做空白试验。

结果计算：过氧化值（%）$=0.1269 \times C \times (V-V_0) \times 100/m$

式中：C 为硫代硫酸钠标准溶液的浓度（mol/L）；V 为试样消耗硫代硫酸钠标准溶液体积

（mL）；V_0 为空白消耗硫代硫酸钠标准溶液体积（mL）；m 为样品质量（g）；0.1269 为换算系数。

五、注意事项

（1）滴定时一定要成滴，切不可成股。

（2）滴定时边摇边观察，颜色出现的时候滴定要慢。

六、思考题

硫代硫酸钠在整个实验过程中起什么作用？

七、实验结果与分析

（1）计算待测油样中过氧化值。

（2）与国家标准相比较，哪些油不符合标准。

（米　智）

实验二十六　游离氨基酸总量的测定

一、实验目的

掌握甲醛法测定游离氨基酸的方法。

二、实验原理

氨基酸具有酸性的—COOH 基和碱性的—NH_2 基。它们相互作用使氨基酸成为中性的内盐。当加入甲醛溶液时，—NH_2 基与甲醛结合，而使碱性消失，即可用碱性标准溶液来滴定其中的—COOH，从而计算出氨基酸的总量。此法简单，快速方便。

三、材料与仪器

绿豆芽、土豆；分析天平、容量瓶（100mL）、滴定管、研钵等；0.1%百里酚酞乙醇溶液、0.1%中性红、50%乙醇溶液、0.1mol/L 氢氧化钠标准溶液、4%中性甲醛溶液（以百里酚酞作指示剂，用氢氧化钠将 40%甲醛中和至淡蓝色）等。

四、实验操作

准确称取洗净除水的样品 5～10g（含氨基酸 20～30mg）各 2 份，置研钵中磨碎匀浆，全部移入 100mL 容量瓶中，加蒸馏水定容，混匀，过滤，取滤液 50mL，其中 1 份加入 2 滴中性红指示剂，用 0.1mol/L 氢氧化钠标准溶液滴定至由红色变为琥珀色为终点，另一份加入 2 滴百里酚酞指示剂及中性甲醛 20mL，摇匀，静置 1min，用 0.1mol/L 氢氧化钠标准溶液滴定至淡蓝色，即为终点。分别记录两次所消耗的碱液毫升数。

结果计算：

$$氨基酸态氮（\%）=\frac{(V_2-V_1)\times C\times 0.014}{W}\times 100$$

式中：C 为氢氧化钠标准溶液的浓度（mol/L）；V_1 为用中性红作指示剂滴定时消耗氢氧化钠标准溶液的体积（mL）；V_2 为用百里酚酞作指示剂滴定时消耗氢氧化钠标准溶液的体积（mL）；W 为滴定用样品溶液所相当的样品的重量（g）；0.014 为氮的毫摩尔质量（g/mmol）。

五、注意事项

（1）甲醛滴定法测定的是食品中游离氨基酸。

（2）固体样品应先进行粉碎，用水提取，然后测定提取液中的氨基酸。

六、思考题

为什么要加入两种指示剂？

七、实验结果与分析

计算样品的游离氨基酸含量。

（刘小翠）

实验二十七　小杂粮中灰分的测定

一、实验目的

（1）掌握测定小杂粮中灰分的方法；

（2）培养综合实验的操作能力。

二、实验原理

试样经干燥、炭化、灼烧、冷却后测定残留物的量。本方法适用于谷物食品、肉禽制品、乳及乳制品、水产品、果蔬制品、淀粉及淀粉制品、蛋制品、茶叶、调味品、发酵制品等食品中灰分的测定；不适用糖及糖制品中灰分的测定。

三、材料和仪器

材料样品：谷物食品、肉禽制品、乳及乳制品、水产品、果蔬制品、淀粉及淀粉制品、蛋制品、茶叶、调味品、发酵制品等食品。

仪器与试剂：分析天平、坩埚、电热板、高温电炉（温控 550±25℃）、研钵、绞肉机、组织捣碎机；18% 四水乙酸镁溶液、24% 四水乙酸镁溶液、盐酸溶液（1∶5）（1 体积浓盐酸与 5 体积水混匀）。

四、实验操作

1. 试样的制备

（1）固体样品制备：取有代表性的样品至少 200g，用研钵研细，混合均匀，置于玻璃容器内；不易捣碎和研细的样品，用切碎机切成细粒，混合均匀，置于玻璃容器内。

（2）粉状样品制备：取有代表性的样品至少 200g（如粉粒较大，也应用研钵研细），混合均匀，置于玻璃容器内。

（3）糊状样品制备：取有代表性的样品至少 200g，混合均匀，置于玻璃容器内。

（4）固液体样品制备：按固、液体比例，取有代表性的样品至少 200g，用组织捣碎机捣碎，混合均匀，置于玻璃容器内。

（5）肉制品制备：去除不可食用部分，取具有代表性的样品至少 200g，用绞肉机至少绞两次，混合均匀，置于玻璃容器内。

2. 分析步骤

1）坩埚的灼烧　　将坩埚浸没于盐酸溶液（1：5）中，视坩埚的洁污程度加热煮沸 10～60min，洗净，烘干，在 550±25℃高温电炉中灼烧 4h。待炉温降至 200℃时取出坩埚，移入干燥器中冷却至室温，称量（精确至 0.001g）。再次灼烧、冷却、称量，直至恒重（连续两次称量差不超过 0.002g）。

2）称样　　灰分大于 10% 的固体试样称取 2g，精确至 0.001g；灰分小于 10% 的固体试样称取 3～10g，精确至 0.001g；液体试样称取 30～40g，精确至 0.01g。

3）测定

（1）含磷量较低的谷物食品、果蔬制品、淀粉及淀粉制品、茶叶、发酵制品、调味品等称取试样后，将盛有试样的坩埚放在电热板上缓慢加热，待水分蒸干后置于电炉或煤气灯火焰上炭化至无烟。移入高温电炉中，升温至 550±25℃，灼烧 4h。待炉温降至 200℃时取出坩埚。置干燥器中冷却至室温，迅速称量。再将坩埚移入高温电炉中按上述温度灼烧 1h，冷却，称量。重复灼烧 1h 的操作，直至恒重（连续两次称量差不超过 0.002g）。若残渣中有明显炭粒时，向坩埚内滴入少许蒸馏水润湿残渣，使结块松散。蒸干水分后再进行灰化，直至灰分中无炭粒。

（2）含磷量较高的豆类及其制品、肉禽制品、蛋制品、水产品、乳及乳制品称取试样后，加入 1.00mL 24% 四水乙酸镁溶液或 3.00mL 18% 四水乙酸镁溶液，使试料完全润湿。放置 10min 后，在电热板上缓慢加热，将水分完全蒸干，置于电炉或煤气灯火焰上炭化至无烟。

量取 3 份与上面相同浓度和体积的四水乙酸镁溶液，做 3 次试剂空白试验。当 3 次试验结果的标准偏差小于 0.003g 时，取算术平均值。若标准偏差超过 0.003g 时，应重新做空白试验。

3. 结果计算

（1）分析结果的表述：食品中灰分含量以质量百分率表示，按式（1）、（2）计算：

$$X_1(\%)=\frac{m_2-m_1}{m}\times100 \tag{1}$$

$$X_2(\%)=\frac{(m_2-m_1)-m_0}{m}\times100 \tag{2}$$

式中：X_1（测定时未加四水乙酸镁溶液）为含磷较低的食品中灰分含量（质量百分率）（%）；X_2（测定时加入四水乙酸镁溶液）为含磷较高的食品中灰分含量（质量百分率）（%）；

m_0 为坩埚与氧化镁（四水乙酸镁灼烧后生成物）质量（g）；m_1 为坩埚与试样灼烧后的质量（g）；m_2 为坩埚的质量（g）。

计算结束时，灰分大于10%的样品精确至小数点后第1位；灰分为1%～10%的样品精确至小数点后第2位；灰分小于1%的样品精确至小数点后第3位。

（2）允许差：即同一样品的两次测定结果之差。灰分大于10%时，每100g样品不得超过0.2g；灰分等于或小于10%时，每100g样品不得超过平均值的2%。

五、注意事项

（1）样品炭化时注意热源强度，防止产生大量泡沫溢出坩埚。

（2）把坩埚放入高温炉或从炉中取出时，要放在炉口停留片刻，使坩埚预热或冷却，防止因温度剧变而使坩埚破裂。

（3）灼烧后的坩埚应冷却到200℃以下再移入干燥器中，否则因热的对流作用，易造成残灰飞散，且冷却速度慢，冷却后干燥器内形成较大真空，盖子不易打开。

（4）从干燥器内取出坩埚时，因内部成真空，开盖恢复常压时，应注意使空气缓缓流入，以防残灰飞散。

（5）灰化后所得残渣可留作Ca、P、Fe等成分的分析。

（6）用过的坩埚经初步洗刷后，可用粗盐酸或废盐酸浸泡10～20min，再用水冲刷洁净。

六、思考题

（1）样品的灰分主要由哪些物质组成？
（2）不同的样品灰分组成有没有差别？

七、实验结果与分析

计算样品的灰分含量。

（刘小翠）

实验二十八　高粱硝态氮含量的测定

一、实验目的

掌握比色测定硝态氮的方法。

二、实验原理

硝酸盐是植物吸收的主要含氮化合物之一，它必须还原成 NH_3 后才能参加有机氮化合物的合成。硝酸盐在植物体内的还原部位不同，可以在根内，也可以在枝叶内进行，且因植物种类和环境条件而异。因此，测定植物体内的硝态氮含量变化对了解氮代谢机制十分重要。

在浓酸条件下，NO_3^- 与水杨酸反应，生成硝基水杨酸，其反应如下：

生成的硝基水杨酸在碱性条件下（pH＞12）呈黄色，最大吸收峰的波长为410nm，在一定范围内，其颜色的深浅与含量成正比，可直接比色测定。

三、材料和仪器

高粱；500mg/L 硝态氮标准溶液、5% 水杨酸-硫酸溶液、8% NaOH 溶液；天平、刻度试管、水浴锅、50mL 容量瓶、25mL 容量瓶、移液枪，可见光分光光度计等。

四、实验操作

1. 标准曲线的制作

（1）吸取 500mg/L 硝态氮标准溶液 1mL、2mL、3mL、4mL、6mL、8mL、10mL、12mL 分别放入 50mL 容量瓶中，定容至刻度线。

（2）吸取上述系列标准溶液 0.1mL 分别放入刻度试管，以 0.1mL 蒸馏水代替标准液作空白，再分别放入 0.4mL 5% 水杨酸-硫酸溶液，摇匀，在室温下放置 20min 后，再加 8% NaOH 溶液 9.5mL，摇匀冷却至室温，显色液总体积为 10mL。

（3）绘制标准曲线：以空白作参照，在 410nm 波长下测定光密度，以硝态氮浓度为横坐标，光密度为纵坐标，绘制标准曲线。

2. 样品中硝酸盐的测定

（1）样品液的制备：取一定量的高粱叶片，剪碎混匀，用天平精确称取 2g，重复两次，分别放入 2 支刻度试管中，加入 10mL 蒸馏水，用塞子封口后，置入沸水浴中提取 30min，取出后用自来水冷却，将提取液过滤到 25mL 容量瓶中，并反复冲洗残渣，最后定容至刻度线。

（2）样品液的测定：吸取提取液 0.1mL 分别置于 2 支刻度试管中，然后加入 5% 水杨酸-硫酸溶液 0.4mL，混匀后置于室温下 20min，再慢慢加入 9.5mL 8% NaOH 溶液，待冷却至室温后，以空白作参照，在 410nm 波长下测定其光密度，在标准曲线上查得硝酸氮的浓度，再用以下的公式计算其含量：

$$NO_3^- - N = \frac{C \times V}{W \times 1000}$$

式中：C 为标准曲线上查得的 NO_3^--N 的浓度（mg/L）；V 为提取样品液总量（mL）；W 为样品鲜重（g）。

五、注意事项

配制好的 5% 水杨酸-硫酸溶液贮存于棕色瓶中，置于冰箱保存，一周内有效。

六、思考题

比较高粱不同部位叶片硝态氮含量的差异，找出氮素营养的敏感部位。

七、实验结果与分析

计算高粱叶片中硝态氮的含量。

（高　昆）

实验二十九　谷子萌发时淀粉酶活力的测定

一、实验目的

熟悉测定淀粉酶活力的方法。

二、实验原理

淀粉是植物最主要的贮藏多糖，也是人和动物的重要食物和发酵工业的基本原料。淀粉经淀粉酶作用后生成葡萄糖、麦芽糖等小分子物质而被机体利用。淀粉酶主要包括α-淀粉酶和β-淀粉酶两种。α-淀粉酶可随机地作用于淀粉中的α-1,4-糖苷键，生成葡萄糖、麦芽糖、麦芽三糖、糊精等还原糖，同时使淀粉的黏度降低，因此又称为液化酶。β-淀粉酶可从淀粉的非还原性末端进行水解，每次水解1分子麦芽糖，又被称为糖化酶。淀粉酶催化产生的这些还原糖能使3,5-二硝基水杨酸还原，生成棕红色的3-氨基-5-硝基水杨酸，其反应如下：

淀粉酶活力的大小与产生的还原糖的量成正比。用标准浓度的麦芽糖溶液制作标准曲线，用比色法测定淀粉酶作用于淀粉后生成的还原糖的量，以单位重量样品在一定时间内生成的麦芽糖的量表示酶活力。

淀粉酶存在于几乎所有植物中，特别是萌发后的禾谷类种子，淀粉酶活力最强，其中主要是α-淀粉酶和β-淀粉酶。两种淀粉酶特性不同，α-淀粉酶不耐酸，在pH3.6以下迅速钝化。β-淀粉酶不耐热，在70℃下15min钝化。根据它们的这些特性，在测定活力时钝化其中之一，就可测出另一种淀粉酶的活力。本实验采用加热的方法钝化β-淀粉酶，测出α-淀粉酶的活力。在非钝化条件下测定淀粉酶总活力（α-淀粉酶活力＋β-淀粉酶活力），再减去α-淀粉酶的活力，就可求出β-淀粉酶的活力。

三、材料和仪器

萌发的谷子种子（芽长约1cm）；标准麦芽糖溶液、3,5-二硝基水杨酸试剂、2mol/L NaOH溶液、酒石酸钾钠、0.1mol/L柠檬酸缓冲液（pH5.6）、1%淀粉溶液；石英砂，离心机，离心管，研钵，电炉，50mL容量瓶、100mL容量瓶，恒温水浴锅，20mL具塞刻度试管，分光光度计等。

四、实验操作

1. 麦芽糖标准曲线的制作 取 7 支干净的具塞刻度试管，编号，按表 14-7 加入试剂。

表 14-7 麦芽糖标准溶液配制及显色程序

试剂	管号						
	1	2	3	4	5	6	7
麦芽糖标准液 /mL	0	0.2	0.6	1.0	1.4	1.8	2.0
蒸馏水 /mL	2.0	1.8	1.4	1.0	0.6	0.2	0
麦芽糖含量 /mg	0	0.2	0.6	1.0	1.4	1.8	2.0
3,5-二硝基水杨酸 /mL	2.0	2.0	2.0	2.0	2.0	2.0	2.0

摇匀，置沸水浴中煮沸 5min。取出后流水冷却，加蒸馏水定容至 20mL。以 1 号管作为空白调零点，在 540nm 波长下比色测定光密度。以麦芽糖含量为横坐标，光密度为纵坐标，绘制标准曲线。

2. 淀粉酶液的制备 称取 1g 萌发 3d 的谷子种子（芽长约 1cm），置于研钵中，加入少量石英砂和 2mL 蒸馏水，研磨匀浆。将匀浆倒入离心管中，用 6mL 蒸馏水分次将残渣洗入离心管。提取液在室温下放置提取 15～20min，每隔数分钟搅动 1 次，使其充分提取。然后在 3000r/min 转速下离心 10min，将上清液倒入 100mL 容量瓶中，加蒸馏水定容至刻度，摇匀，即为淀粉酶原液，用于 α-淀粉酶活力测定。

吸取上述淀粉酶原液 10mL，放入 50mL 容量瓶中，用蒸馏水定容至刻度，摇匀，即为淀粉酶稀释液，用于淀粉酶总活力的测定。

3. 酶活力的测定 取 6 支干净的试管，编号，按表 14-8 进行操作。

表 14-8 酶活力测定取样表

操作项目	α-淀粉酶活力测定			β-淀粉酶活力测定		
	Ⅰ-1	Ⅰ-2	Ⅰ-3	Ⅱ-4	Ⅱ-5	Ⅱ-6
淀粉酶原液 /mL	1.0	1.0	1.0	0	0	0
钝化 β-淀粉酶	置 70℃水浴 15min，冷却					
淀粉酶稀释液 /mL	0	0	0	1.0	1.0	1.0
3,5-二硝基水杨酸 /mL	2.0	0	0	2.0	0	0
预保温	将各试管和淀粉溶液置于 40℃恒温水浴中保温 10min					
1% 淀粉溶液 /mL	1.0	1.0	1.0	1.0	1.0	1.0
保温	在 40℃恒温水浴中准确保温 5min					
3,5-二硝基水杨酸 /mL	0	2.0	2.0	0	2.0	2.0

将各试管摇匀，显色后进行比色测定光密度，记录测定结果，操作同标准曲线。

4. 结果计算

计算 Ⅰ-2、Ⅰ-3 光密度平均值与 Ⅰ-1 光密度之差，在标准曲线上查出相应的麦芽糖含量（mg），按下列公式计算 α-淀粉酶的活力。

$$\alpha\text{-淀粉酶的活力} = \frac{\text{麦芽糖含量（mg）} \times \text{淀粉酶原液总体积（mL）/样品重（g）}}{\text{麦芽糖毫克数/样品鲜重（g）} \times 5\text{min}}$$

计算Ⅱ-2、Ⅱ-3光密度平均值与Ⅱ-1光密度之差，在标准曲线上查出相应的麦芽糖含量（mg），按下式计算（α+β）淀粉酶总活力。

$$(\alpha+\beta)\text{淀粉酶总活力} = \frac{\text{麦芽糖含量（mg）} \times \text{淀粉酶原液总体积（mL）} \times \text{稀释倍数/样品重（g）}}{\text{麦芽糖毫克数/样品鲜重（g）} \times 5\text{min}}$$

$$\beta\text{-淀粉酶活力} = (\alpha+\beta)\text{淀粉酶总活力} - \alpha\text{-淀粉酶活力}$$

五、注意事项

（1）样品提取液的定容体积和酶液稀释倍数可根据不同材料酶活力的大小而定。

（2）为了确保酶促反应时间的准确性，在进行保温这一步骤时，可以将各试管每隔一定时间依次放入恒温水浴，准确记录时间，到达5min时取出试管，立即加入3,5-二硝基水杨酸以终止酶反应，以便尽量减小因各试管保温时间不同而引起的误差。同时恒温水浴温度变化应不超过±0.5℃。

（3）如果条件允许，各实验小组可采用不同材料，如萌发1d、2d、3d、4d的谷子种子，比较测定结果，以了解萌发过程中这两种淀粉酶活力的变化。

六、思考题

比较不同萌发时间和不同萌发温度下谷子种子淀粉酶活力的大小。

七、实验结果与分析

计算谷子种子的淀粉酶活力。

（高　昆）

实验三十　胡麻根系活力的测定（TTC法）

一、实验目的

熟悉测定根系活力的方法和测定原理。

二、实验原理

植物根系是水分、养分的主要吸收器官，又是很多物质同化、转化或合成的器官（活跃的吸收器官和合成器官），根的生长情况和活力水平直接影响植物个体的生长状况、营养水平和产量水平。

氯化三苯基四氮唑（triphenyl tetrazolium chloride，TTC）是氧化还原色素，溶于水中成为无色溶液，但可被根系细胞内的琥珀酸脱氢酶等还原，立即生成红色而不溶于水的三苯基甲臜（TTF），生成物比较稳定。TTC被广泛用于酶实验的氢受体，植物根系中的脱氢酶引起 TTC 还原，TTC 还原量能表示脱氢酶活力，并作为根系活力的指标。

三、材料和仪器

胡麻根系；0.4% TTC 溶液、66mmol/L 磷酸缓冲液（pH7.0）、1mol/L 硫酸、乙酸乙酯、次硫酸钠（$Na_2S_2O_4$）；石英砂、50mL 容量瓶、试管、培养皿、保温箱、分光光度计等。

四、实验操作

1. TTC 标准曲线制作

（1）取 0.4% TTC 溶液 1.0mL 放入 50mL 容量瓶中，加少量 $Na_2S_2O_4$ 粉摇匀后立即产生红色的 TTF，再用乙酸乙酯定容至刻度，摇匀。

（2）分别取上述溶液 0.50mL、1.00mL、2.00mL、3.0mL、4.0mL、5.0mL、6.0mL 置于 10mL 试管中，用乙酸乙酯定容至刻度，即得到含 TTF 50μg、100μg、200μg、300μg、400μg、500μg、600μg 的标准比色系列。

（3）以空白（乙酸乙酯）作参比，在 485nm 波长下测定吸光度，然后绘制标准曲线。

2. TTC 还原量的测定

（1）取胡麻根尖样品 0.5g(最好 0.5～1.5cm 长）放入小培养皿（或 15mL 大离心管）中，加入 0.4% TTC 溶液和磷酸缓冲液的等量混合液 10mL，把根充分浸没在溶液中。

（2）在 37℃下暗保温 1～3h，然后加入 1mol/L 硫酸溶液 2mL 以终止反应。

同时做一空白试验，先加硫酸，再加根样及混合液，再在 37℃下暗保温，其浓度、操作步骤同上。

（3）把根取出，吸干水分后放入研钵中，加入 3～4mL 乙酸乙酯和少量石英砂一起研磨，以提取 TTF。

（4）将红色提取液移入试管（或大离心管）中，并用少量乙酸乙酯把残渣洗涤二三次（到残渣变无色），皆移入试管中，再加入乙酸乙酯，使总量为 10mL。

（5）以空白试验作参比，在 485nm 下测定吸光度，查标准曲线，即可求出 TTC 的还原量。

（6）结果计算。

$$单位根鲜重的 TTC 还原强度（I）[μg/（g·h）] = x/（W×t）$$

式中：x 为 TTC 还原量（μg）；W 为根重（g）；t 为暗保温时间（h）。

五、注意事项

根系应吸干水分，但不能用力挤压伤及细胞，才能测定准确。

六、思考题

为什么要测定根系活力？植物的根与地上部分有怎样的相关性？

七、实验结果与分析

计算胡麻根系的 TTC 还原强度。

（高　昆）

实验三十一　豇豆超氧化物歧化酶活力的测定

一、实验目的

掌握超氧化物歧化酶（superoxide dismutase，SOD）活力的测定方法。

二、实验原理

许多逆境能影响植物体内活性氧代谢系统的平衡，即增加活性氧的量，破坏活性氧清除剂的结构，降低活性氧含量，并进一步启动膜脂过氧化或脱脂作用，从而破坏膜结构，受害程度加深。SOD 是自然界唯一的以氧自由基为底物的酶，可淬灭超氧负离子 $O_2^{\cdot-}$ 的毒性，终止 $O_2^{\cdot-}$ 启动的一系列自由基连锁反应造成的生物毒损伤，是生物体内重要的清除活性氧自由基的酶类。

SOD 普遍存在于动植物体内，催化下列反应：

$$2O_2^{\cdot-}+2H^+\longrightarrow H_2O_2+O_2$$

反应产物可由过氧化氢酶进一步分解或被过氧化物酶利用。

依据 SOD 抑制氮蓝四唑（NBT）在光下的还原作用来确定酶活力的大小。在有氧化物质存在时，核黄素可被光还原，被光还原的核黄素在有氧条件下极易再氧化而产生 $O_2^{\cdot-}$，可将氮蓝四唑还原为蓝色的甲腙，后者在 560nm 处有最大的吸收。而 SOD 可以清除 $O_2^{\cdot-}$，从而抑制甲腙的形成。因此光还原反应后，反应液蓝色越深，说明酶活力越低，反之酶活力越高。据此可计算出酶活力的大小。

三、材料仪器

豇豆；0.05mol/L 磷酸缓冲液（pH7.8）、130mmol/L 甲硫氨酸（Met）溶液、750μmol/L 氮蓝四唑（NBT）溶液、100μmol EDTA-Na_2 溶液、20μmol/L 核黄素溶液；高速台式离心机、分光光度计、微量移液器、荧光灯、试管或指形管、研钵等。

四、实验操作

1. 胁迫处理　将培养好的豇豆幼苗分成两组，一组置于 0～2℃下培养 24h，另一组在室温下正常培养。

2. 酶液的提取　分别在两组中取一定部位豇豆叶片（去除叶脉）0.5g 于预冷的研钵中，加 1mL 预冷的磷酸缓冲液在冰浴上研磨成匀浆，加缓冲液使终体积为 5mL，取 1.5～2mL 于 1000r/min 离心 20min，上清液即为 SOD 粗提液。

3. 显色反应　取 5mL 指形管（透明度要好）4 支，2 支为测定管，2 支为对照管，按表 14-9 加入各溶液。

表 14-9　显色反应溶液配制表

试剂（酶）	用量 /mL	终浓度 / 比色时
0.05mol/L 磷酸缓冲液	1.5	
130mmol/L Met 溶液	0.3	13mmol/L

续表

试剂（酶）	用量 /mL	终浓度 / 比色时
750μmol/L NBT 溶液	0.3	75mmol/L
100μmol EDTA-Na$_2$ 溶液	0.3	10mol/L
20μmol/L 核黄素溶液	0.3	2.0μmol/L
酶液	0.05	2 支对照管以缓冲液代替酶液
蒸馏水	0.25	
总体积	3.0	

混匀后将 1 支对照管置暗处，其他各管在 4000lx 日光下反应 20min（要求各管受光情况一致，温度高，时间缩短，温度低时延长）。

4. SOD 活力测定与计算　反应结束后，迅速以不照光作空白，分别测定 560nm 处的吸光度。

SOD 活力以抑制 NBT 光化学还原的 50% 为一个酶活力单位表示，按下式计算 SOD 活力：

$$SOD 总活力 = (A_{CK} - A_E) \times V / (1/2 \times A_{CK} \times W \times V_t)$$
$$SOD 比活力 = SOD 总活力 / 蛋白质含量$$

式中：SOD 总活力以鲜重单位每克表示，比活力单位以酶单位每毫克蛋白表示；A_{CK} 为照光管的吸光度；A_E 为样品管的吸光度；V 为样品液的总体积（mL）；V_t 为测定时样品用量（mL）；W 为样品鲜重（g）；蛋白质含量单位为 mg/g（可用考马斯亮蓝法测定）。

五、注意事项

实验中对所用试管或指形管的照光均匀性要求较高，应严格控制好，以提高测定结果的准确度和可靠性。

六、思考题

在测定 SOD 活力时为什么设置光和暗两个对照管？

七、实验结果与分析

计算 SOD 活力，比较两种培养温度下 SOD 活力的大小。

（高　昆）

实验三十二　苦荞甜菜碱含量的测定

一、实验目的

掌握测定甜菜碱含量的化学比色法。

二、实验原理

甜菜碱是一种分布很广的细胞相容性物质，许多植物在盐渍、干旱胁迫下，细胞内大量积累甜菜碱。测定甜菜碱的方法有现代的核磁共振氢谱（1H-NMR）和质谱技术，定量准确，灵敏度高，但对仪器的要求很高；化学比色法测得的甘氨酸甜菜碱含量与核磁共振测得的结果并无显著差异（一些植物中往往只含有一两种甜菜碱类化合物，其中甘氨酸甜菜碱含量是其他甜菜碱类化合物的 $500\sim1000$ 倍）。

碘可与四价铵类化合物（QAC）反应，形成水不溶性的高碘酸盐类物质，此水不溶性物质可溶于二氯乙烷，在 365nm 波长下具有最大吸收值。甜菜碱类化合物与胆碱被碘沉淀所需的 pH 范围不同。根据甘氨酸甜菜碱含量等于四价铵化合物的量减去胆碱的量来计算甜菜碱的含量。

三、材料和仪器

苦荞；碘、碘化钾、1mol/L 盐酸、二氯乙烷、KH_2PO_4-NaOH 缓冲溶液（pH8.0）、甲醇、氯仿、4mol/L 氨水；紫外分光光度计、离心机、恒温水浴锅、Dowex 1 柱或 Dowex 1 与 Aberlite（1＋2）混合柱、Dowex50 柱等。

四、实验操作

1．标准曲线的制作　在 $10\sim400\mu g/mL$ 范围内分别制作甜菜碱和胆碱标准曲线。

（1）甜菜碱的标准曲线：配制 QAC 沉淀溶液时取 15.7g 碘与 20g 碘化钾溶于 100mL 1mol/L 盐酸中，过滤，于 -4℃下保存待用。每个浓度的标准溶液 0.5mL 加入 0.2mL QAC 沉淀溶液混匀，0℃下保存 90min，间歇振荡。加入 2mL 预冷水，迅速加入 20mL 经 10℃预冷的二氯乙烷，在 4℃下剧烈振荡 5min，然后 4℃下静置至两相完全分开。恢复至室温，检测 OD_{365}。

（2）胆碱的标准曲线：同上，但反应试剂用胆碱沉淀溶液取代。配制胆碱沉淀溶液时，取 15.7g 碘与 20g 碘化钾溶于 100mL 0.4mol/L pH8.0 的 KH_2PO_4-NaOH 缓冲溶液中，过滤，于 -4℃下保存待用。

2．甜菜碱的提取和纯化　盆栽的苦荞在抽穗期停止浇水，进行干旱处理，以甲醇：氯仿：水＝12：5：3 的比例配制甜菜碱提取液。取 $1\sim2g$ 苦荞叶片样品加入 10mL 甜菜碱提取液后进行研磨。匀浆液在 $60\sim70$℃水浴中保温 10min。冷却后在 20℃下 1000g 离心 10min，收集水相。氯仿相再加 10mL 提取液，反复振荡，离心取上层水相。下层氯仿相加入 4mL 50% 甲醇水溶液，进行提取，离心。将上层水相合并，调 pH 至 $5\sim7$，在 70℃下蒸干，用 2mL 水重新溶解。

3．离子交换法纯化　将样品加入 Dowex 1 柱（1cm×5cm，OH^-）或 Dowex 1 与 Aberlite（1＋2）混合柱中，用 5 倍体积的水洗柱，收集流出液。流出液直接加入 Dowex 50 柱（1cm×5cm，OH^+）柱中。先用大于 5 倍柱体积的水洗脱柱子，甜菜碱类化合物由 4mol/L 氨水洗脱而得，收集 pH 中性的流出液，于 $50\sim60$℃下蒸发除去水分，再用适当体积的水溶解。

4．样品测定　按标准曲线制作方法分别测定 QAC 与胆碱的量，求出甜菜碱的含量。

五、注意事项

在标准曲线制作的实验过程中，要注意几个低温条件控制。

六、思考题

比色法测定甜菜碱有什么优、缺点？

七、实验结果与分析

计算苦荞在干旱胁迫下甜菜碱的含量，并与正常条件下的进行比较。

（高　昆）

实验三十三　藜麦硝酸还原酶活力的测定（磺胺比色法）

一、实验目的

熟悉掌握比色法测定硝酸还原酶活力的方法。

二、实验原理

硝酸还原酶（nitrate reductase，NR）是一种诱导酶，广泛存在于高等植物的根、茎、叶等组织中，是植物氮代谢的关键酶。该酶还直接影响到土壤中无机氮的利用率，从而对植物的生长、发育、产量和质量产生影响。因此，作物栽培中常将该酶活力的大小作为作物产量的生理指标。

植物吸收的 NO_3^- 首先被 NR 催化还原为 NO_2^-，产生的 NO_2^- 可从组织中渗透到外界溶液中，并在溶液中积累起来，因此只要测出反应液中亚硝酸根的含量，即可求出酶的活力大小，而 NO_2^- 的含量可用磺胺（对氨基苯磺酸）比色法来测定。

三、材料仪器

藜麦叶片；0.1mol/L 磷酸缓冲液（pH7.5）、0.2mol/L KNO_3、磺胺试剂、α-萘胺、$NaNO_2$ 标准溶液；真空泵、振荡器、保温箱、试管、移液枪、分光光度计等。

四、实验操作

1. 标准曲线的制作　　吸取不同浓度的 $NaNO_2$ 溶液（5μg/mL、4μg/mL、3μg/mL、2μg/mL、1μg/mL、0.5μg/mL）于试管中，加入 2mL 磺胺试剂及 2mL α-萘胺试剂，混合摇匀，静置 30min，立即于分光光度计下进行比色（波长 520nm），测定吸光度，绘制标准曲线。

2. 样品酶活力的测定

（1）将新鲜的藜麦叶片洗净并剪碎后取 0.2g 置于试管中，加入 5mL 磷酸缓冲液（pH7.5）和 5mL 0.2mol/L KNO_3，抽真空 2h（排除组织间隙气体，至幼苗完全软化沉于杯底，以便底物溶液进入组织）后，在30℃下暗保温30min（酶活最适温度为45～50℃），然后振荡2min（使亚硝酸盐渗出组织）；对照在样品中加入5mL磷酸缓冲液并加入5mL水抽真空再保温；用5mL磷酸缓冲液加入5mL水保温后调零。

（2）取1mL上述溶液，加入2mL磺胺试剂和2mL α-萘胺试剂，再于30℃下保温30min。

（3）冷却后在520nm波长下测定吸光度值，在标准曲线上查得$NaNO_2$含量。

3. 酶活力的计算

$$NR 活力 [μg/(kg\ FW·h)]=(C_2-C_1)×V/(W×t)$$

式中：C_1为处理的$NaNO_2$含量（μg/L）；C_2为对照的$NaNO_2$含量（μg/L）；V为反应液总体积（mL）；t为反应时间（h）；W为样品质量（g）。

五、注意事项

光对硝酸还原酶有明显的影响，组织和细胞的年龄对酶活力也有影响，因此取材时必须注意。

六、思考题

试比较分析藜麦叶片取样前在光条件和暗条件下酶活力的不同。

七、实验结果与分析

计算藜麦叶片硝酸盐还原酶的活力。

（高　昆）

实验三十四　绿豆抗坏血酸（维生素C）含量的测定

一、实验目的

熟悉测定抗坏血酸含量的方法。

二、实验原理

还原型抗坏血酸（ascorbic acid，AsA）可将铁离子还原成亚铁离子，亚铁离子与红菲咯啉［4,7-二苯基-1,10-菲咯啉（bathophenanthroline，BP）］反应形成红色螯合物。对534nm波长的吸收值与AsA含量成正比，故可用比色法测定。脱氢抗坏血酸（DAsA）可由二硫苏糖醇（dithiothreitol，DTT）还原成AsA。测定AsA总量，从中减去还原型AsA即为DAsA含量。

三、材料和仪器

绿豆；5%三氯乙酸（trichloroacetic acid，TCA）、0.4%磷酸-乙醇溶液、0.5% BP-乙醇溶液、0.03% $FeCl_3$-乙醇溶液、60mol/L DTT溶液、0.2mol/L Na_2HPO_4-1.2mol/L NaOH混合溶液；研钵、离心机、试管、200mL容量瓶、分光光度计等。

四、实验操作

1. 标准曲线的制作

（1）系列浓度（0mg/L、2mg/L、4mg/L、6mg/L、8mg/L、10mg/L、12mg/L、14mg/L）AsA标准溶液的配制。

（2）取1.0mL系列浓度AsA标准溶液于试管中，加入1.0mL 5%TCA溶液和1.0mL乙醇后摇匀。

（3）再依次加入0.5mL 0.4%磷酸-乙醇溶液，1.0mL 0.5% BP-乙醇溶液，0.5mL 0.03% $FeCl_3$-乙醇溶液，总体积为5.0mL。

（4）将溶液置于培养箱中，30℃下反应90min后测定OD_{534}值。

（5）以AsA浓度为横坐标，OD_{534}值为纵坐标绘制标准曲线，并求出标准线性方程。

2. 样品 AsA 含量的测定

（1）样品AsA的提取：绿豆（叶片或根系）洗净并剪碎后取0.5g（可根据需要调整用量）置于研钵中，按1∶5（m/V）加入5% TCA研磨成匀浆，转入离心管中20 000g离心10min。

（2）取1.0mL上清液于试管中，加入1.0mL 5% TCA和1.0mL乙醇后摇匀。

（3）再依次加入0.5mL 0.4%磷酸-乙醇溶液，1.0mL 0.5% BP-乙醇溶液，0.5mL 0.03% $FeCl_3$-乙醇溶液，总体积为5.0mL；同时做一对照管，取同等量蒸馏水作为被检测样品，之后依次加入上述各种试剂进行检测。

（4）将溶液置于30℃下反应90min后测定OD_{534}值。

（5）按照标准线性方程求出AsA含量（mg/g）。

$$抗坏血酸含量（\mu g/g\,FW）＝C \times V_T/W$$

式中：C为查标准曲线所得的抗坏血酸含量（mg/L）；W为样品鲜重（g）；V_T为提取液总体积（mL）。

3. DAsA 含量的测定

取1.0mL上清液加入0.5mL 60mmol/L DTT-乙醇溶液，0.5mL Na_2HPO_4-1.2mol/L NaOH溶液混合液，将溶液pH调至7～8，置于室温下反应10min，使DAsA还原；然后加入0.5mL 20% TCA，把pH调至1～2；按AsA相同方法进行测定，计算出总AsA含量，从中减去AsA，即为DAsA含量。

五、注意事项

（1）维生素C对光敏感，提取时注意避光，防止维生素C加速氧化。

（2）维生素C在空气中易氧化，样品剪碎称重时应迅速完成。

六、思考题

实验过程中哪些因素会影响维生素C含量的测量？

七、实验结果与分析

计算所取样品的维生素C含量。

（高　昆）

实验三十五　荞麦丙二醛含量的测定

一、实验目的

掌握测定丙二醛（malondialdehyde，MDA）含量的常用方法。

二、实验原理

植物器官衰老或在逆境条件下遭受伤害，往往发生膜脂过氧化作用，MDA 是膜脂过氧化的最终产物，通常利用它作为脂质过氧化指标，表示细胞膜脂过氧化程度和植物对逆境条件反应的强弱。

MDA 在高温、酸性条件下与硫代巴比妥酸（thiobarbituric acid，TBA）反应，形成在 532nm 波长下有最大光吸收的有色三甲基复合物，但该反应会受到可溶性糖的极大干扰，糖与 TBA 的反应物在 532nm 处也有吸收，但其最大吸收波长为 450nm。采用双组分分光光度法可以分别求出 MDA 和可溶性糖的含量。

三、材料和仪器

荞麦；5% TCA 溶液、0.67% TBA 溶液；石英砂、研钵、具塞试管、恒温水浴锅、离心机、分光光度计等。

四、实验操作

1. MDA 的提取　盆栽的荞麦在抽穗期停止浇水，进行干旱处理，取叶片 0.5g 将其剪碎，加 2mL 5% TCA 和少量石英砂，研磨后所得匀浆在 3000r/min 下离心 10min，上清液即为样品提取液。

2. 显色反应及测定　取上清液 2mL，加入 2mL 0.67% TBA 混合后在 100℃水浴中煮沸 30min，冷却后再离心一次；取上清液测定在 450nm、532nm 的吸光度值，并按公式（1）、（2）计算出 MDA 浓度，再算出单位鲜重样品中的 MDA 含量。

$$A_{450}=C_a\times 85.4 \tag{1}$$

$$A_{532}=C_a\times 7.4+155\,000\times C_b \tag{2}$$

式中：C_a 为蔗糖与 TBA 反应产物的浓度（mol/L）；C_b 为 MDA 与 TBA 反应产物的浓度（mol/L）；85.4 和 7.4 分别为蔗糖与 TBA 反应产物在 450nm 和 532nm 的摩尔吸收系数；155 000 为 MDA 与 TBA 显色反应产物在 532nm 的摩尔吸收系数。

五、注意事项

要求分光光度计的波长准确。

六、思考题

比较荞麦正常生长和干旱胁迫下 MDA 含量的差异，并分析其原因。

七、实验结果与分析

计算每克荞麦样品中 MDA 的含量。

（高　昆）

实验三十六　黍子过氧化物酶活力的测定

一、实验目的

熟悉测定过氧化物酶活力的方法。

二、实验原理

过氧化物酶（peroxidase，POD）是植物体内普遍存在的活力较高的一种酶，与呼吸作用、光合作用及生长素的氧化都有关系，在植物生长发育过程中，其活力不断发生变化，因此测定此酶可以反映某一时期植物体内代谢的变化。

在过氧化物酶催化下，H_2O_2 将愈创木酚氧化成茶褐色产物，此物在 470nm 处有最大光吸收，故可通过测定 470nm 下的吸光度变化测定过氧化物酶的活力。

三、材料和仪器

黍子；0.05mol/L 磷酸缓冲液（pH5.5）、0.05mol/L 愈创木酚溶液、2% H_2O_2；分光光度计、离心机、研钵、秒表、25mL 容量瓶、恒温水浴锅、10mL 离心管、试管等。

四、实验操作

1. 酶液的制备　取 0.5g 黍子（根系或叶片）洗净剪碎后放入研钵，加适量磷酸缓冲液后研磨成匀浆。将匀浆全部转入离心管，于 3000g 离心 10min，上清液转入 25mL 容量瓶中。沉淀用 5mL 磷酸缓冲液再提取两次，上清液并入容量瓶中，定容至刻度，低温下保存备用。

2. POD 活力的测定　酶活力测定的反应液体系包括：2.9mL 0.05mol/L 磷酸缓冲液，1.0mL 2%H_2O_2，1.0mL 0.05mol/L 愈创木酚和 0.1mL 酶液。用加热煮沸 5min 的酶液为对照，反应体系加入酶液后，立即于 34℃水浴中保温 3min，然后迅速稀释 1 倍，470nm 下比色，每隔 1min 记录 1 次吸光度，共记录 5 次。

3. 结果计算　以每分钟内 A_{470} 变化 0.01 为 1 个过氧化物酶活力单位（U）。

$$POD 活力 [U/(g \cdot min)] = \Delta A_{470} \times V_T/(W \times V_S \times 0.01 \times t)$$

式中：ΔA_{470} 为反应时间内吸光度的变化；W 为样品鲜重（g）；t 为反应时间（min）；V_T 为提取酶液总体积（mL）；V_S 为测定时取用酶液的体积（mL）。

五、注意事项

根据酶活力大小，可测定 0～3min 或 0～5min 的吸光度值，取平均值计算。

六、思考题

除了比色法外，还有哪些方法可以测定过氧化物酶的活力？

七、实验结果与分析

计算黍子样品中过氧化物酶活力。

（高　昆）

实验三十七　薏仁可溶性总糖含量的测定（蒽酮比色法）

一、实验目的

熟悉可溶性总糖含量的测定方法。

二、实验原理

糖在浓硫酸作用下可经脱水反应生成糖醛或羟甲基糠醛，生成的糖醛或羟甲基糠醛可与蒽酮反应生成蓝绿色的糠醛衍生物，在一定范围内，颜色的深浅与糖的含量成正比，故可用于糖的定量测定。糖类与蒽酮反应生成的有色物质在可见光区的吸收峰为630nm，可在此波长下进行比色。该法几乎可测定所有的碳水合物，即蒽酮法测出的碳水化合物含量实际上是溶液中全部可溶性碳水化合物的总量。

三、材料和仪器

薏仁；蒽酮乙酸乙酯、浓硫酸（相对密度1.84）、蔗糖标准液；100mL容量瓶、20mL具塞试管、恒温水浴锅、烘箱、研钵、离心机、漏斗、25mL容量瓶、20mL刻度试管、分光光度计等。

四、实验操作

1. 标准曲线的制作

（1）1%蔗糖标准液的配制：取80℃下烘干至恒重的蔗糖1.00g，加少量蒸馏水溶解后转入100mL容量瓶中，用蒸馏水定容至刻度。

100μg/L蔗糖标准液的配制：准确吸取1%蔗糖标准液1mL加入100mL容量瓶中，加蒸馏水定容至刻度。

（2）按表14-10在试管中加入100μg/L蔗糖标准液和蒸馏水配制系列浓度的蔗糖溶液。

表14-10　系列浓度的蔗糖溶液配制表

试剂	0	1	2	3	4	5	6	7	8
100μg/L蔗糖液/mL	0	0.1	0.2	0.3	0.4	0.5	0.6	0.8	1.0
水/mL	2.0	1.9	1.8	1.7	1.6	1.5	1.4	1.2	1.0
蔗糖量/μg	0	10	20	30	40	50	60	80	100

（3）按顺序向试管中加入 0.5mL 蒽酮乙酸乙酯试剂和 5mL 浓硫酸，充分振荡后立即将试管放入沸水浴中，准确保温 1min 后自然冷却至室温；以空白作参比调 100，测定 OD_{630}。

（4）以吸光度为纵坐标，蔗糖浓度为横坐标绘制标准曲线，并求出线性回归方程。

2. 样品可溶性糖的测定

（1）可溶性糖的提取：薏仁种子在 110℃烘箱烘 15min，然后调至 70℃过夜，干种子磨碎后称取 0.30g 置于离心管中，加入 10mL 蒸馏水，在沸水浴中提取 30min（提取 2 次），提取液过滤入 25mL 容量瓶中，反复漂洗试管及残渣，定容至刻度。

（2）显色测定：取样品提取液 0.5mL 于 20mL 刻度试管中，加入蒸馏水 1.5mL，再加入 0.5mL 蒽酮乙酸乙酯试剂和 5mL 浓硫酸，充分振荡后立即将试管放入沸水浴中，准确保温 1min，取出后自然冷却至室温，测定 OD_{630}。

同时做 1 对照管，取 2mL 去离子水加入 0.5mL 蒽酮乙酸乙酯试剂和 5mL 浓硫酸，振荡后保温 1min，冷却后用于调零（也可用去离子水调 100）。

（3）结果计算：由标准线性回归方程求出糖的含量 x（μg），按下式计算样品中糖的含量。

$$可溶性糖含量（\%）= [x × (V_T/V_S) × n] / (W × 10^6) × 100\%$$

式中：x 为回归方程求得的糖量（μg）；V_T 为提取液总体积（mL）；V_S 为测定时吸取样品液的体积（mL）；n 为稀释倍数；W 为样品鲜重（g）。

五、注意事项

（1）测定时切勿将样品未溶解的残渣加入反应液中，否则会因为细胞壁中的纤维素、半纤维素等与蒽酮试剂发生反应而加大测定误差。

（2）用去离子水调零与对照管调零差异不大。

六、思考题

（1）应用蒽酮法测得的糖包括哪些类型？

（2）你知道还有什么方法可以测定糖类？

七、实验结果与分析

计算薏仁种子中可溶性糖的含量。

（戎婷婷）

实验三十八　荞麦脯氨酸含量的测定

一、实验目的

掌握脯氨酸含量的测定方法，并了解植物体内水分亏缺与脯氨酸积累的关系。

二、实验原理

逆境条件下植物体内脯氨酸（proline，Pro）含量显著增加。脯氨酸含量在一定程度上反映了植物的抗逆性。抗旱性强的品种往往积累较多的脯氨酸。

当用磺基水杨酸提取植物样品时,脯氨酸便游离于磺基水杨酸的溶液中,然后用酸性茚三酮加热处理,溶液即成红色,再用甲苯处理,则色素全部转移至甲苯中。颜色的深浅即表示脯氨酸含量的高低。在 520nm 波长下比色测定甲苯层的吸光度,从而计算出脯氨酸的含量。

三、材料和仪器

莜麦;0.1mol/L PEG-6000、2.5% 酸性茚三酮溶液、3% 磺基水杨酸、冰乙酸、甲苯;250mL 容量瓶、50mL 容量瓶、具塞试管、小烧杯、10mL 离心管、水浴锅、涡旋振荡器、漏斗、离心机、分光光度计等。

四、实验操作

1. 实验材料的制作 取莜麦种子于室温 25℃ 下浸泡 5h,然后放在有湿纱布的培养皿里并置于 25℃ 的培养箱中培养,待出芽并长出两片叶子时,一组用 0.1mol/L PEG-6000 处理,另一组不做处理,1d 后取叶片作为实验材料。

2. 标准曲线的制作

(1)用分析天平称取 25mg 脯氨酸,之后倒入小烧杯中,用少量蒸馏水溶解后倒入 250mL 容量瓶中,加蒸馏水定容至刻度,即为 100μg/mL 脯氨酸标准液。

(2)系列脯氨酸浓度的配制:取脯氨酸原液 0.5mL、1.0mL、1.5mL、2.0mL、2.5mL 及 3.0mL,分别置于 6 个 50mL 容量瓶中,用蒸馏水定容至刻度,各瓶的脯氨酸浓度分别为 1μg/mL、2μg/mL、3μg/mL、4μg/mL、5μg/mL 及 6μg/mL。

(3)取 6 支试管,分别吸取 2mL 系列标准浓度的脯氨酸溶液及 2mL 冰乙酸和 2mL 酸性茚三酮溶液,在沸水浴中加热 30min。

(4)冷却后各试管中加入 4mL 甲苯,涡旋振荡 30s,静置片刻,使色素全部转移至甲苯溶液。

(5)用移液器轻轻吸取各管上层脯氨酸甲苯溶液至比色皿中,以甲苯溶液为空白对照,于 520nm 波长处进行比色。

(6)标准曲线的绘制:先求出吸光度值(y)依脯氨酸浓度(x)而变化的回归方程式,再按回归方程式绘制标准曲线,计算 2mL 测定液中脯氨酸的含量(μg/mL)。

3. 样品的测定

(1)脯氨酸的提取:称取两种处理莜麦叶片各 0.5g,剪碎后分别置入大试管中,然后向各管分别加入 5mL 3% 磺基水杨酸溶液,在沸水浴中提取 10min(同时摇动),冷却后过滤于干净的大试管中,滤液即为脯氨酸的提取液。

(2)吸取 2mL 提取液于另一干净的试管中,加入 2mL 冰乙酸及 2mL 酸性茚三酮试剂,在沸水浴中加热 30min,溶液即呈红色。

(3)冷却后加入 4mL 甲苯,振荡 30s,静置片刻,取上层液至于 10mL 离心管中,在 3000r/min 下离心 5min。

(4)用吸管轻轻吸取上层脯氨酸红色甲苯溶液于比色皿中,以甲苯为空白对照,在分光光度计上 520nm 波长处比色,测定吸光度值。

（5）结果计算：根据回归方程或从标准曲线上查出 2mL 测定液中脯氨酸的浓度 x（μg/mL），然后计算样品中脯氨酸含量的百分数。公式如下：

单位鲜重样品中脯氨酸含量（%）＝x×（5/2）/（样重 ×10^6）×100%

五、注意事项

茚三酮用量与样品脯氨酸含量相关，一般当脯氨酸含量在 10μg/mL 以下时，显色液中茚三酮的浓度要达到 10mg/mL，才能保证脯氨酸充分显色。

六、思考题

如果干旱胁迫后的莜麦幼苗再复水，脯氨酸含量会如何变化？

七、实验结果与分析

计算莜麦幼苗脯氨酸的含量。

（高　昆）

实验三十九　过氧化氢酶活力的测定

一、实验目的

掌握过氧化氢酶活力测定的原理和方法。

二、实验原理

过氧化氢酶（catalase，CAT）普遍存在于植物的各种组织中，其活力大小与植物的代谢强度和抗寒、抗病能力有一定的联系，故常需进行测定。

过氧化氢酶能把过氧化氢分解成水和氧，其活力大小以一定时间内一定量的酶所分解的过氧化氢量来表示。被分解的过氧化氢量可用碘量法间接测定。当酶促反应进行一定时间后，终止反应，然后以钼酸铵作催化剂，使未被分解的过氧化氢与碘化钾反应放出游离碘，再用硫代硫酸钠滴定碘。其反应为：

$$2H_2O_2 \longrightarrow 2H_2O + O_2$$
$$H_2O_2 + 2KI + H_2SO_4 \longrightarrow I_2 + K_2SO_4 + 2H_2O$$
$$I_2 + 2Na_2S_2O_3 \longrightarrow 2NaI + Na_2S_4O_6$$

反应完后，以样品溶液和空白溶液的滴定值之差求出被酶分解的过氧化氢量，即可计算出酶的活力。

三、材料和仪器

新鲜的豆类植株或其他小杂粮植株的叶片；天平、研钵、容量瓶、恒温水浴、移液管、三角瓶、滴定管；0.01mol/L 过氧化氢溶液、1.8mol/L 硫酸溶液、10% 钼酸铵溶液、0.02mol/L 硫代硫酸钠溶液、1% 淀粉溶液、20% 碘化钾溶液、碳酸钙粉末等。

四、实验操作

1. 酶液提取　　称取新鲜的豆类植株或其他小杂粮植株的叶片 0.25g，剪碎置研钵中，加入 0.1g 碳酸钙和 2mL 蒸馏水研磨成匀浆，用漏斗移入 50mL 的容量瓶，研钵用少量的水冲洗，冲洗液也一并移入容量瓶中，然后用水定容。摇荡片刻，静置澄清后吸取 20.0mL 上清液至 100mL 容量瓶中，加水定容，摇匀后备用。

2. 酶促反应　　取三个 100mL 三角瓶编号，向各瓶准确加入稀释后的酶液 10.0mL，随即在 3 号瓶中加入 5.0mL 1.8mol/L 硫酸溶液以终止酶的活力，作为空白溶液。各瓶均加入 5.0mL 0.01mol/L 过氧化氢溶液，每加一瓶即摇匀并开始计时。5min（必须准确）后立即向 1、2 号瓶各加 5.0mL 1.8mol/L 硫酸溶液。

3. 滴定　　各瓶分别加入 1.0mL 20% 的碘化钾溶液和 3 滴钼酸铵溶液，然后依次用 0.02mol/L 硫代硫酸钠滴定，滴定至溶液淡黄色后加入 5 滴 1% 淀粉溶液，再继续滴定至蓝色消失即到终点，记下各瓶消耗的硫代硫酸钠的体积。

五、注意事项

酶促反应时间必须严格控制。

六、思考题

查阅文献，说明测定过氧化氢酶活力的方法有哪些，原理各是什么？

七、实验结果与分析

1. 按国际酶活力单位计算

$$被分解的过氧化氢量（\mu mol）=\frac{V\times 0.02\times 10^6}{2\times 10^3}$$

式中：V 为硫代硫酸钠溶液体积（空白滴定值－样品测定值）（mL）。

$$过氧化氢酶活力（U）=\frac{被分解的过氧化氢量（\mu mol）\times 酶液稀释倍数}{时间（min）\times 样品重量（g）}$$

2. 酶活力的习惯计算法

$$被分解的过氧化氢量（mg）=\frac{V\times 0.02\times 34.2}{2}$$

式中：V 为硫代硫酸钠溶液体积（空白滴定值－样品测定值）（mL）；0.02 为硫代硫酸钠的物质的量浓度；34.02 是过氧化氢的摩尔质量。

$$过氧化氢酶活力=\frac{被分解的过氧化氢量（mg）\times 酶液稀释倍数}{时间（min）\times 样品重量（g）}$$

（戎婷婷）

主要参考文献

陈鹏. 2018. 生物化学实验技术. 第二版. 北京：高等教育出版社

高俊山，蔡永萍. 2018. 植物学生理学实验指导. 第二版. 北京：中国农业大学出版社

郭蔼光，郭泽坤. 2007. 生物化学实验技术. 北京：高等教育出版社

侯曼玲. 2018. 食品分析. 北京：化学工业出版社

金明琴. 2019. 食品分析. 北京：化学工业出版社

李京东. 2019. 食品分析与检验技术. 第二版. 北京：化学工业出版社

李志勇. 2016. 细胞工程实验教程. 北京：高等教育出版社

穆华荣. 2020. 食品分析. 第三版. 北京：化学工业出版社

王冬梅，吕淑霞，王金胜. 2009. 生物化学实验指导. 北京：科学出版社

王启军. 2020. 食品分析实验. 第二版. 北京：化学工业出版社

王锐，赵伟，周永梅. 2017. 苦荞总黄酮的提取及含量测定. 昭通学院学报，5：32-34

张志良，李小方. 2016. 植物学生理学实验指导. 第五版. 北京：高等教育出版社

GB/T 5009. 229—2016. 2016. 食品安全国家标准 食品中酸价的测定. 北京：中国标准出版社

GB/T 5530—2005. 2005. 动植物油脂 酸值和酸度测定. 北京：中国标准出版社

GB/T 5538—2005. 2005. 动植物油脂 过氧化值测定. 北京：中国标准出版社

第 15 章 产品的制备实验

实验四十　苦荞多糖的制备与测定

一、实验目的

（1）了解苦荞多糖制备的基本原理；

（2）掌握糖类物质提取的基本操作技术。

二、实验原理

苦荞（*Fagopyrum tataricum*）属于蓼科（*Polygonaceae*），荞麦属（*Fagopyrum*），是一年生的双子叶作物，耐寒、耐贫瘠，在我国西南的高寒地区产量较高，是一种药食两用作物。苦荞籽粒中含有许多糖类和苷类，且苦荞多糖有许多生理方面的功能，研究证实，大分子质量的多糖具有很强的免疫活性，对 DPPH（1,1-diphenyl-2-picrylhydrazyl，1,1-二苯基-2-三硝基苯肼）和羟自由基清除效果明显，是一种良好的天然抗氧化剂。本实验以溶液浸提法在脱脂苦荞粉中提取粗多糖，并用硫酸-苯酚法测定多糖含量。

三、材料和仪器

苦荞麦；石油醚、无水乙醇、丙酮、氯仿、正丁醇、葡萄糖、浓硫酸、苯酚、Sevage 试剂［氯仿：正丁醇＝5：1（*V/V*）］；高速粉碎机、烘箱、恒温水浴摇床、紫外可见分光光度、旋转蒸发器、循环水式多用真空泵、离心机等。

四、实验操作

1. 制备与提取

（1）脱脂苦荞粉的制备：将清洗后的苦荞籽粒于 50℃烘箱中干燥 24h 左右，粉碎，过 4 目筛，用 60～90℃石油醚于恒温水浴摇床中 60℃ 180r/min 转速脱脂 9h，抽滤烘干，得脱脂苦荞粉。

（2）苦荞粗多糖的提取。苦荞粗多糖提取的基本过程：脱脂苦荞粉→水浸提→离心取上清液→减压浓缩→乙醇沉淀→离心取沉淀→乙醇洗涤→丙酮洗涤→复溶→Sevage 法脱蛋白→乙醇沉淀→干燥→苦荞粗多糖。

准确称取 4.00g 脱脂苦荞粉，加入 200mL 去离子水，于 90℃恒温水浴摇床中提取 4h，提取液 4000r/min 离心 10min，弃去沉淀，得到苦荞多糖粗提液。将苦荞多糖粗提液进行减压浓缩，加入浓缩液 4 倍体积的无水乙醇醇沉过夜，醇沉后溶液 4000r/min 离心 15min，弃上清液，沉淀用无水乙醇洗 2 次，丙酮洗一次，用少量去离子水复溶。按氯仿：正丁醇体积比 4：1 配制溶液，Sevage 法脱蛋白 4 次，乙醇沉淀，离心，取沉淀 50℃干燥得到苦荞粗多糖。

2. 多糖含量的测定　标准曲线的制作：精密称取 105℃干燥至恒重的葡萄糖 10.0mg，

以去离子水溶解，定容至100mL，得到浓度为0.1mg/mL的葡萄糖样品溶液。分别取0.8mL、1.0mL、1.2mL、1.4mL、1.6mL、1.8mL于干净的比色管中，去离子水补足至2mL，使每管中葡萄糖质量浓度分别为0.04mg/mL、0.05mg/mL、0.06mg/mL、0.07mg/mL、0.08mg/mL、0.09mg/mL。向比色管中分别加入5%的苯酚溶液1mL，混匀后立即加入浓硫酸5mL，迅速摇匀，室温放置30min后，490nm波长下测溶液的吸光度，参比用2mL去离子水代替葡萄糖溶液。以葡萄糖浓度为横坐标，溶液的吸光度为纵坐标做标准曲线，得到吸光度Y和样品浓度X（mg/mL）之间的关系为$Y=11.614X+0.1442$［相关系数（R^2）=0.9927］。将苦荞多糖粗提液稀释一定倍数，用微量移液枪准确吸取2mL于干净的比色管中，按照标准曲线的制作方法测定溶液中多糖的含量，根据下面公式计算苦荞多糖的提取率：

$$Q=\frac{C \times V \times N}{M \times 1000} \times 100$$

式中：Q为苦荞多糖的提取率（%）；C为苦荞多糖粗提液中多糖浓度（mg/mL）；N为稀释倍数；M为所取脱脂苦荞粉的质量（g）；V为提取液体积（mL）。

五、注意事项

在提取多糖的过程中可适量补充水分。

六、思考题

加入Sevage试剂后，溶液分为几层？

七、实验结果与分析

计算苦荞多糖的提取率。

（安志鹏）

实验四十一　小米米粉的制作与质量检测

一、实验目的

（1）了解小米米粉的制作工艺；
（2）掌握小米米粉的质量标准及其重要指标的检测方法。

二、实验原理

本实验以小米为主要原料，将益生菌和酶的发酵作用添加到加工工艺中，通过微生物或者酶的作用将大分子的蛋白质和淀粉进行降解，使营养成分更容易吸收，同时对适合作为营养米粉的小米品种及小米营养米粉的配方进行研究，并对其质量进行检测。

三、材料和仪器

果蔬、小米、动物食材；干燥箱、粉碎机、电子天平、分光光度计、水浴锅等。

四、实验操作

1. 小米米粉的制作 将主料小米及不同辅料（动物性及植物性）洗净后放入托盘，放进干燥箱，温度同样设置为105℃，干燥1h。待干燥后，用粉碎机将全部的原料粉碎，每次加入粉碎机的量不超过粉碎机容量的60%，粉碎定时约2min，过80目筛。将粉碎好的原料粉放在干燥的包装袋中，备用。通过单因素实验，然后在单因素实验的基础上，设计四因素三水平的正交实验，并对实验结果进行分析，确定小米速食营养米粉的最佳配方。

2. 小米米粉的质量检测

1）感官评定 采用的是五人评分法，从米粉的香气、颜色、味道和口感四个食用品质指标进行评分，再进行综合分析。

（1）香气评定：在空气清新的地点，把样品放于离鼻子约5cm的正下方处，深吸一口气，仔细鉴别样品所散发出的气味，5个人要依次鉴别，并重复3次，按评分表中的方法打分，最后记录每个人给出的分值。

（2）颜色评定：把样品放在光线充足的地方，用肉眼直接观测样品的颜色，按照评分表中的方法评分，记录分值。

（3）味道评定：饮入样品，认真品味，感受其口味，重复3次，按照评分表方法评分，记录。

（4）口感评定：品尝样品，使其充满口腔，鉴别其黏稠度，重复3次，并进行记录。

本评定方法对感官鉴定的人员有一定的要求，即在进行感官鉴定之前，不接触辛辣刺激性的食品，不吸烟，而且不能过饱或过饿，评定人员一定要客观评定，不加入自己的主观情绪，且在评定过程中不能交流，每次更换样品时，评定人员都要用白开水漱口，从而保证样品评定不会混淆。感官评定评分标准分为四个等级，详见表15-1。

表15-1 感官评定评分标准

类别	评分标准	评分
溶解度	冲调后无结块，无沉淀物	8~10
	冲调后有少量结块及沉淀物	4~7
	冲调后有大量结块及沉淀物	0~3
色泽	均匀的浅黄色	8~10
	惨淡的白色，稍显清淡	4~7
	色泽暗淡，不均匀	0~3
香气	有米粉特有的香气，无异味	8~10
	香味稀薄，带有生米味或焦煳味	4~7
	有浓重的腥味，或其他不良气味	0~3
口感	入口细滑，感觉稠密细致，无粗糙颗粒感	8~10
	较为稀薄，有少许的颗粒感	4~7
	有严重的粗糙颗粒感	0~3
滋味	芬芳浓厚，回味长	8~10

续表

类别	评分标准	评分
滋味	味道较好，略带异味	4~7
	无香味，异味重	0~3
总分	取前五项平均分	0~10

根据感官评定的得分，得分越高，说明感官品质越好，越适合作为小米米粉的原料。

2）可溶性蛋白质含量测定　　蛋白质分子及其降解产物（胨、肽和氨基酸等）的一些芳香族氨基酸，如酪氨酸、苯丙氨酸和色氨酸残基的苯环含有共轭双键，使蛋白质在紫外光 280nm 波长处有最大吸收峰，一定浓度范围内其吸光度（即光密度值）与蛋白质含量成正比。利用一定波长下，蛋白质溶液的光吸收值与蛋白质浓度的正比关系，可以用紫外分光光度计通过比色来测定蛋白质的含量。在使用紫外吸收法测定蛋白质含量时，蛋白质吸收高峰常因 pH 的改变而有所变化，因此要注意溶液的 pH，保证测定样品时的 pH 要与测定标准曲线的 pH 相一致。

将小米样品分别用研钵研磨成粉，准确称取 1g，加水溶解成糊状并用蒸馏水定容至 100mL。转移到离心管中以 2000r/min 的速度离心 2min，取上清液为待测的蛋白质溶液备用。

取 8 支试管，按表 15-2 编号并加入试剂。

表 15-2　蛋白质溶液标准曲线制备表

组别	管号							
	0	1	2	3	4	5	6	7
蛋白质标准液 /mL	0	0.5	1.0	1.5	2.0	2.5	3.0	4.0
蒸馏水 /mL	4.0	3.5	3.0	2.5	2.0	1.5	1.0	0

加入后混匀，用紫外分光光度计在 280nm 处测定各管溶液的吸光度值。以 0 号管调零，以蛋白质溶液浓度为横坐标，吸光度值为纵坐标，绘制出蛋白质标准曲线。

取未知浓度的蛋白液，在 280nm 处测得吸光度值，从标准曲线上查出其浓度。

3）氨基酸含量测定　　参考实验二十六"游离氨基酸总量的测定"。

4）粗脂肪含量测定　　参考实验二十二"小杂粮营养成分分析"中"Ⅱ. 脂肪的测定"。

5）还原糖和总糖的测定　　参考实验二十二"小杂粮营养成分分析"中"Ⅲ. 总糖及还原糖的测定"。

6）水分含量的测定　　参考实验二十二"小杂粮营养成分分析"中"Ⅰ. 水分含量的测定"。

五、注意事项

（1）感官评定过程中，品尝不同样品须先用温开水漱口。

（2）烘烤样品温度不能过高，时间不能过长。

六、思考题

（1）食品的品质分析感官评定为什么重要？

（2）与大米原料相比，小米原料有何优势？

（3）营养指标的干基含量与湿基含量如何换算？

七、实验结果与分析

（1）记录感官评定得分，取5人平均值。

（2）换算蛋白质、氨基酸、脂肪、总糖、还原糖及水分含量。

（刘小翠）

实验四十二　苦荞茶瓶装饮料的制作与质量检测

一、实验目的

（1）了解苦荞麦的营养价值；

（2）掌握苦荞饮料的制作工艺流程；

（3）学会测定苦荞饮料的质量指标。

二、实验原理

苦荞麦是晋北地区的特色杂粮，营养极其丰富。苦荞含有丰富的氨基酸、微量元素、维生素、生物类黄酮等功能性成分，这些成分的结构明确、含量丰富，在抗肿瘤、抗氧化和清除自由基、防治心脑血管疾病，以及改善胰岛功能，有效调节血糖、血脂、血压等方面效果显著。

苦荞茶饮料是以苦荞麦为原料，经过蒸煮、焙烤、浸提等工艺方法，加入护色剂、甜味剂等食品添加剂，经过调配、灭菌后，制成的液态瓶装饮料。

三、材料和仪器

苦荞（颗粒饱满，符合食品加工卫生的要求）；甜味剂、柠檬酸、山梨酸钾；恒温水浴锅、恒温培养箱、组织捣碎机、鼓风干燥箱、生化培养箱、微波炉、pH计、离心机、电子天平、锥形瓶等。

四、实验操作

1. 苦荞麦饮料制作流程

苦荞麦→清洗→蒸煮→烘干→焙烤→破碎→浸提→过滤→初调配→离心→杀菌→再调配→灌装→成品

（1）清洗：将苦荞麦筛选除去明显的杂质，然后用洁净的水洗淘3~4次，除去附着在麦子中的砂土、杂质等，直至浸泡时没有杂质浮出水面。

（2）蒸煮：将苦荞麦和水按照1∶2的比例浸泡15h，然后将水滤掉，再加入凉开水，比例为苦荞麦的2倍，100℃下煮沸1~2h，蒸煮过程中适时加入开水，防止焦煳。

（3）烘干：将蒸煮后的苦荞麦均匀铺于洁净的培养皿中，置于65~75℃的条件下，热风干燥 15min，取出后在室温下晾晒，至含水量在 20% 左右。

（4）焙烤：将装有苦荞麦的培养皿，置于 160～180℃下焙烤 20min，直至苦荞麦表面出现焦黄色，有焦香气味。

（5）破碎：取出焙烤后的苦荞麦，放在组织破碎机中破碎 5min，破碎后在孔径 2mm 的新标准土壤筛中，筛除麦皮和较大的颗粒。

（6）浸提：将苦荞颗粒置于消毒后的锥形瓶中，调配苦荞麦∶水＝1∶15 的比例，在恒温水浴锅中，设置 65℃左右温水，浸提 50～70min。

（7）过滤：将浸提液用 8 层无菌纱布进行过滤，并重复操作 2 次，直至没有杂质滤出。

（8）初调配：将所得的苦荞液、甜味剂、柠檬酸等按比例调制。用低热值甜味剂甜蜜素调甜度，加柠檬酸 0.02%～0.10%，调至 pH 为 3.8～4.5。

（9）离心：将调配后的苦荞饮料于 4000r/min 的离心机中离心 5min，取上清液倒入灭菌后的烧杯中。

（10）杀菌：将调配好的苦荞茶饮料加热至 80℃，并趁热置于无菌锥形瓶中，调设水浴锅 85～90℃，持续保温 25～30min。

（11）再调配、灌装：将灭菌后的苦荞茶置于无菌环境中，洁净操作以 0.5g/kg 的比例添加山梨酸钾，摇匀后灌装于瓶中。

2. 护色技术 柠檬酸处理苦荞饮料：取新制成的苦荞饮料 100mL 于不同的锥形瓶中，分别添加不同比例的柠檬酸：0.02%、0.03%、0.04%、0.05%，分别记为 1 号、2 号、3 号、4 号。置于 37℃恒温培养箱中 15min。观察苦荞饮料在不同柠檬酸添加比例下的颜色变化。

3. 感官评定

液体色泽：呈淡黄褐色；

口感及气味：入口清新自然，回味无穷，具有经焙烤后特有的苦荞麦香味，甜中有酸，且无特殊的味道；

组织状态：清澈透明，无异物，不分层，无絮状沉淀。

苦荞保健茶饮料的评定采用加权评分法，即强制决定各品质因子的权重，其评分之和为评定结果。未添加食品添加剂的苦荞麦液和加入添加剂的苦荞麦饮料，其感官评分包括色泽、香气、口感、体态四个方面，其感官评分标准如表 15-3 所示，采用模糊评判法进行综合评分。

表 15-3　苦荞茶感官评分标准

参评标准	色泽（20 分）	香气（30 分）	口感（30 分）	体态（20 分）
90 分以上	呈黄褐色	特殊的、浓郁苦荞香	入口细腻、丰满、余味爽净	清澈透明，无异物，不分层
80～90 分	颜色较深	略有苦荞香	入口细爽，但余味不明显	清亮透明，有微量沉淀
70～80 分	颜色很深或较淡	香味很淡	入口微苦，较涩	微浑浊，无异物
70 分以下	颜色非常淡	基本没有香味	不适口、味苦，或没有味道	较明显浑浊，有絮状沉淀

五、注意事项

（1）选择优良的苦荞原料是制作苦荞饮料的关键。

（2）在苦荞麦焙烤过程中要控制好温度和时间，防止焦煳。

（3）苦荞饮料中食品添加剂要严格按照国家标准要求添加，防止超量使用。

六、思考题

（1）苦荞的主要营养成分有哪些？并介绍一下生理功能。

（2）柠檬酸的添加对苦荞饮料有何作用？

七、实验结果与分析

（1）苦荞茶饮料工艺流程的确定。

（2）确定苦荞茶饮料的最佳制作工艺（包括蒸煮、焙烤、浸提等工艺参数）。

（3）确定苦荞茶饮料添加剂的配方。

（4）对苦荞茶饮料进行感官评定，并记录评价结果。

（李　慧）

实验四十三　糯米甜酒的制作与质量检测

一、实验目的

（1）了解糯米甜酒的制作工艺流程；

（2）掌握糯米甜酒的质量指标及其重要指标的检测方法。

二、实验原理

糯米甜酒是我国传统的发酵食品，大多数的甜酒酿是将糯米或大米经过蒸煮糊化，利用酒药中的根霉和米曲霉等微生物将糊化后的淀粉糖化，将蛋白质水解成氨基酸，然后酒药中的酵母菌利用糖化产物进行生长和繁殖，并通过糖酵解途径将糖转化成乙醇，经长时间酿制而成的产品。

三、材料和仪器

糯米、酒曲酵母；蒸锅、纱布、试管、筷子、电磁炉、恒温箱、多孔蒸盘（要和蒸锅相配）、普通广口玻璃瓶、pH试纸、手持折光仪、烧杯；开水、酚酞、氢氧化钠等。

四、实验操作

1. 糯米甜酒的制作流程

糯米→去杂与清洗→浸泡→蒸煮→淋水→接种→糖化→搭窝→保温发酵→成品

（1）去杂与清洗：选择当年生产的优质糯米为原料，经筛选除杂、碎米后，用水淘洗2～3次，直至淋出之水不带白浊为止。

（2）浸泡：浸泡可使米粒吸水膨胀，便于蒸煮时淀粉糊化完全。将淘洗干净的糯米置于35℃的温水中，保持水面高于米面约10cm，浸泡8～12h，要求米粒全部浸润、膨胀。

（3）蒸煮与淋水：蒸煮可促使米粒中的淀粉糊化，利于糖化酶将淀粉转化成单糖，便于发酵制酒。蒸煮时要求达到饭粒松软，无白芯，煮而不黏结，蒸煮时间应视投料量大小在1～2h。淋水主要是加速饭粒冷却，使其降温为35℃左右，缩短生产周期，冬季生产亦可摊晾一夜让其自然冷却，以便落缸搭窝。

（4）糖化：将适量的酒药在瓷盆中均匀拌入冷却的饭粒内，并在洗干净的发酵缸内撒上少许酒药，然后将饭粒松散地放在发酵缸内，但要压平，这样有利于通气，再撒上少量的水，一定要控制好水的量，因为甜酒酿的形成离不开水，如水量不足，会影响出酒率。

（5）搭窝：将落缸好的饭粒搭成"倒喇叭"形的凹圆窝，面上撒少许酒药粉，既有利于通气均匀又有利于糖化菌的生长。然后将发酵缸的盖子盖严。

（6）保温发酵：将发酵缸放入生化培养箱中进行恒温发酵，温度为30℃左右，发酵2d后，当窝内甜液到达饭堆的2/3高度时进行搅拌，再继续进行发酵。

2. 糯米甜酒的质量检测

1）感官评定　采用五人评分法，汁、醪一同品尝。分别考察色泽、形态、香气、滋味等指标。具体评分细则见表15-4，总分为各项指标之和。

表 15-4　糯米甜酒感官评定指标

类别	满分要求	评分内容	评分
色泽（SZ） 10分	外层胶状呈乳白色，整体呈乳白色或微黄色，大小均匀、有光泽，米粒清亮、透明、富光泽、赏心悦目	光泽较好	8.1～10.0
		轻微失光	6.1～8.0
		米粒黯淡，光泽较差	4.1～6.0
		明显沉淀、严重失光	0.0～4.0
形态（XT） 10分	米粒完整，表面平滑，酒体丰满、固液混合均匀、呈半透明或略透明状、纯净	米粒完整，表面平滑，酒体呈半透明或略透明状、纯净	8.1～10
		米粒完整平滑，酒体略透明	6.1～8.0
		米粒粗糙，酒体不透明，变色	4.1～6.0
		有杂质或异物	0.0～4.0
香气（XQ） 10分	清香袭人、纯正、无异香	香味纯正、气味浓，无异香	8.1～10.0
		香气不纯正，稍有异香，气味浓	6.1～8.0
		香气不明显，气味不纯正	4.1～6.0
		完全没有香气或异味浓重	0.0～4.0
滋味（ZW） 10分	酸味适中、香甜可口不腻、没有苦味、没有涩味、清香、甜爽回味深长	酸甜适度、味道协调、无苦味	8.1～10.0
		甜味较浓，有较轻的酸味或苦味	6.1～8.0
		甜味较轻，有较重的酸味或苦味	4.1～6.0
		无甜味，酸味或苦味较重，味道很差	0.0～4.0

2）酸度检测　取 25.00～50.00mL 试液，使之含 0.035～0.070g 酸，置于 150mL 烧杯中。加 40～60mL 水及 0.2mL 1% 酚酞指示剂，用 0.1mol/L 氢氧化钠标准滴定溶液（如样品酸度较低，可用 0.01mol/L 或 0.05mol/L 氢氧化钠标准滴定溶液）滴定至微红色 30s 不褪色。记录消耗 0.1mol/L 氢氧化钠标准滴定溶液的毫升数（V_1）。用水代替试液。记录消耗 0.1mol/L 氢氧化钠标准滴定溶液的毫升数（V_2）。

总酸以每千克（或每升）样品中酸的克数表示，按下式计算：

$$X = \frac{C(V_1 - V_2) \times F \times 1000}{m}$$

式中：X 为每千克（或每升）样品中酸的克数 $[\text{g/kg}（或 \text{g/L}）]$；$C$ 为氢氧化钠标准滴定溶液的浓度（mol/L）；V_1 为滴定试液时消耗氢氧化钠标准滴定溶液的体积（mL）；V_2 为空白试验时消耗氢氧化钠标准滴定溶液的体积（mL）；F 为试液的稀释倍数；m 为试样质量（g 或 mL）。

3）甜度的检测　取滤液一滴于手持折光仪上，以读数作为米酒的糖度。

4）氨基酸含量测定　参考实验二十六"游离氨基酸总量的测定"。

五、注意事项

（1）感官评定过程中，品尝不同样品时须先用温开水漱口。

（2）糯米蒸煮时间不宜过长，不宜过于软烂。

六、思考题

（1）为什么拌曲完成后需要打窝？

（2）酒曲的主要成分是什么，有什么作用？

七、实验结果与分析

（1）记录感官评定得分，取 5 人平均值。

（2）换算酸度、甜度及氨基酸含量。

（刘小翠）

实验四十四　大蒜中超氧化物歧化酶的提取分离

一、实验目的

通过大蒜细胞超氧化物歧化酶（SOD）的提取与分离，学习和掌握蛋白质和酶的提取与分离的基本原理和操作方法。

二、实验原理

SOD 是一种具有抗氧化、抗衰老、抗辐射和消炎作用的药用酶。它可催化超氧负离子（O_2^-）进行歧化反应，生成氧和过氧化氢：$2O_2^- + 2H^+ \longrightarrow O_2 + H_2O_2$。大蒜蒜瓣和悬浮培养的大蒜细胞中含有较丰富的 SOD，通过组织或细胞破碎后，可用 pH7.8 的磷酸缓冲液提取。由于 SOD 不溶于丙酮，可用丙酮将其沉淀析出。

三、材料和仪器

1. 材料和试剂　新鲜蒜瓣；0.05mol/L 磷酸缓冲液（pH7.8），氯仿-乙醇混合液：氯仿：无水乙醇＝3：5、丙酮（用前需预冷至 4～10℃）。

2. 器材　　恒温水浴锅、冷冻高速离心机、可见分光光度计、研钵、玻棒、烧杯、量筒。

四、实验操作

1. 组织或细胞破碎　　称取 5g 左右大蒜蒜瓣或大蒜细胞，置于研磨器中研磨，使组织或细胞破碎。

2. SOD 的提取　　将上述破碎的组织或细胞，加入 2～3 倍体积的 0.05mol/L 磷酸缓冲液（pH7.8），继续研磨搅拌 20min，使 SOD 充分溶解到缓冲液中，然后用离心机在 5000r/min 离心 15min，弃沉淀，得提取液。

3. 除杂蛋白　　提取液加入 0.25 倍体积的氯仿-乙醇混合溶剂搅拌 15min，5000r/min 离心 15min，去杂蛋白沉淀，得粗酶液。

4. SOD 的沉淀分离　　将上述粗酶液加入等体积的冷丙酮，搅拌 15min，5000r/min 离心 15min，得 SOD 沉淀。

将 SOD 沉淀溶于 0.05mol/L 磷酸缓冲液（pH7.8）中，于 55～60℃加热 15min，离心弃沉淀，得到 SOD 酶液。

将上述粗酶液和酶液分别取样，测定各自的 SOD 活力。

五、注意事项

酶液提取时，为了尽可能保持酶的活力，尽可能在冰浴中研磨，在低温中离心。

六、思考题

（1）除杂蛋白除实验中的溶剂沉淀法，是否还有其他可行的其他方法？
（2）SOD 沉淀步骤中，为什么要加热 15min？

七、实验结果与分析

根据提取液、粗酶液和酶液的酶活力和体积，计算纯化提取率。

（张弘弛）

实验四十五　槐米中芦丁的提取、分离与鉴定（一）

一、实验目的

通过芦丁的提取与精制掌握碱酸法提取黄酮类化合物的原理及操作。

二、实验原理

芦丁：浅黄色针状结晶，熔点 174～178℃。溶解度：1:8000；热水 1:200；冷乙醇 1:300；热乙醇 1:30；冷甲醇 1:100；热甲醇 1:10。

槲皮素：黄色结晶，熔点 313～314℃，能溶解于冷乙醇（1:650），易溶于沸乙醇

（1∶60），可溶于甲醇、乙酸乙酯等；难溶于水，实验室以稀硫酸水解，乙醇重结晶制得。

本实验主要是利用芦丁分子中含有较多的酚羟基，显弱酸性，可溶于碱中，加酸酸化后又可析出结晶的性质，采用碱溶酸沉法提取，并用芦丁对冷、热水的溶解度相差悬殊的特性进行精制。

三、材料和仪器

槐米；石灰乳、硼砂、盐酸、广泛 pH 试纸、盐酸、甲醇、5% 亚硝酸钠、10% 硝酸铝、4% 氢氧化钠；研钵、500mL 烧杯、水浴锅、布氏漏斗、真空泵、100mL 容量瓶、25mL 容量瓶等。

四、实验操作

1. 芦丁的提取 取槐米 40g，在研钵中研碎，然后置 500mL 烧杯中，加入沸水 400mL 和 1g 硼砂，搅拌下加入石灰乳调至 pH9～10，水浴锅保持微沸 1h（注意保持 pH9～10），补充蒸发掉的水分，趁热经双层纱布滤过，收集滤液，药渣再用 150mL 水按同样的操作再提取 30min，合并两次滤液（取 10mL 滤液备用）。滤液在 60～70℃再用盐酸调至 pH3～4，静置 2h，析出芦丁。

2. 芦丁含量的测定 芦丁标样溶液：芦丁对照品 100mg，加甲醇 70mL，置水浴上微热使溶解，放冷，加甲醇至刻度，摇匀。精密吸取 10mL，置 100mL 容量瓶中，加水至刻度，摇匀，即得（每 1mL 中含无水芦丁 0.1mg）。

取 7 个 25mL 容量瓶。在 1～7 号容量瓶中分别加入 0mL、1.0mL、2.0mL、4.0mL、6.0mL、8.0mL、10.0mL 的芦丁标准样品溶液，添加蒸馏水定容至 10mL，1 号容量瓶中的溶液为空白对照。所有容量瓶中加入 1mL 的 5% 亚硝酸钠溶液，摇动容量瓶而后静置 5min（用于还原黄酮类化合物）；加入 1mL 的 10% 硝酸铝溶液，摇动容量瓶而后放置 6min（用于与黄酮类还原物进行络合反应）；加入 10mL 的 4% 氢氧化钠溶液（使黄酮类化合物开环进而显色），加入蒸馏水定容至 25mL，摇动容量瓶而后放置 15min，显色反应完成，用紫外可见分光光度计在 510nm 测定吸光度值，横坐标为芦丁标准样品溶液的浓度值，纵坐标为试验测定的吸光度值，获得标准曲线方程。

另取一个 25mL 的容量瓶，取稀释后的（稀释 10 倍）芦丁提取滤液放置于其中，按照上述步骤完成显色反应，测定吸光度值，带入标准曲线，计算槐米中芦丁的含量。

五、注意事项

（1）本实验采用碱溶液酸沉法从槐米中提取芦丁，收率稳定，操作简便。注意将槐米研碎，使芦丁易被热水溶出。槐花中含有大量黏液质，可加入石灰乳使生成钙盐沉淀除去。pH 应严格控制在 8～9，因为在强碱条件下煮沸，时间稍长可促使芦丁水解破坏，使提取率明显下降。酸沉淀时 pH4～5，不宜过低，否则会使芸香苷成烊盐溶于水，降低了收率。

（2）提取过程中加入硼砂的作用，即保护芦丁分子中的邻二酚羟基不被氧化，亦保护邻二酚羟基不与钙离子络合，使芦丁不受损失。

六、思考题

（1）芦丁采用碱溶液酸沉法的原理是什么？

（2）加入石灰乳和硼酸的目的是什么？

（3）含量测定时分别加入 5% 亚硝酸钠、10% 硝酸铝、4% 氢氧化钠的作用是什么？

七、实验结果与分析

（1）绘制芦丁标准曲线，计算槐米中芦丁的含量。

（2）提取芦丁粗品的总重量和提取率计算。

（刘　瑞）

实验四十六　槐米中芦丁的提取、分离与鉴定（二）

一、实验目的

（1）掌握芦丁水解生成苷元的方法及二者之间的分离；

（2）熟悉芦丁、槲皮素的结构性质、检识方法和纸层析鉴定方法。

二、实验原理

芦丁粗品可利用芦丁对冷、热水的溶解度相差悬殊的特性进行精制。

芦丁可被稀酸水解，生成槲皮素及葡萄糖、鼠李糖，并能通过纸层析鉴定。芦丁及槲皮素还可以通过化学反应及紫外光谱鉴定。

三、材料和仪器

芦丁粗品；硫酸、盐酸、氢氧化钠、镁粉、α-萘酚、三氯化铝、芦丁标准品、槲皮素标准品、95% 乙醇；广泛 pH 试纸、层析板、层析缸、圆底烧瓶、球形冷凝管、紫外灯等。

四、实验操作

1. 芦丁的提取和精制

（1）芦丁的提取：取实验四十五操作的芦丁沉淀液，慢慢倾去上清液后，抽滤，沉淀用少量冷水洗涤 2～3 次，抽干，得到芦丁的粗产物，称重，计算收率＝得到的芦丁粗品 / 称取的槐米质量。

（2）重结晶：称定粗品芦丁的重量，按约 1∶200 的比例悬浮于蒸馏水中，煮沸 10min 使芦丁全部溶解，趁热抽滤，冷却滤液，静置析晶。抽滤，置于空气中晾干或 60～70℃ 干燥，得精制芦丁，称重，计算收率＝得到的芦丁精品 / 称取的芦丁粗品质量。

（3）芦丁的水解：取芦丁 0.2g，置于 50mL 圆底烧瓶中，加入 2% 硫酸溶液 20mL 直火微沸回流 1h，至析出的黄色沉淀不再增加为止，放冷抽滤，滤液保留做糖检查，抽干水分，晾干称重，得粗制槲皮素，然后用乙醇（95% 乙醇约 15mL）重结晶即得精制槲皮素。

2. 鉴定

1）性质实验

盐酸-镁粉反应：取芦丁少量置于试管中，加 1mL 乙醇使溶解，加 5 滴浓盐酸，再加少许镁粉，注意观察颜色变化的情况。

Molisch 反应：取芦丁和槲皮素少量，分别置试管中各加 1mL 乙醇使溶解，加几滴 α-萘酚乙醇溶液，摇匀，沿管壁加浓硫酸 10 滴，注意观察两液面间产生的颜色变化，并比较芦丁和槲皮素的区别。

2）色谱鉴定

吸附剂：硅胶 G 板；

展开剂：氯仿-甲醇-甲酸（15：5：1）；

样品：自制槲皮素的乙醇溶液、自制芦丁的乙醇溶液、对照品芦丁标准品的乙醇溶液。

显色剂：①可见光下观察色斑，紫外灯下观察荧光斑点；②喷雾三氯化铝乙醇溶液，紫外灯下观察荧光斑点。

五、注意事项

（1）盐酸-镁粉实验中注意试剂的加入顺序。

（2）薄层层析实验中注意控制点样位置和点样浓度。

六、思考题

（1）芦丁的水解的方程是什么？

（2）简述芦丁和槲皮素薄层鉴别的原理。

七、实验结果与分析

（1）绘制芦丁标准曲线，计算槐米中芦丁的含量。

（2）提取芦丁粗品的总重量和提取率计算。

（3）芦丁精品的收率计算。

（4）总结芦丁和槲皮素鉴别结果。

（5）绘制薄层色谱法（TLC）观察结果。

（刘　瑞）

实验四十七　莜麦基因的克隆与转化

一、实验目的

（1）掌握将 mRNA 反转录合成 cDNA 第一链的原理及技术，掌握以 cDNA 第一链为模板进行目的基因的 PCR 扩增的原理及技术；

（2）学习将 PCR 产物从琼脂糖凝胶中纯化及 T-A 克隆的基本原理与方法，构建新的重组 DNA 分子；

（3）理解大肠杆菌转化的原理，掌握大肠杆菌的转化的基本技术；

（4）理解重组体的概念，掌握几种重组体筛选的方法，掌握重组子的检测、鉴定的方法。

二、实验原理

1. 莜麦目的基因的克隆

1）cDNA 第一链的合成　　所有合成 cDNA 第一链的方法都要用依赖于 RNA 的 DNA 聚合酶（反转录酶）来催化反应。目前商品化反转录酶有从禽类成髓细胞瘤病毒纯化得到的禽类成髓细胞病毒（AMV）反转录酶和从表达克隆化的 Moloney 鼠白血病病毒反转录酶基因的大肠杆菌中分离到的鼠白血病病毒（MLV）反转录酶。AMV 反转录酶包括两个具有若干种酶活力的多肽亚基，这些活力包括依赖于 RNA 的 DNA 合成，依赖于 DNA 的 DNA 合成，以及对 DNA∶RNA 杂交体的 RNA 部分进行内切降解（RNA 酶 H 活力）。MLV 反转录酶只有单个多肽亚基，兼备依赖于 RNA 和依赖于 DNA 的 DNA 合成活力，但降解 RNA∶DNA 杂交体中的 RNA 的能力较弱，且对热的稳定性较 AMV 反转录酶差。MLV 反转录酶能合成较长的 cDNA（如大于 2～3kb）。AMV 反转录酶和 MLV 反转录酶利用 RNA 模板合成 cDNA 时的最适 pH、最适盐浓度和最适温室各不相同，所以合成第一链时相应调整条件是非常重要的。

AMV 反转录酶和 MLV 反转录酶都必须有引物来起始 DNA 的合成。cDNA 合成最常用的引物是与真核细胞 mRNA 分子 3' 端 poly（A）结合的 12～18 核苷酸长的 oligo（dT）。

2）反转录 RT-PCR 克隆莜麦基因　　反转录 PCR（reverse transcription-polymerase chain reaction，RT-PCR）又称为逆转录 PCR，是将 RNA 的反转录（RT）和 cDNA 的聚合酶链反应（PCR）相结合的技术。其原理是：提取组织或细胞中的总 RNA，以其中的 mRNA 作为模板，采用 Oligo（dT）或随机引物利用反转录酶反转录成 cDNA。再以 cDNA 为模板进行 PCR 扩增，而获得目的基因或检测基因表达。RT-PCR 使 RNA 检测的灵敏性提高了几个数量级，使一些极为微量 RNA 样品分析成为可能。该技术主要用于：分析基因的转录产物、获取目的基因、合成 cDNA 探针、构建 RNA 高效转录系统。RT-PCR 技术灵敏而且用途广泛，可用于检测细胞／组织中基因表达水平，细胞中 RNA 病毒的含量和直接克隆特定基因的 cDNA 序列等。

2. 莜麦基因 PCR 产物的纯化及 T-A 克隆

（1）DNA 片段回收方法：DNA 片段在适当浓度的琼脂糖凝胶中，通上一定电压进行电泳，不同大小的 DNA 分子由于迁移率的不同而分离。切下带有所需 DNA 片段的凝胶，用冻融法或商品化胶回收试剂盒将目的片段回收纯化。

（2）利用 *Taq* 酶能够在 PCR 产物的 3' 端加上一个非模板依赖的 A，而 T 载体是一种带有 3'T 突出端的载体，在连接酶作用下，可以把 PCR 产物插入到质粒载体的多克隆位点，可用于 PCR 产物的克隆和测序。

连接反应的条件：①反应缓冲液，一般都配成 5～10 倍的缓冲液。缓冲液中含有 Mg^{2+}、ATP 作为辅助因子为连接反应提供能量，同时也含有一些保护和稳定连接酶活力的物质，如 DTT（二硫苏糖醇）可以防止酶氧化失活，BSA（小牛血清白蛋白）可使连接反应中维持有一定浓度的蛋白质量，以防止因蛋白质浓度太低而使酶变性失活。②反应温度：在 37℃时有利于连接酶活力的发挥，但在这一温度下结合的黏性末端氢键是不稳定的，而且连接酶的活力也不能保持太久。因此，在实际操作时，折中采用催化反应与末端黏合一致的温度，即12~16℃为宜，也可较温度如4℃下连接，但连接时间要延长。

3. 重组 DNA 转化大肠杆菌　感受态是指细菌生长过程中的某一阶段的培养物，只有某一生长阶段中的细菌才能作为转化的受体，能接受外源 DNA 而不将其降解的生理状态。感受态形成后，细胞生理状态会发生改变，出现各种蛋白质和酶，负责供体 DNA 的结合和加工等。细胞表面正电荷增加，通透性增加，形成能接受外来的 DNA 分子的受体位点等。本实验为了把外源 DNA（重组质粒）引入大肠杆菌，就必须先制备能吸收外来 DNA 分子的感受态细胞。在细菌中，能发生感受态细胞是占极少数。而且，细菌的感受态是在短暂时间内发生。近年来，在许多研究室都发现 $CaCl_2$ 对受体菌处理，可将转化效率提高几十倍，所以通常把细胞悬浮在 pH 6.0 的 100mmol/L $CaCl_2$ 中，在冰浴条件下，放置过夜，转化率转高，但一过 24h，转化率则恢复为原来的水平。

前面已经制备好大肠杆菌感受态细胞，接下来的实验是把重组的 DNA 引入受体细胞，使受体菌具有新的遗传特性，并从中选出转化子。作为受体的大肠杆菌 C600 或 DH5α，必须不可以同外来 DNA 分子发生遗传重组，这通常是 *rec* 基因缺陷型的突变体，同时它们必须是限制系统缺陷或限制与修饰系统均缺陷的菌株。这样外来的 DNA 分子才不会受其限制酶的降解，保持外来 DNA 分子在受体细胞中的稳定性。制备的大肠杆菌细胞就具有这三种缺陷（$rk^- mk^- rec^-$），同时此受体细胞还是氨苄青霉素敏感（Amp）。

在体外构建好的重组分子上具有分解氨苄青霉素（Amp）基因存在，当它导入受体细胞后，就赋予这些受体细胞新的特性，即 Amp 抗性。同时载体质粒上具有乳糖操纵的 β-半乳糖苷酶基因（*lacZ*），我们可以利用外源基因插入载体 β-半乳糖苷酶基因（*lacZ*），从而使其失去 β-半乳糖苷酶活力的原理来选择新构建的重组子。

因为 T 载体上带有 Amp^r 基因而外源片段上无该基因，故转化受体菌后只有带有 DNA 的转化子才能在含有 Amp 的 LB 平板上存活下来；而只带有自身环化的外源片段的转化子则不能存活，此为初步的抗性筛选。

T 载体上带有 *lacZ* 的调控序列和 β-半乳糖苷酶 N 端 146 个氨基酸的编码序列。这个编码区中插入了一个多克隆位点，但并没有破坏 *lacZ* 的可读框，不影响其正常功能。*E.coli* DH5α 菌株带有 β-半乳糖苷酶 C 端部分序列的编码信息。在各自独立的情况下，T 载体和 DH5α 编码的 β-半乳糖苷酶的片段都没有酶活力。但在 T 载体和 DH5α 融为一体时可形成具有酶活力的蛋白质。这种 *lacZ* 基因上缺失近操纵基因区段的突变体与带有完整的近操纵基因区段的 β-半乳糖苷酸阴性突变体之间实现互补的现象叫 α 互补。

由 α 互补产生的 Lac 细菌较易识别，它在生色底物 X-gal（5-溴-4-氯-3-吲哚-β-D-半乳糖苷）存在的情况下被 IPTG（异丙基硫代-β-D-半乳糖苷）诱导形成蓝色菌落。当外源片段插入到载体的多克隆位点上后会导致可读框改变，表达蛋白失活，产生的氨基酸片段失去 α 互补能力，因此在同样条件下含重组质粒的转化子在生色诱导培养基上只能形成白色菌落。由此可将重组质粒与自身环化的载体 DNA 分开，此为 α 互补现象筛选。

本实验是把外来重组分子和感受态细胞在低温下混合，使其进入受体细胞。DNA 分子转化的原理较复杂。

（1）吸附：完整的双链 DNA 分子吸附在受体菌表面；

（2）转入：双链 DNA 分子解链，单链 DNA 分子进入受体菌，另一链降解；

（3）自稳：外源质粒 DNA 分子在细胞内又复制成双链环状 DNA；

（4）表达：供体基因随同复制子同时复制，并被转录和翻译。

对 DNA 分子来说，能被转化进受体细胞的概率极低，通常只占 DNA 分子的 0.01%，而改变条件，提高转化率是很有可能的，一些研究表明下列因素可以提高转化率。

（1）当受体菌细胞与 DNA 分子两者比例在 1.6×10^8 细胞，1ng DNA 分子（4.3kb）左右时，转化率较好；

（2）DNA 分子与细胞混合时间为 1h 最佳；

（3）铺平板条件会影响转化率；

（4）对不同转化菌株热处理（效应不一致）。

除上述因素外，转化实验还要注意以下问题。

（1）连接 DNA 反应液与受体细胞混合时，一定保持在冰浴条件下操作，如果温度时高时低，转化效率将极差；

（2）热处理 2min 后，要迅速加进 1mL LB 液体培养液以使表型表达，如果延迟加 LB，将使转化率迅速降低；

（3）在平板上涂布细菌时，注意避免反复来回涂布，因为感受态细菌的细胞壁有了变化，过多的机械压涂布将会使细胞破裂，影响转化率。

4. 重组体阳性克隆的筛选及鉴定　　重组克隆的筛选和鉴定是基因工程中的重要环节之一。不同的克隆载体和相应的宿主系统，其重组克隆的筛选和鉴定方法不尽相同。从理论上说，重组克隆的筛选是排除自身环化的载体、未酶解完全的载体，以及非目的 DNA 片段插入的载体所形成的克隆。常用的筛选方法有两类。一类是针对遗传表型改变筛选法，以 β-半乳糖苷酶系统筛选法为代表。另一类是分析重组子结构特征的筛选法，包括快速裂解菌落鉴定质粒大小、限制酶图谱鉴定、Southern 印迹杂交、PCR、菌落（或噬菌斑）原位杂交等方法。

（1）β-半乳糖苷酶系统筛选法（蓝白斑筛选法）。使用本方法的载体包括 M13 噬菌体、pUC 质粒系列、pGEM 质粒系列等。这些载体的共同特征是载体上携带一段细菌的基因 *lacZ*。*lacZ* 编码 β-半乳糖苷酶的一段 146 个氨基酸的 β 肽，载体转化的宿主细胞为 *lacZ* ΔM15 基因型。重组子由于外源片段的插入使 β 肽基因失活不能形成互补作用，即宿主细胞表现为 β-半乳糖苷酶失活。因此，在 X-gal 平板上，重组克隆为无色噬菌斑或菌落，非重组克隆为蓝色噬菌斑或菌落。这种筛选方法操作简单，但当插入片段较短（小于 500bp），且插入片段没有影响 *lacZ* 基因的可读框时，会有假阴性结果的出现。

（2）快速裂解菌落鉴定质粒大小。从平板中挑取菌落，过夜培养后裂解，直接进行凝胶电泳，与载体 DNA 比较，根据迁移率的减小初步判断是否有插入片段存在。本方法适用于插入片段较大的重组子的初步筛选。

（3）限制酶图谱鉴定。对于初步筛选具有重组子的菌落，提纯重组质粒或重组噬菌体 DNA，用相应的限制酶（一种或两种）切割重组子释放出的插入片段，对于可能存在双向插入的重组子还可用适当的限制酶消化鉴定插入方向，然后用凝胶电泳检测插入片段和载体的大小。

（4）Southern 印迹杂交。为确定 DNA 插入片段的正确性，在限制酶消化重组子、凝胶电泳分离后，通过 Southern 印迹转移将 DNA 移至硝酸纤维膜上，再用放射性同位素或非放射性标记的相应外源 DNA 片段作为探针，进行分子杂交，鉴定重组子中的插入片段是否是所需的靶基因片段。

（5）PCR 法。用 PCR 对重组子进行分析，不但可以迅速扩增插入片段，而且可以直接进行 DNA 序列分析。因为对于表达型重组子，其插入片段的序列的正确性是非常关键的。PCR 法既适用于筛选含特异目的基因的重组克隆，也适用于从文库中筛选含感兴趣的基因或未知的功能基因的重组克隆。前者采用特异目的基因的引物，后者采用载体上的通用引物。

（6）菌落（或噬菌斑）原位杂交。菌落或噬菌斑原位杂交技术是将转化菌 DNA 转移到硝酸纤维膜上，用放射性同位素或非放射性标记的特异 DNA 或 RNA 探针进行分子杂交，然后挑选阳性克隆。这种方法能进行大规模操作，是筛选基因文库的首选方法。

本实验采用限制酶图谱鉴定。限制性内切核酸酶（简称限制酶）是在原核生物中发现的一类专一识别双链 DNA 中特定碱基序列的核酸水解酶，它们的功能类似于高等动物的免疫系统，用于抗击外来 DNA 的侵袭。现已发现几百种限制酶，分子生物学中经常使用的是 II 型限制酶，它能识别双链 DNA 分子中特定的靶序列（4～8bp），以内切方式水解核酸链中的磷酸二酯键，产生的 DNA 片段 5′端为 P，3′端为 OH。由于限制酶能识别 DNA 特异序列并进行切割，因而在基因重组、DNA 序列分析、基因组甲基化分析、基因物理图谱绘制及分子克隆等技术中得到广泛应用。酶活力通常用酶单位（U）表示，酶单位的定义为：在最适反应条件下，1h 完全降解 1μg DNA 的酶量为一个单位。

三、材料和仪器

1. 莜麦目的基因的克隆

试剂：莜麦 RNA、oligo（dT）引物、dNTP、M-MLV 反转录酶、RNase 抑制剂、EDTA（50mmol/L 和 200mmol/L）、TE-饱和酚∶氯仿（1∶1）、乙醇（100% 和 70%）、TE 缓冲液、dNTP、上游引物、下游引物、*Taq* 酶、10×PCR 缓冲液、ddH₂O。

仪器：水浴锅、制冰机、离心机、微量移液器、琼脂糖凝胶电泳设备、PCR 仪、凝胶成像系统等。

2. 莜麦基因 PCR 产物的纯化及 T-A 克隆

试剂：pMD™18-T Simple Vector Kit（Takara 公司）、TAE 电泳缓冲液、琼脂糖（Agarose）、6× 电泳加样缓冲液 ［0.25% 溴粉蓝，40%（*m/V*）蔗糖水溶液，储存于 4℃］、溴化乙锭（EB）溶液母液（配制成 10mg/mL，用铝箔或黑纸包裹容器，储存于室温即可）、70% 乙醇、醋酸钠、胶回收试剂盒。

仪器：微量移液器、离心机、制冰机、琼脂糖凝胶电泳设备、凝胶成像系统等。

3. 重组 DNA 转化大肠杆菌

试剂与菌种：

（1）LB 液体培养基 ［1% 蛋白胨、0.5% 酵母粉、0.5% NaCl（pH 7.5）］；

（2）100mmol/L CaCl₂；

（3）氨苄青霉素（Amp）溶液（50mg/mL）；

（4）DNA 连接反应液；

（5）X-gal 储液（20mg/mL）：用二甲基甲酰胺溶解 X-gal 配制成 20mg/mL 的储液，包以铝箔或黑纸以防止受光照被破坏，储存于 −20℃；

（6）IPTG 储液（200mg/mL）：在 800μL 蒸馏水中溶解 200mg IPTG 后，用蒸馏水定容至 1mL，用 0.22μm 滤膜过滤除菌，分装于 Eppendorf 管并储于 −20℃；

（7）含 Amp 的 LB 固体培养基：将配好的 LB 固体培养基高压灭菌后冷却至 60℃左右，加入 Amp 储存液，使终浓度为 50μg/mL，摇匀后铺板；

（8）含 X-gal 和 IPTG 的筛选培养基：在事先制备好的含 50μg/mL Amp 的 LB 平板表面加 40mL X-gal 储液和 4μL IPTG 储液，用无菌玻棒将溶液涂匀，置于 37℃下放置 3～4h，使培养基表面的液体完全被吸收，备用；

（9）大肠杆菌 C600 或 DH5α；

（10）0.1mol/L EDTA（pH8.0）。

仪器与器皿：恒温振荡器、分光光度计、电动沉淀离心机、旋涡混合器、恒温培养箱、水浴锅、恒温摇床、普通冰箱、Eppendorf 管、转液管、平皿、超净工作台、涂布棒、微量取样器、微波炉、三角烧瓶、试管、刻度离心管、保温瓶、酒精灯等。

4. 重组体阳性克隆的筛选及鉴定

试剂：质粒提取试剂、限制酶 *Kpn* I 及 10× 酶切缓冲液、限制酶 *Xba* I 及 10× 酶切缓冲液、TAE 电泳缓冲液或 TBE 电泳缓冲液、琼脂糖、电泳加样缓冲液［0.25% 溴粉蓝，40%（*m/V*）蔗糖水溶液，储存于 4℃］。

仪器：水平电泳装置、电泳仪、水浴锅、恒温振荡器、超净工作台、台式高速离心机、微量移液器、凝胶成像系统等。

四、实验操作

1. 莜麦目的基因的克隆

（1）取一灭菌的无 RNA 酶的 Eppendorf 管，加入莜麦 RNA 模板和适当 oligo（dT）引物，每微克 RNA 使用 0.5μg 引物（如使用 *Not* I 引物接头，使用 0.3μg），用 H_2O 调整体积至 15μL，70℃水浴锅温浴 5min，冷却至室温，离心使溶液集中在管底，再依次加入：① 5× 第一链缓冲液 5μL；② RNase 抑制剂 25U；③ dNTP 1μL；④ M-MLV 反转录酶 200U；⑤ ddH_2O 调至总体积 25μL。

（2）在 37℃（随机引物）或 42℃（其他引物）的水浴锅温浴 1h。

（3）取出置于冰上。

（4）掺入测定的 Eppendorf 管加入 95μL 50mmol/L EDTA 终止反应，并使总体积为 100μL。可取 90μL 进行电泳分析［先用 TE-饱和酚：氯仿（1：1）抽提］。第一链合成 Eppendorf 管可直接用于第二链合成。

（5）PCR：

a. 取 0.5mL PCR 管，依次加入下列试剂：

第一链 cDNA	2μL
上游引物（10pmol/L）	2μL
下游引物（10pmol/L）	2μL
dNTP（2mmol/L）	4μL
10×PCR 缓冲液	5μL
Taq 酶（2U/μL）	1μL

b. 加入适量的 ddH$_2$O，使总体积达 50μL。轻轻混匀，离心。

c. 设定 PCR 程序。在适当的温度参数下扩增 28～32 个循环。为了保证实验结果的可靠与准确，可在 PCR 扩增目的基因时加入一对内参（如 actin）的特异性引物，同时扩增内参 DNA，作为对照。

d. 电泳鉴定：进行琼脂糖凝胶电泳，紫外灯下观察结果。

e. 结果分析：采用凝胶图像分析系统，对电泳条带进行分析。

2. 莜麦基因 PCR 产物的纯化及 T-A 克隆

1）胶回收试剂盒回收 PCR 产物（以 Gel Extraction Kit 为例）

（1）当目的片段 DNA 完全分离时，转移凝胶至紫外灯上尽可能快地切下目的片段。

（2）凝胶块转移至 1.5mL 离心管（离心管已经称重了）中，称重得出凝胶块的重量。近似地确定其体积（假设其密度为 1g/mL）。加入等体积的 binding buffer（XP2），于 55～65℃ 水浴中温浴 7min 或至凝胶完全融化，每 2～3min 振荡混合物。[在凝胶完全溶解之后，注意凝胶-binding buffer 混合物的 pH。如果其 pH 大于 8 的话，DNA 的产量将大大减少。如果是橙色或红色，则要加入浓度为 5mol/L 的醋酸钠（pH5.2），以调低其 pH。该混合物的颜色将恢复为正常的浅黄色。]

（3）取一个干净的 HiBind DNA Mini 柱子装在一个干净的 2mL 收集管内（已备好）。

（4）将（2）获得的 DNA/融胶液全部转移至柱子中。室温下 10 000r/min 离心 1min。弃收集管中的滤液，将柱子套回 2mL 收集管内收集管。

（5）如果 DNA/凝胶溶液的体积超过 700μL，一次只能转移 700μL 至柱子中，余下的可继续重复（4）至所有的溶液都经过柱子。如果预期产量较大，则把样品分别加到合适数目的柱子中。

（6）弃收集管中的滤液，将柱子套回 2mL 收集管内收集管。转移 300μL binding buffer（XP2）至柱子中，室温下 10 000r/min 离心 1min。

（7）弃收集管中的滤液，将柱子套回 2mL 收集管内收集管。转移 700μL SPW wash buffer（已用无水乙醇稀释的）至柱子中。室温下 10 000r/min 离心 1min。（浓缩的 SPW wash buffer 在使用之前必须按标签的提示用乙醇稀释。如果 DNA 洗涤缓冲液在使用之前是置于冰箱中的，须将其拿出置于室温。）

（8）重复用 700μL SPW wash buffer 洗涤柱子。室温下 10 000r/min 离心 1min。

（9）弃收集管中的滤液，将柱子套回 2mL 收集管内收集管。室温下 13 000r/min 离心 2min 以甩干柱子基质残余的液体。

（10）把柱子装在一个干净的 1.5mL 离心管上，加入 15～30μL（具体取决于预期的终产物浓度）的 elution buffer（或 TE 缓冲液）到柱基质上，室温放置 1min，13 000r/min 离心 1min 以洗脱 DNA。第一次洗脱可以洗出 70%～80% 的结合 DNA。如果再洗脱一次的话，可以把残余的 DNA 洗脱出来，不过那样的浓度就会较低。

2）连接反应（以 Takara 公司 pMD^{TM}18-T Simple Vector Kit 为例）

（1）在微量离心管中配制下列 DNA 溶液，总量为 5μL。

pMD18-T 载体　1μL

DNA　　　　　0.1～0.3pmol

ddH$_2$O 至 5μL

（2）加入 5μL（等量）的 solution Ⅰ。

（3）16℃反应 30min。（2kb 以上长片段 PCR 产物进行 DNA 克隆时，连接反应时间应延长至数小时。）

（4）全量（10μL）加入至 100μL 感受态细胞中，冰中放置 30min。

（5）42℃加热 45s 后，再在冰中放置 1min。

（6）加入 900μL LB 液体培养基，37℃ 150r/min 振荡培养 60min。

（7）在含有 X-gal、IPTG、Amp 的 LB 琼脂平板培养基上培养，形成单菌落。计数白色、蓝色菌落。

（8）挑选白色菌落，鉴定载体中插入片段的长度大小。

3. 重组 DNA 转化大肠杆菌

（1）取 0.2mL 大肠杆菌感受态细胞，在超净工作台的无菌条件下，加入到连接液的 Eppendorf 管，混匀，置冰浴中 30min。

（2）冰浴后，将正在转化反应的细胞悬浮液加入已调好 42℃的恒温水浴槽内，保温 2min。

（3）热冲击处理后的细胞易死亡，应迅速倒入 LB 培养液 1mL（无抗生素 LB 液，有助于基因表达），马上置 37℃水浴 1h，每 10min 翻转 1 次。

（4）用移液器取 0.1mL 的转化菌液直接涂布于含 50μg/mL Amp、40mL X-gal 储液和 4μL IPTG 储液 LB 固体平皿上，共涂布三个培养皿。

（5）用移液器取未经转化的受体大肠杆菌感受态菌液 0.1mL，直接涂布于含 50μg/mL Amp、40mL X-gal 储液和 4μL IPTG 储液 LB 固体平皿上，作为受体菌对照。

（6）将涂布培养皿先放室温 15min 左右，使涂布上的菌液干燥不会流动。然后倒置放于恒温箱中 37℃培养过夜。

（7）第二天取出培养皿，观察对照平皿和转化平皿的菌落情况。对照平皿因受体菌对 Amp 敏感，故不能在含 Amp 的培养基上生长观察。观察转化平皿是否有蓝色和白色菌落生成。如果长出蓝色菌落，说明自连的载体 pUC18 质粒已转入受体菌，但目的基因没有接入载体。如果长出白色菌落，说明目的基因已接入载体，重组质粒的转化子因此丧失了 β-半乳糖苷酶活力，在 X-gal 和 IPTG 存在的生色诱导培养基上只能形成白色菌落。

4. 重组体阳性克隆的筛选及鉴定

（1）提取质粒。

（2）在灭菌的 0.5mL Eppendorf 管中加入重组质粒 DNA 1μg 和相应的 10× 酶切缓冲液 2μL，再加入灭菌重蒸水至酶切总体积为 20μL，将管内溶液混匀后各加入 Kpn Ⅰ和 Xbal Ⅰ酶液双酶切，用手指轻弹管壁使溶液混匀或用微量离心机甩一下，使溶液集中在管底。如果是同一条件下进行多个酶切反应，建议统一加好相同的组分后混匀分装，最后加入 DNA 样品。

（3）混匀反应体系后，将 Eppendorf 管置于适当的支持物上（如插在泡沫塑料板上），37℃水浴保温 2~3h，使酶切反应完全。

（4）每管加入 2μL 0.1mol/L EDTA（pH 8.0），混匀，以停止反应，或置 65℃水浴中 10min，对限制酶进行灭活，不同的酶灭活条件可能不同，可参照说明书进行。灭活后的酶切溶液置于冰箱中保存备用。

（5）琼脂糖凝胶电泳检测酶切反应的结果。

五、注意事项

1．莜麦目的基因的克隆

（1）反转录过程中要谨防 RNA 酶的污染，加入 RNA 酶抑制剂。

（2）cDNA 第一链合成的反应液于冰上配制。

（3）使用 M-MLV 反转录酶、RNase 抑制剂等酶类时，应轻轻混匀，避免起泡；由于酶保存液中含有 50% 的甘油，黏度高，所以分取时应慢慢吸取。

2．莜麦基因 PCR 产物的纯化及 T-A 克隆

（1）使用新鲜的 TAE 电泳缓冲液。不要重复使用，因其 pH 的升高会减少产量。

（2）不论采取哪种方法回收 DNA，在回收过程中，要尽量减少洗脱体积，以便提高收得率和浓度，以方便后续操作。

（3）从胶上回收 DNA 时，应尽量缩短光照时间并采用长波长紫外灯（300～360nm），以减少紫外光对 DNA 的切割。DNA 暴露在紫外灯下不能超过 30s。

（4）连接反应时间与温度密切相关，因为反应速度随温度的提升而加快。通常可采用 16℃连接 4h 为宜，如是平端连接需要适当延长反应时间以提高连接效率；在选择反应的温度与时间关系时，也要考虑在反应系统中其他因素的影响。

（5）连接反应的整个过程应注意枪头的洁净以避免造成对酶的污染，为防止酶活力降低，取酶时应在冰上操作且动作迅速。

（6）连接反应应在 25℃以下进行，温度升高较难形成环状 DNA，影响连接效率。长片段 PCR 产物（2kb 以上）进行连接时，连接反应时间应延长至数小时。

3．重组 DNA 转化大肠杆菌

（1）进行克隆时，载体 DNA 和插入 DNA 片段的摩尔数比一般为 1∶2～1∶10。根据实验情况选择合适的摩尔数比。

（2）使用高效的感受态细胞（转化效率≥1×10^8cfu/μg），这样才可能得到比较理想的阳性克隆。

（3）所用的 $CaCl_2$ 等试剂均需是最高纯度的，并用最纯净的水配制，最好分装保存于 4℃，防止杂菌和杂 DNA 的污染。整个操作过程均应在无菌条件下进行，所用器皿，如离心管、移液枪头等最好是新的，并经高压灭菌处理。所有的试剂都要灭菌，且注意防止被其他试剂、DNA 酶或杂 DNA 所污染，否则均会影响转化效率或杂 DNA 的转入。整个操作均需在冰上进行，不能离开冰浴，否则细胞转化率将会降低。

4．重组体阳性克隆的筛选及鉴定

（1）市售的酶一般浓度很大，为节约起见，使用时可事先用酶反应缓冲液（1×）进行稀释；可采取适当延长酶切时间或增加酶量的方式提高酶切效率，但限制酶用量不能超过总反应体积的 10%，否则，酶活力将因为甘油过量而受到影响。

（2）由于 EDTA 的存在会抑制连接酶的活力，通常采用加热方法终止酶切反应。

（3）酶切反应的整个过程应注意枪头的洁净以避免造成对酶的污染，为防止酶活力降低，取酶时应在冰上操作且动作迅速。

六、思考题

（1）合成 cDNA 第一链的原理是什么？方法有哪些？

（2）怎样确定 PCR 产物就是要扩增的目标条带？

（3）如果 PCR 产物没有出现条带，可能的原因有哪些？

（4）不同 DNA 片段在进行连接时，需要考虑哪些影响因素？

七、实验结果与分析

（1）分析 PCR 反应的电泳检测条带。

（2）比较对照平皿和转化平皿，讨论转化成败的原因。

（刘文英）

主要参考文献

方向，周小理，张婉萍. 2013. 苦荞萌发物中黄酮的防晒性研究. 日用化学工业，（5）：362-366

郭元新，蔡华珍，王世利. 2007. 苦荞饮料的工艺研究. 饮料工业，（1）：21-23

胡永红，谢宁昌. 2019. 生物分离实验技术. 北京：化学工业出版社

江磊，梅丽娟，刘增根，等. 2013. 响应面法优化枸杞叶粗多糖提取纯化工艺及其降血糖活性. 食品科学，（4）：42-46

金明琴. 2019. 食品分析. 北京：化学工业出版社

李飞，任清，季超. 2016. 苦荞多糖提取工艺优化及其对橄榄油乳化性的研究. 食品科技，（41）：147-153

刘进元，张淑平，武耀廷. 2006. 分子生物学实验指导. 第二版. 北京：高等教育出版社

刘小翠. 2017. 小米速食营养米粉的开发. 食品科技，42（10）：175-178

刘叶青. 2007. 生物分离工程实验. 北京：高等教育出版社

穆华荣. 2020. 食品分析. 第三版. 北京：化学工业出版社

孙春艳. 2009. 方便营养米粉的研发及营养成分分析. 皖西学院学报，25（5）：126-128

吴乃虎. 1998. 基因工程原理. 北京：科学出版社

杨春. 2008. 小米蛋白质的氨基酸组成及品质评价分析. 农产品加工，（12）：8-10

张斌，张璐，李沙沙，等. 2013. 植物多糖与化妆品的联系. 辽宁中医药大学学报，（1）：109-111

Frohman M A, Dush M K, Martin G. 1988. Rapid production of full-length cDNAs from rare transcripts: Amplification using a single gene-speciic oligonucleotideprimer. Proc Natl Acad Sci USA, 85: 8988-9002

Marchuk D, Drumm M, Saulino A, et al. 1991. Construction of T-vectors, a rapid and general system for direct cloning of unmodified PCR products. Nucleic Acids Res, 19(5): 1154

Park JK, Okamoto T, Yamasaki Y, et al. 1997. Molecular cloning, nucleotide sequencing, and regulation of chiA gene encoding one of chitinase from *Enterobacter* sp. G-1. J Ferment Bioengin, 84(6): 493-501

Primrose S, Twyman R, Old B. 2003. 基因操作原理. 第六版. 瞿礼嘉，顾红雅译. 北京：高等教育出版社